ARTIFICIAL INTELLIGENCE IN SCIENCE

Challenges, Opportunities and the Future of Research

科学中的
人工智能

挑战、机遇和未来展望

〔法〕OECD／著

陈凯华 等／译

科学出版社

北京

内 容 简 介

本书不仅梳理了人工智能技术在科学各领域中的广泛应用，还深入分析了其对科学生产力的推动作用，以及在伦理、法律和社会层面可能引发的讨论和问题。书中汇集了国际专家的研究成果，为读者提供了一个全面了解人工智能在科学研究中应用的窗口，展现了人工智能技术如何推动科学的创新与进步，并对未来的研究方向提出了深刻的见解。

本书适合对人工智能及其在科学研究中的应用感兴趣的广大读者，包括科研人员、政策制定者、教育工作者以及对人工智能充满热情的公众。无论是希望了解人工智能如何改变传统科研模式的学者，还是关心科技进步对社会产生深远影响的决策者，或是渴望在教育领域应用人工智能技术的教育者，都能从本书中获得宝贵的信息和启发。对于公众而言，本书也是一扇了解人工智能最新发展及其科学应用的窗口，有助于提升对这一跨学科领域的认知和理解。

图书在版编目（CIP）数据

科学中的人工智能：挑战、机遇和未来展望 / 法国 OECD 著；陈凯华等译. -- 北京：科学出版社，2024. 8. -- ISBN 978-7-03-079237-2

Ⅰ. TP18

中国国家版本馆 CIP 数据核字第 2024W2W833 号

责任编辑：王丹妮　陶　璇 / 责任校对：贾娜娜
责任印制：赵　博 / 封面设计：有道设计

斜 学 出 版 社 出版
北京东黄城根北街 16 号
邮政编码：100717
http://www.sciencep.com

三河市春园印刷有限公司印刷
科学出版社发行　各地新华书店经销

*

2024 年 8 月第 一 版　开本：720 × 1000　1/16
2025 年 1 月第二次印刷　印张：19 3/4
字数：391 000
定价：216.00 元
（如有印装质量问题，我社负责调换）

翻译工作组

组　　长：陈凯华

副组长：温　馨

成　　员：赵彬彬　方思清　刘晓豫　刘泓君　王　硕

译　者　序

人工智能（artificial intelligence，AI）科技的不断发展不但正在深刻改变我们的生产生活方式，而且正在深刻影响着科技发展的动力和方式，全面渗透到科学研究的各个领域。人工智能驱动的科学研究（AI for Science，AI4S）这一科研新模式正在各学科领域兴起和应用，它将持续推动科学研究发展和科研范式变革。现有研究表明，人工智能正在扩宽甚至颠覆在假设形成、实验设计、数据收集和分析等科研阶段的思路、方法和工具，加速科学发现速度，提升科研活动效率。例如，人工智能在量子力学、蛋白质、材料科学和偏微分方程等基础科学研究和气象预测、芯片结构设计、医药研发、空间测绘导航等应用科学研究中得到广泛应用。生成式人工智能将进一步推动这一发展趋势变革。

《科学中的人工智能：挑战、机遇和未来展望》从 AI 对科学生产力带来的影响出发，为我们提供了一个全面了解 AI 在科学研究中应用的窗口，展现了 AI 技术如何推动科学的创新与进步。在众多关于 AI 的讨论中，关于其在科学研究应用的全面介绍在中文书籍市场上目前相对匮乏，这使得本书的翻译与引进显得尤为必要。本书不仅汇集了国际专家的研究成果，更为中文读者提供了一个宝贵的资源，填补了这一领域的知识空缺。它不仅涵盖了 AI 技术在科学研究中的广泛应用，还深入探讨了这一过程中可能出现的伦理、法律和社会问题，为读者提供了一个多维度的认知框架。

本书的翻译工作是一项既充满挑战又极具意义的任务。在翻译过程中，我们力求准确传达原书的核心观点和丰富信息，同时确保语言的流畅性和可读性。我们注意到，AI 技术在科学研究中的应用是一个跨学科的领域，涉及计算机科学、生物学、物理学、医学等多个学科。同时，AI 技术在科学研究应用中还涉及伦理、法律和社会问题，这些问题的讨论对于我们构建一个负责任的 AI 未来至关重要。因此，在翻译这本书时，我们特别关注了专业术语的准确性和统一性，努力保持原文的深度和广度，以保证读者能够清晰地理解 AI 技术在不同科学领域的应用，激发读者对相关问题的认识和思考。

本书依托国家自然科学基金委员会国家杰出青年科学基金项目"创新管理与创新政策"（项目号：72025403），由中国科学院大学国家前沿科技融合创新研究中心和中国科学院科技战略咨询研究院的人员合作完成。具体承担工作如下，前言、执行摘要、全文概述（第 0 章）由温馨、刘晓豫、赵彬彬、陈凯华翻译，第

1 章由刘晓豫、温馨、方思清、刘泓君、陈凯华翻译，第 2 章由王硕、赵彬彬、温馨、陈凯华翻译，第 3 章由赵彬彬、方思清、王硕、陈凯华翻译，第 4 章由刘泓君、温馨、王硕、方思清、陈凯华翻译，第 5 章由方思清、刘泓君、温馨翻译。其中，温馨在本书的统稿和组织上做出了较多的贡献。在此感谢所有参与本书翻译工作的老师和同学，他们的专业知识和辛勤工作使得这本书的中文版能够顺利面世。

　　我们希望这本书能够为中国的科研人员、政策制定者、教育工作者以及对 AI 感兴趣的公众提供宝贵的参考和启发，进一步推动 AI 在中国科学研究中的应用和发展。我们也期待读者通过阅读本书，能够更深入地理解 AI 在科学研究中的作用，以及它如何帮助我们应对当前和未来的挑战。祝愿读者在阅读本书的过程中获得丰富的知识和灵感。

陈凯华

中国科学院大学国家前沿科技融合创新研究中心

2024 年 3 月

序

几乎每周人工智能都会带给人们新的惊喜。尤其在生成式人工智能、ChatGPT和大语言模型到来之后，有关人工智能及其应用，以及其影响的讨论在主流媒体中越来越多。本书集中讨论了许多人工智能的贡献。人工智能对经济、商业、劳动力市场和社会的影响已引起企业、专业机构、政府和非政府组织的广泛关注。事实上，大多数经济合作与发展组织（简称经合组织，Organisation for Economic Co-operation and Development，OECD）的政府都制定了国家人工智能战略。

除了一些专业领域的研究人员，大部分人很少考虑人工智能在科学研究中的作用。这是不可避免的，因为科学是一个专业领域。然而，提高研究生产力可能是人工智能所有应用中最具价值的。在科学研究中应用人工智能能够发现更多的科学知识，使科学变得更加高效，并且加速研究进程。这将成为巩固应对全球挑战的关键基础。将人工智能应用于研究可能会像第二次世界大战后系统化和制度化研发活动的兴起一样具有变革性。应对新的传染病、开发提高生活水平的技术、对抗衰老及疾病、生产清洁能源、创造环境友好的材料以及其他发展目标，都需要来自科学的技术和创新。

在这种背景下，我们非常高兴地推出这本出版物《科学中的人工智能：挑战、机遇和未来展望》。该出版物收集了主要从业者和研究人员的观点，但以非技术语言编写，面向广大读者，包括公众、政策制定者和科学各领域的利益相关者。其他研究主题包括：人工智能在科学领域当前的、正在涌现的以及未来可能出现的用途，包括一些很少讨论的应用；为更好地服务科学研究所需的人工智能技术发展方向；科学生产力的变化；促进发展中国家研究中采用人工智能技术的措施。

该书特别考察了促进人工智能发展的科技政策，这是该书的一个独特贡献。政策制定者和整个研究系统中的参与者可以做出很多努力，以最大限度地提高人工智能在科学领域为全社会带来的效益，加深人工智能在科学中的应用，同时解决人工智能对科研治理快速变化的影响。

该书在经合组织科学、技术与创新理事会以及经合组织科学技术政策委员会（Committee for Scientific and Technological Policy，CSTP）的支持下合作完成。感谢益普生基金会（Foundation Ipsen）的支持，使得该出版物及其所属的更广泛的项目得以实现。益普生基金会致力于向公众传播科学知识并促进科学界内部的交流。

前　言

2019 年底，经合组织与益普生基金会达成协议，将为人工智能和科学生产力的相关研究工作提供财政支持。这一研究项目的背景是一些学者认为科学生产力可能停滞不前，甚至正在下降。该项目的目标之一是更新并显著扩展之前在 CSTP 主持下开展的人工智能科学工作。该项目已完成的工作包括 2018 年版《经合组织科学、技术和创新展望》中题为"科学中的人工智能和机器学习"的一章。一场主题为人工智能在科学中日益增长的重要性的分论坛同时在 2022 年 2 月 23 日第二届 OECD 人工智能对工作、创新、生产力和技能影响会议（The Second International Conference on AI in Work, Innovation, Productivity and Skills，AI WIPS）中举办。

该项目的第一个成果是于 2021 年 10 月 29 日至 11 月 5 日举办的"人工智能与科学生产力"研讨会。该研讨会聚集了 80 多名领先专家，共同探讨本书中强调的主题①。2022 年 4 月 6 日至 7 日举行的 CSTP 第 120 届会议讨论了项目更新情况。

对支持科学领域人工智能政策讨论的众多问题的分析必然会借鉴 CSTP 之前对数据密集型科学主题的审查。这些主题包括：

● 科学劳动力对数字技能的需求和数字技能的本质不断变化（这一主题在报告"建设数据密集型科学的数字劳动力能力和技能"②中有详细阐述）。

● 公共研究数据的可访问性（参见理事会关于从公共资助中获取研究数据的建议③）。

本书中提出的许多问题也与 CSTP 当前和未来的工作流程相关，特别是与科学技术在可持续转型中的作用以及技术治理、技能和公民参与科学有关。

科学领域的人工智能工作是经合组织正在研究的一系列与人工智能相关的主题之一，相关主题的概述可以在经合组织人工智能政策观察网站找到。

---

① 研讨会被录制下来，可以在这里观看：https://www.youtube.com/watch?v=V8ZlGpb0f3c。

② https://doi.org/10.1787/e08aa3bb-en。

③ https://legalinstruments.oecd.org/en/instruments/OECDLEGAL-0347。

目　　录

执 行 摘 要

提高研究生产力可能是人工智能所有用途中最具经济价值和社会价值的。尽管人工智能正在渗透到科学的各个领域和阶段，但其全部潜力还远未实现。政策制定者和参与者还可以做很多事情来加速和深化人工智能在科学中的应用，从而扩大其对研究的积极贡献。这将极大地促进经合组织国家的经济发展，提高科技创新水平以及应对从气候变化到新传染病防治等全球挑战的能力。

雄心勃勃的多学科计划可以推动科学进步

大量的多学科项目可以将计算机领域和其他领域科学家与工程师、统计学家、数学家等聚集在一起，共同利用人工智能应对挑战。除其他措施外，还需要专门的政府经费支持。项目的经费支持需要通过鼓励广泛合作的措施来进行分配，而不是为各个学科提供各自独立的经费。其中，首要任务之一是促进机器人专家和领域专家之间的互动。实验室机器人可以彻底改变某些科学领域，降低成本并大大加快实验速度。

政府可以鼓励和支持具有长期影响的有远见的举措。诺贝尔图灵挑战（Nobel Turing Challenge）等举措能够促进建立可自主进行一流水平研究的系统，这类举措可以促进科学领域的协作，助力集中精力应对全球挑战，推动形成一致的全球标准，并吸引年轻科学家参与此类雄心勃勃的计划。

增加高性能计算（high-performance computing，HPC）和软件的获取对于推动人工智能和科学的进步非常重要。大型科技公司提供的计算资源对此有所帮助，但仍存在很大的差距，同时经费较少的研究小组可能会落后。对学术界而言，使用商业云服务提供商提供的先进的高性能计算或人工智能计算资源在大多数情况下是非常昂贵且不现实的。国家实验室及其计算基础设施可以与工业界和学术界合作填补计算资源上的差距，并帮助高等教育机构开发培训材料。在该领域处于前沿地位的国家，包括美国和欧盟中的领先国家也可以合作制定政策框架以促进计算资源的共享。

课程设计的更新可能会有助于应对当前挑战。例如，已经经过验证的人工智能技术可以教学生如何在现有科学文献中搜索新假设。标准生物医学课程不提供此类培训。此外，发起在人工智能的帮助下基于知识整合的综合性博士项目以及行业研究项目也可能有所帮助。

政府可以采取措施增加开放研究数据的可访问性，并在从健康到气候等各个领域中充分利用数据的力量，可以借鉴《欧洲健康数据空间》（European Health Data Space）和旨在为欧洲建立联合数据基础设施的 GAIA-X 项目，帮助研究中心采用联邦学习等系统，在不损害隐私的情况下，将人工智能应用于多方持有的敏感数据。另一个挑战是通过标准化接口使实验室仪器更具兼容性。政府可以将实验室用户、仪器供应商和技术开发商聚集在一起，鼓励他们实现这一目标。

公共研发可用于推进该领域的发展

公共研发可以瞄准需要突破的研究领域，以深化人工智能在科学和工程中的应用。研究目标包括超越当前基于大型数据集和高性能计算的模型，并找到自动大规模创建可查找、可访问、可兼容和可重用（findable，accessible，interoperable and reusable）数据的方法。另一个目标可能是推进 AutoML（自动机器学习，automated machine-learning）发展以帮助解决人工智能专业知识的稀缺性和高成本问题。研究挑战可以围绕 AutoML 在科学研究中的应用组织开展研究，并且可以资助涉及在人工智能驱动的科学研究中应用 AutoML 的研究项目。

支持开发开放平台（如 OpenML 和 DynaBench），这些平台可以跟踪哪些人工智能模型最适合解决各类问题，公众支持对在多学科领域使用此类平台非常重要。

公共研发可以帮助培育新的、跨学科的、具有创造性的思考。例如，自然语言处理（natural language processing）可以帮助应对科学文献数量的巨大增长所带来的挑战。然而，目前自然语言处理技术的性能被夸大了。此外，当前有关自然语言处理的研究对于需要突破的高风险、具有投机性的新想法提供的激励措施是有限的。可以通过设立研究中心、提供长期资助或专门制定出版流程来奖励尚处于萌芽阶段的研究想法。

知识库通过在不同术语概念之间建立连接，并融合来自多个信息源的信息，来组织世界上的知识。各国政府应支持广泛的计划项目来建立人工智能在科学领域所必需的知识库，仅凭私营部门的努力无法满足这一需求。知识库相关研究可以致力于创建一个开放的知识网络，作为整个人工智能研究社区的资源。通过投入相对少量的公共资金就可以吸引并聚集人工智能科学家、来自多个领域和专业协会的科学家与志愿者，在交流专业知识和常识的同时为人工智能的广泛应用奠定坚实的基础。

人工智能研究主题的多样性似乎正在缩小，并且越来越多地受到大型科技公司中占主导地位的计算和数据密集型方法的驱动。支持公共研发可能会使该领域更加多样化，并有助于扩大人才库。资助者应特别关注那些与主流深度学习范式无关的新技术和新方法的项目。与此同时，政策制定者可以支持研究，以检查和量化人工智能研究范围缩小所带来的技术韧性、创造性和包容性的损失，以及企业界在人工智能研究中日益占主导地位的可能影响。

科学领域的人工智能大部分涉及与人类的合作，资助者也可以帮助开发专门的工具来增强人类与人工智能团队的协作，并将这些工具整合到主流科学中。将人类的集体智慧和人工智能结合起来非常重要，特别是考虑到科学研究现在多是由规模越来越大的团队和国际财团实施的。然而，在这一研究领域的投资数额低于在人工智能的其他研究方向上的投资。

在其他领域中，将机器学习应用于医学成像方面的研究亟待推进。新冠疫情期间的应对失败导致的损失是相当大的。与机器学习在科学中的其他应用一样，需要激励措施来鼓励对更有效的方法进行研究。此外，资助应涉及更严格的评估实践。

研究治理问题

政策机构应系统地评估人工智能对日常科学实践的影响，包括对人类与人工智能团队、工作、职业轨迹和培训的影响。这些领域可能会发生重大变化。资金需求可能需要进行此类评估，资助者和政策制定者应建立响应机制，根据收集到的建议采取行动。除其他措施外，资助者和政策制定者可以建立并支持新的独立论坛，就科学工作不断变化的性质及其对研究生产力和文化的影响进行持续对话。

考虑到 ChatGPT 等大语言模型（large language model）的应用影响尚不确定，其部署需要政策制定者特别关注。大语言模型可能会通过简化工作过程导致更加肤浅无深度的结果，模糊作者和所有权的概念，引发对文本创作者和信息所有者身份的混淆，并可能在语言训练资源丰富和匮乏的使用者之间造成不平等。然而，大语言模型和其他形式的人工智能也能帮助改进治理流程，例如支持同行评议——这方面应用需要更多的研究和实验。

政策应解决人工智能驱动的药物发现的双重用途所带来的潜在危险。人们很少关注能够自动化设计、测试和制造极其致命的分子所带来的迫在眉睫的危险（而且还要考虑其他双重用途研究的潜在危险）。政策研究系统中的制定者和其他参与者需要评估哪种可行的治理安排最能保护公共利益。

政策制定者及相关研究者需要更多的专业知识来决定支持哪种技术举措

现有的社交网络和平台可以推动新兴的实践方法的传播。Academia.edu 和

Loop 社区等社交平台可被用作实验人类与人工智能相结合的知识发现、想法生成和合成的平台，同时作为推广和发展基于文献的知识发现等方法的传播社区。

同样需要采取措施来提高人工智能研究的可复制性。除其他行动外，公共资助机构可以要求与第三方自由共享代码、数据和元数据，允许他们能够在自己的硬件上运行实验程序。

撒哈拉以南非洲地区以及其他发展中地区需获得更多的人工智能科学资金。开展合作可以帮助各国推进开放科学，制定数据保护法律，改善数字基础设施，增强人工智能发展所需的基础能力，并支持非洲发展本土人工智能的新颖举措，包括数据、软件和技术的本土开发。与发展中国家合作的科学人工智能项目对合作双方都有益，以往合作项目经验表明支持模式能够以低成本实现。发展合作也有助于创建和支持卓越研究中心。

0　科学中的人工智能：概述和政策建议

阿利斯泰尔·诺兰（A. Nolan），经济合作与发展组织

0.1　引　　言

本书探讨了当前人工智能在科学中发挥的作用和对这一主题未来的展望。提高研究生产力可能是人工智能所有用途中最具经济价值和社会价值的。人工智能及其各个分支学科正在渗透到科学研究的各个领域和研究过程的各个阶段。其技术的进步将带来研究中新颖且有价值的创造性应用的涌现。然而，人工智能对科学的潜在贡献还远未实现，一些广受赞誉的成果的影响可能比人们普遍认为的要小。例如，人工智能在新冠疫情期间对研究和治疗贡献甚微。此外，政策制定者和研究系统中的其他参与者可以采取很多举措来加快和扩大人工智能在科学中的应用，并扩大其对科学和社会的积极贡献。

本书的主要贡献是：

- 以适合非技术读者的方式描述人工智能在科学研究中的已有及潜在应用。

- 帮助提高人们对公共政策在放大人工智能对科学产生的积极影响和应对治理挑战方面发挥作用的认识。

- 关注人工智能在科学中的应用以及一些非专业读者可能不熟悉的相关主题。人工智能在科学中的应用包括人工智能和集体智慧、人工智能和实验室机器人、人工智能和公民科学、科学事实核查的发展以及人工智能在研究治理中的新应用。相关主题包括人工智能研究的主题范围缩小和人工智能研究的可复制性。

- 评估人工智能在科学领域尚不能做到的事情以及仍需要取得进展的领域。

- 结合领域专家和经济学家的观点，验证科学生产力放缓的实证观点。

- 考虑在发展中国家人工智能对科学的影响，以及可以采取哪些措施来促进人工智能在发展中国家科学研究的应用。

本章内容如下：开头部分讨论了通过不论是使用人工智能还是其他方式提高研究生产力的重要性。关键问题涉及经济影响，填补关键知识空白，总结研究对生产力可能增长放缓的原因以及反驳这一观点的证据。在此过程中，本书概述了为什么一些学者认为科学生产力可能停滞不前。需要明确的是，这并不是说科学进步正在放缓，而是科学进步变得越来越难实现。本部分继续总结了本书的 34 篇

文章，概述分为五大节，分别对应本书的五个部分。

- 科学研究变得越来越难了吗？
- 当今科学中的人工智能。
- 不久的将来：挑战和前进之路。
- 科学中的人工智能：对公共政策的进一步影响。
- 人工智能、科学与发展中国家。

专栏中给出了重要的政策启示和建议。

0.2　人工智能和科学生产力：为什么很重要？

出于多种原因，科学生产力至关重要。这里描述了三个重要的原因：经济原因、需要缩小重要领域科学知识差距的原因，以及认为研究生产力降低的原因。

0.2.1　研究生产力的经济影响

经济学家已经确立了源自基础研究的创新与长期生产力增长之间的基本关系。新冠疫情的经济影响、大多数经合组织国家疲软的宏观经济状况、不断增长的公共债务和人口老龄化都加剧了寻求经济增长的紧迫性。

科学在现代经济中的影响范围很容易被低估。根据一项评估，仅依赖物理研究的行业，包括电气、土木和机械工程，以及计算机和其他行业，对欧洲经济产出和总增加值的贡献超过零售和建筑业的总和（European Physical Society，2019）。相应地，研究生产力变化带来的影响范围也很广泛。国际货币基金组织最近基于专利数据进行的分析表明，与商业导向的应用研究相比，基础科学研究扩散到更多国家的更多部门，且持续时间更长（IMF，2021）。

理论研究还表明，更具生产力的研发活动带来的经济增长效应比最终产品自动化生产带来的增长效应更长久，这是因为后者仅能带来一次性的增长率提高（Trammell and Korinek，2021）。

0.2.2　许多基础和必要的科学知识匮乏

许多领域的科学正在迅速发展。2022年，包括天文学在内的诸多领域都取得了重要的进展，如韦伯望远镜拍摄到的前所未有的图像、针对新冠疫情的鼻腔疫苗的研发以及第一个在实验室实现的可控核聚变反应。然而，老的科学问题依然存在，新的科学问题也在不断出现。这里仅举三个例子：

- 气候变化机制在经过数十年的模拟后仍未完全明晰。在诸如临界点（如冷热海水流向反转）、何时气候变化可能变得不可逆转（如西南极洲或格陵兰岛冰架融化）以及植物和微生物在碳循环中的定量作用（植物和微生物每年循环约2000亿吨碳，而人为生产约为60亿吨）等问题上仍存在极大不确定性。

● 许多细胞的基本生理过程尚不清楚。例如，大肠杆菌消耗糖获取能量的过程是最基本的生物功能之一。这对于工业中设计利用生物质中碳水化合物的微生物催化剂也很重要。然而，该过程如何运作尚未完全确定（尽管有关该主题的研究已于70多年前首次发表）。

● 目前全世界约有5500万人患有阿尔茨海默病或其他痴呆症。虽然研究已经证实了阿尔茨海默病的几个危险因素——从年龄、头部受伤到高胆固醇——但这种疾病的患病原因仍然未知（并且缺乏治疗方法）。

更高效的科学研究也将为创新突破奠定基础，特别是在一些关键领域。例如，当今使用的许多抗生素都是在20世纪50年代发现的，最新一类抗生素治疗方法是在1987年发现的。能源领域的创新对于实现低排放经济增长也至关重要。尽管相关技术的性能随着时间的推移而提高，但当今领先的能源发电技术大多是一个多世纪前发明的：燃气轮机发明于1791年；燃料电池发明于1842年；水力发电涡轮机发明于1878年；太阳能光伏电池发明于1883年；甚至第一座核电站也在20世纪50年代开始运行（Webber et al.，2013）。

通过加速科学创新，人工智能有助于找到应对气候变化（专栏1、2）、老龄化、疾病等全球性挑战的解决方案。

专栏1　人工智能、材料科学和净零排放

材料科学是应对气候变化所需新技术的核心。新材料有可能提供更高效的太阳能电池板、更好的电池、更节能的车用轻质金属合金、碳中性燃料、更可持续的建筑材料和低碳纺织品。材料科学的进步也可能为包括稀土元素在内的供应链脆弱的材料创造替代品。

在开源研究社区和开放数据库的辅助下，人工智能正在引领材料科学的一场革命，快速有效地探索大型数据集以产生具有用户所需特性的材料的原子排列，同时优化实验的各个方面。

传统上，材料的发现是缓慢的和不确定的。传统材料研发过程基于对许多（有时是数百万）候选样品的试错检验，有时需要花费几十年的时间。然而，高性能计算、人工智能和实验室机器人的新组合可以极大地加速发现过程（本书中的后续文章探讨了科学中的机器人技术）。Service（2019）指出一些材料发现过程已经从几个月压缩到几天。一个实验室机器人每年能进行10万次实验，只需两周就能完成以往5年的实验工作量（Grizou et al.，2020）。

实现净零排放的迫切性凸显了加速材料发现的重要性。由于研发过程加快，研发投入更有可能在商业可接受的投资回报周期内获得回报，这鼓励了私营部门投资于材料研发。降低每次实验的成本可以鼓励更多的创造性研究，因为如果能进行广泛和快速的实验组合，那么失败的风险就会降低。此外，更快的发现速度有助于初级研究人员在自己研究领域内取得突破和进展，建立起学术界的声誉和地位（Correa-Baena et al.，2018）。

材料科学的这些进展需要许多学科的贡献，包括计算机科学家、机器人专家、电子工程师、物理科学家和材料研究人员。促进跨学科研究和思想交流的政策和方法能提供帮助。

专栏2　促进气候变化和机器学习交叉领域的研究

气候变化协会（Climate Change AI，CCAI）[1]是一个非营利组织，汇集了来自学术界和工业界的志愿者。CCAI最重要的贡献之一是建立了研究问题目录，其中包含了科学、工程、工业和社会政策等许多领域的研究问题，人工智能可以在这些问题上对气候问题产生积极影响[2]。CCAI还构建了一个由许多研究人员、工程师、政策制定者、投资者、公司和非政府组织组成的社区，社区中许多人正在将人工智能技术应用于科学问题。

1　详见 https://www.climatechange.ai/.
2　详见 https://www.climatechange.ai/summaries.

0.2.3　人工智能也很重要，因为科学本身可能变得更加困难

有关科学放缓的观点并不新鲜。50多年前，美国科学促进会主席本特利·格拉斯（Bentley Glass）断言："仍有无数细节需要补充，但无穷无尽的视野已不复存在（There are still innumerable details to fill in，but the endless horizons no longer exist）。"最近，Bloom 等（2020）以及其他一些论文研究激发了人们对科研生产力停滞的关注。马特·克兰西（Matt Clancy）在本书中回顾了相关的经济和技术专题研究，并得出结论：虽然量化研究生产力在概念和方法上都很复杂且存在争议，但在某些测量方式下科学研究确实变得更加困难。

如果科学研究确实变得更加困难，那么在其他条件不变的情况下，政府将被迫花费更多的钱来实现现有的实用科学产出的增长率。实现应对当今全球挑战所需的科学进步的时间可能会延长。对于与今天相当的科学投资而言，可用于应对如新型传染病、新型作物疾病等具有全球负面影响的不可预见事件的新知识增量将越来越少。

考虑那些认为科学越来越困难的学者的论点是有帮助的。专栏 3 总结了为什么科学越来越困难，这有助于明确人工智能在科学研究中如何发挥作用。本书中的文章考察了与科学系统中不良激励影响有关的各类问题。例如，专栏 3 论点 1 探讨了科学事实核查的人工智能和治理过程中的人工智能等问题［如瓦罗科（Varoquaux）和切普利吉娜（Cheplygina）；弗拉纳根（Flanagan），里贝罗（Ribeiro）和弗里（Ferri）；贡德森（Gundersen）；王（Wang）等的贡献］。专栏 3 论点 2 阐述了私营部门在基础研究中的参与较为有限。然而，人工智能可以激励部分领域中的私营部门的研发活动。这是因为人工智能可以帮助更快地开展某些科学研究，从而使研究能够在符合商业投资允许的时间范围内更快完成。人工智能还刺激了专门为大型企业从事基础科学研究的公司的创建［参见绍洛伊（Szalay）、戈什（Ghosh）以及金、彼得和考特尼（King、Peter and Courtney）的文章］。

专栏 3　为什么科学变得更加困难

研究者对研究生产力下降的原因进行了推测。主要的观点涉及以下内容：

1. 科学激励的变化。其中，Bhattacharya 和 Packalen（2020）探讨了引用在衡量绩效中的作用，并探讨了它们如何促使科学家的奖励和行为向增量科学转移，其中撤稿率、不可复制性甚至欺诈率都很高。

2. 私营部门对基础科学的参与（Arora et al.，2019）更加有限。

3. 科学发现的经济成本限制。例如，下一代超级对撞机的成本估计为 210 亿欧元，而产生探测更小的亚原子现象所需的能量将花费更多。

4. 新的科学研究突破建立在大量吸收前人研究和广泛涉猎其他领域多样化研究成果的基础之上，因此需要更大的团队。但与小团队相比，大团队似乎更难取得根本性的研究突破（Wu et al.，2019）。

5. 科学家们已经达到了"阅读巅峰"。据统计，关于新冠疫情的文章仅在大流行的第一年就发表了 10 万篇。仅生物医学领域就有数以千万计的同行评议论文。然而，科学家平均每年仅能阅读论文约 250 篇（Noorden，2014）。

6. 不同领域科学文献语料库的规模庞大。在较大的语料库中，潜在的重要贡献无法通过渐进的知识扩散过程获得整个领域的关注（Chu and Evans，2021）。

7. 随着科学的进步，它分支出新的学科。有些突破需要更多的跨学科合作，但部分学科之间的差异阻碍了合作。

> 8. 科学定律的数量是有限的。一旦某一规律或物质被发现，科学就必须着手进行下一项挑战。例如，DNA 只能被发现一次。

　　科学中的人工智能也与专栏 3 论点 3 讨论的科学研究发现的经济成本限制相关。因为人工智能可以降低某些科研阶段的成本，特别是实验室实验。此外，如通过使用性能不断增强的人工智能研究助理［拜恩（Byun）和斯图尔穆勒（Stuhlmüller）的论文研究主题］等措施压缩研究项目的持续时间可能会大量节省科学家的时间。专栏 3 论点 4 认为科学中需要更大的团队。马利亚拉基（Malliaraki）和贝尔迪切夫斯卡亚（Berditchevskaia）关于人工智能和集体智慧的文章考虑了如何利用这些团队的能力，切卡罗尼（Ceccaroni）和他的同事关于人工智能和公民科学的文章也是如此。此外，专栏 3 中的论点 5 和论点 6 还总结了从不同角度探讨自然语言处理应用于科学文本与知识负担的相关观点［见达尼茨（Dunietz）；王；拜恩和斯图尔穆勒；斯莫海瑟（Smalheiser），哈恩-鲍威尔（Hahn-Powell），赫里斯托夫斯基（Hristovski）和塞巴斯蒂安（Sebastian）的文章］。

0.3　科学研究变得越来越难了吗？

0.3.1　想法越来越难找到了吗？对证据的简单回顾

　　马特·克兰西使用多种技术上和概念上的方法，在回顾多项研究后总结认为，持续的科研力量投入（比如科学家的数量）并不会导致技术能力的各种代理指标持续按比例增长（例如，大约每两年集成晶体管数量增加一倍）。这一发现适用于绝大多数研究，几乎没有例外，即衡量技术能力产出的各锚定指标的恒定成比例增加往往需要更多科研力量的供给。

　　克兰西还指出了基于这样一种观点的其他衡量思路，即进步不仅仅是要充分利用每一项技术的潜在应用可能性，其更重要的也许是创造全新的技术领域。尽管认同这一观点，但 Bloom 等（2020）同时指出，至少在医疗健康领域，尽管从抗生素到 mRNA 疫苗等一系列新技术层出不穷，但从临床试验或生物医学论文的数量来看，增加人一年的寿命需要更多的研究努力。

　　研发活动影响的另一个衡量方式与私营部门公司的绩效结果有关。Bloom 等（2020）研究了销售额、员工数量、员工人均销售额和市场资本化情况，发现在绝大多数情况下，企业也需要越来越多的研发努力来保持这些指标的增长。

　　克兰西同样讨论了全要素生产率（total factor productivity，TFP）——一个经济体结合各种投入要素来创造产出的效率——作为技术进步的广泛衡量标准。Bloom 等（2020）发现，对于美国经济来说，早在 20 世纪 30 年代，就需要不断增长的研发努力来保持全要素生产率以恒定的指数速度增长。在本书中宫川努对日本经济进行研究得出了类似的结果，波音和胡纳蒙德（Boeing and Hünermund）对德国和中国的经济进行研究也得到了类似的结果。

另一种检验研发活动生产力的方法是观察科学上的指标。克兰西讨论了一种方法，该方法着眼于考察过去 20 年发表的论文获得诺贝尔奖的比例。在所有学科领域，这一比例都大幅下降。克兰西还引用了一些研究，这些研究表明，自 20 世纪 60 年代以来，对近期发表论文（在前 5 年或 10 年内发表的论文）的引用份额稳步下降，这可能表明最近科学产出的影响在下降。专利的引用也有类似规律，并且越来越多地引用了更早的科学成果。

克兰西还解释了概念性和方法学上的注意事项适用于所有分析的原因。例如，全要素生产率可能会因与科学和技术无关的原因而有所不同，比如办公人员地理流动性的变化。然而，许多采用不同方法的论文得出了趋同的结论。尽管如此，克兰西最后承认，即使研究新想法变得越来越难找到，社会似乎也在越来越努力地找到它们，从而推动科学的进步。

Bloom 等（2020）将绩效指标与研究投入指标进行了比较，并认为研究生产力在下降。本书中的其他论文从电子、农业和生物制药三个领域进一步探讨了这一结论。然而，这些文章中的结论观点并不像 Bloom 等（2020）所说得那么清晰。

0.3.2　摩尔定律终结了吗？

摩尔定律自 20 世纪 60 年代以来一直适用，它假设晶体管芯片密度（集成电路上可容纳的晶体管数量）大约每两年翻一番，晶体管单位成本也会相应下降。Bloom 等（2020）认为，摩尔定律的明显放缓表明了电子产品创新步伐的下降。这种下降将会产生严重的后果，因为微电子技术是几乎所有工业产品和系统的核心。

然而，亨利·克雷塞尔（Henry Kressel）指出，虽然缩小晶体管的能力已经达到了物理极限，但对计算系统能力停滞或下降的担忧还为时过早。他指出，除了摩尔定律所追踪的创新进展之外，其他的创新还将继续提高电子系统其他方面的经济和技术性能。例如，制造商们正在寻找提高能源效率的方法，并开发出能够更好地利用芯片区域的三维架构。好的研究创意还没有用完，也没有证据表明人们对这类研究的兴趣在下降。

在此基础上，克雷塞尔的文章得到了一个重要的结论：用单一度量的方式来衡量一个技术驱动领域的进展可能会产生误导。事实上，尽管非专业人士关注摩尔定律，但由于计算系统的规模和功能范围都很大，目前还没有可靠的通用衡量标准。

0.3.3　美国农业的技术进步是否正在放缓？

马特·克兰西研究了美国农业的创新，并总结认为，无论是以一段时间内的产量增长，还是使用更复杂的方法，如全要素生产率的变化来进行衡量，农业领域技术进步放缓的论证似乎都成立。这种放缓可能源于农业特定的因素，比如在 20 世纪末的大部分时间里，研发水平一直停滞不前。它也可能受到其他更广泛的力量的影响，如在为农业提供关键投入的非农业领域技术进步放缓。此外，这篇文章考察美国的农业时，克兰西引用的研究表明全球农业的增长率从 2000 年代的年均 2%下降到 2110 年代的年均 1.3%。

克兰西赞同克雷塞尔的观点，即在选择表征进展的衡量指标时需要谨慎，他指出，Bloom 等以农业产量的变化来衡量农业技术发展的方法有缺陷。例如，几乎所有的美国玉米都经过了转基因改造，以产生对一种关键杀虫剂（草甘膦）的抗性。这一技术通过降低控制杂草的成本来帮助农民，但该技术的进步并不会在产量的度量中反映出来。同样，全要素生产率通常忽略了农业生产环境的可持续性这一农业创新的重要方面。这一方面可能正在改善。

0.3.4　埃鲁姆定律与生物制药研究生产力下降

杰克·斯坎内尔（Jack W. Scannell）探索了埃鲁姆定律（Eroom's law），该定律指出药物开发随着时间的推移会变得更缓慢、更昂贵。斯坎内尔检验了各种指标，这些指标显示自 20 世纪 90 年代末以来，生物制药研发的生产力显著下降（尽管自 2010 年以来略有上升）。他指出，DNA 测序、基因组学、高通量筛选、计算机辅助药物设计和计算化学等技术进步在 1950 年至 2010 年间被广泛应用，成本降低了几个数量级。然而，这一时期花费相同研发成本开发出来的经美国食品药品监督管理局（US Food and Drug Administration，FDA）批准的新药数量不到之前的百分之一。

斯坎内尔指出，生物制药领域的创新水平下降有几个原因。其中，最重要的原因是有效的廉价仿制药产品种类逐渐增多。当药物的专利到期时，药物会变得更便宜，但疗效不会降低。不断扩大的廉价仿制药目录逐步提高了同一治疗领域新药的竞争门槛，削弱了研发的动力。这些治疗领域对"新想法"的投资回报很少，即使这些想法本身并没有变得更难找到（有许多未开发的药物靶点和治疗机制以及大量的化合物）。

斯坎内尔解释说，研发投资被挤压到长期以来不太成功的疾病领域，如晚期阿尔茨海默病、某些转移性实体癌症等。他观察到，人工智能起到重要作用的新型化学研究是生物制药创新中最具投资价值的形式，因为它可以得到强有力的专利保护。然而，缺乏良好的筛查模型和病理模型是药物发现的一个关键制约因素（病理模型是实验室中反映疾病及其过程的生物系统）。造成这种短缺的一个主要原因是经济原因：一旦一种新的病理模型所确定的机制在人类患者的试验中被公开证明，竞争对手就可以免费获得这些信息。

人工智能将在药物发现方面逐步提供帮助，但不是革命性的。

斯坎内尔认为，人工智能将有助于药物发现。然而，短期内它对工业层面上的生产力总体影响不大。这是因为，在使用人工智能方面进展最大的领域，如药物化学，很少与药物发现中的限速步骤[①]相关。与此同时，人工智能不太可能在最需要提高研究生产力的领域提供解决方案。一个主要原因是许多关键数据的质量不够。例如，太多已发表的生物医学文献是错误的、不相关的，或者两者兼而有之。生成更好的生物数据将有助于利用人工智能，但这样做成本高昂而且需要大量时间。

0.3.5　研究生产力是否有所放缓？来自中国和德国的证据

菲利普·波音（Philipp Boeing）和保罗·胡纳蒙德（Paul Hünermund）根据Bloom 等（2020）开发的方法，提供了近几十年来中国和德国研究生产力下降的证据。Bloom 等（2020）通过测量发现美国的研发效率（通过经济增长率除以研究人员数量来衡量）已经下降。

在德国，1992 年至 2017 年期间，研发支出平均每年增长 3.3%。在企业层面，研究生产力平均每年下降 5.2%。这个数字与 Bloom 等（2020）测量的美国数据相似。这些负的复合平均增长率意味着，研究努力必须每 13 年翻一番才能保持恒定的经济增长率。

作者发现，中国的研究生产力下降得更快。2001 年至 2019 年期间，在所使用的样本中，中国上市公司雇佣的研究人员的有效数量平均每年增加 21.9%。然而，研究人员数量上显著的扩张并没有与经济增长相匹配。研究发现，中国研究生产力每年下降 23.8%。然而，如果分析仅限于最近十年（中国开始大规模研发活动时），研究生产力每年仅下降 7.3%，这个数字与德国和美国的水平更接近。

0.3.6　研发效率下降：来自日本的证据

宫川努（Tsutomu Miyagawa）指出，尽管日本一段时间以来研发投入占 GDP

---

①　（译者注）在药物开发过程中，限速步骤指的是整个过程中最耗时、最复杂或最具挑战性的步骤，其完成速度或效率对整个开发过程的进展起到主要限制作用。

的比率保持在 3%左右，但研发效率的增长似乎已经放缓。采用 Bloom 等（2020）使用的方法，Miyagawa 和 Ishikawa（2019）发现，日本制造业和信息服务业的研发效率已经下降。Miyagawa 在本书中的文章使用更近期的数据考察了研发效率的两种衡量标准。第一种是由一个简单的生产函数推导出来的，在这个函数中，生产率取决于研发的存量。第二种方法同样遵循 Bloom 等（2020）的研究方法。这两项衡量结果都显示，日本在 2010 年代的研发效率与 2000 年代相比有所下降。

0.3.7　量化科学的"认知程度"以及其如何随着时间和国家的变化而变化

斯塔莎·米洛耶维奇（Staša Milojević）以一种完全不同的方式来衡量研究生产力。她讨论了科学文献中知识"认知程度"的发展趋势。米洛耶维奇通过使用期刊文章标题中所包含的独特短语数量来量化科学领域的认知程度。在一篇给定的文献中，少量的独特短语将意味着大量的重复以及较小的认知程度。大量的独特短语意味着更广泛的概念和更大的认知程度。

米洛耶维奇发现，自 2000 年代中期以来的认知程度停滞不前。她还考察了多个研究领域，结果表明物理学、天文学和生物学的认知程度正在扩大，而医学则停滞不前甚至萎缩。此外，米洛耶维奇比较了不同国家的认知程度。她发现，虽然，中国是 2019 年最大的科学出版物生产国，但其论文在有些研究领域覆盖的认知程度要小于许多西欧国家和日本。

0.3.8　文献计量学对理解研究生产力有什么贡献？

乔瓦尼·阿布拉莫（Giovanni Abramo）和西里亚科·安德里亚·德安杰洛（Ciriaco Andrea D'Angelo）列出了目前最流行的用于评估研究绩效的文献计量学指标，同时讨论了这些指标的优缺点。他们描述了评价性文献计量学的众所周知的局限性：①出版物可能不能代表所产生的所有知识；②书目汇编并不涵盖所有的出版物；③文献被引用并不总是代表了文献被采纳使用。同时，作者强调文献计量学主要关注的是研究产出，理解研究生产力的变化还需要衡量相关的研究投入，即劳动力和资本。

阿布拉莫和德安杰洛提出了一个研究生产力的文献计量代理集成指标，其中包括研究投入指标。他们描述了采用其中一个指标在国家层面上对学术研究生产力进行纵向时间分析的一个结果。其表明，在大多数研究领域，意大利学者的生产力随着时间的推移而提高。

作者呼吁各国政府通过建立相应机制，向文献计量学家提供研究机构的劳动力和资本的投入数据，来支持更有用的国家层面和国际层面的研究生产力评估。

0.4 当今科学中的人工智能

0.4.1 人工智能如何帮助科学家？一个（非详尽的）概述

艾希克·戈什（Aishik Ghosh）观察到，人工智能正在科学研究的各个领域和阶段得到应用，从假设生成到实验设计、监测和模拟，再到科学出版和传播。在未来，人工智能可能会端到端地优化许多科学工作流程——从数据收集到最终的统计分析［参见金、彼得和考特尼关于实验室机器人的文章］。尽管如此，戈什解释说，人工智能在科学研究中的应用潜力距离完全得到释放还有很长的路要走。

作者阐述了人工智能在科学研究中的主要应用类别。虽然典型的机器学习模型的结果可解释性很难保证——这一点在书中的其他文章中也重复过——但它们对于假设生成、实验监测和精确测量等任务仍然有用。创建新数据的生成式人工智能模型可以辅助进行模拟，从数据中去除不必要的特征，并将低分辨率、高噪声的图像转换为高分辨率、低噪声的图像，具有许多有价值的应用场景。例如，在材料科学领域，人工智能可以正确地将廉价、低分辨率的电子显微镜图像增强处理为昂贵的高分辨率图像。

非结构化数据（如卫星图像、全球天气数据）在传统研究中一直是一个挑战，因为需要开发专门的算法来处理它们。深度学习（机器学习的一类）在处理这类数据以解决非常规任务方面取得了巨大的成效。在开发因果模型（用于区分相关性和因果关系）方面的创新将为医学和社会科学带来巨大的好处。

人工智能还可以在长期的科学研究流程中追踪和管理多种不确定性因素。通过优先收集存在不确定性的环节的数据，人工智能能提高数据获取的效率。人工智能也可以通过间接的方式造福科学，如推进数学研究。例如，2022 年底，DeepMind 宣布使用了一种强化学习技术可以更快地实现矩阵乘法。

除了在研究的主要阶段中发挥作用之外，人工智能在科学中也具有更广泛的应用价值。例如，已经开发了一些人工智能模型来总结研究论文，一些流行的推特（Twitter）机器人经常在 Twitter 上自动发布论文摘要。戈什还指出了最近一项基于人工智能的方法研究，该方法可以更有效地向理论物理学家提供物理实验测量。专栏 4 考虑了同行评议中的人工智能应用。

专栏 4　人工智能和同行评议：耗时的半自动化过程

同行评议消耗了大量的科学资源。据估计，仅在美国，2020 年一年同行评议耗费的时间成本就高达 15 亿美元（Aczel et al., 2021）。目前正在进行实验，以评估人工智能在科研治理中多方面的潜在用途。Checco 等（2021）描述了一项人工智能辅助同行评议的研究。作者利用 3300 篇以往的会议论文和相关的评议信息训练了一个人工智能模型。当展示未被审查的论文时，人工智能模型通常可以预测同行评议的结果。半自动的同行评议引发了伦理和制度上的挑战。一个可能的问题是偏见，例如在人工智能训练所依赖的论文中传播文化和组织特征。然而，人工智能也可以揭示在只有人类参与的同行评议中已经存在偏见。在同行评议中使用人工智能可以节省时间，而且相对来说没有争议，比如在同行评议前进行筛选，以发现论文中容易被检测到的浅显问题。这对作者有益。此外，解决这些问题可以降低第一印象较差导致的偏见的影响，帮助同行审稿人关注论文的科学内容。正如 Checco 等所解释的，需要对人工智能决策支持进行更多的研究。然而，随着科学文献数量的迅速增加，新兴人工智能在同行评议中应用的实际好处可能会超过其潜在的坏处。

戈什还描述了人工智能在科学领域可能带来的潜在危险。人工智能模型有时会以与传统算法不同的方式出现故障。例如，一个机器人若在实验室中被训练具备了分辨红色、蓝色和绿色瓶子的能力，其在深度学习技术辅助下可能仍无法正确推广到具备分辨黑色瓶子的能力。深度学习模型会从训练数据中捕捉到微妙的模式规律，包括模拟中存在的偏差。而且，一些减少偏差的技术可能会导致进一步难以预料的负面影响。此外，开发需要大量计算资源来训练的大型人工智能模型已成为趋势。正如本书中的其他作者指出的那样，这可能会给预算较少的研究小组带来问题。

2022 年 11 月，继戈什的文章之后，OpenAI 发布了 ChatGPT。许多专业人士现在正在讨论 ChatGPT 和其他大语言模型将如何影响他们的未来。大语言模型提高知识工作生产力的应用有很多：快速、自动地编写从演示文稿到论文的各种材料；提高书面语言质量；减少非母语人士的语言障碍；快速总结；编写计算机代码；通过对话培养创造力。显然，科学也能享受到这些好处。

然而，正如拜恩和斯图尔穆勒在本书的后面所讨论的那样，像 ChatGPT 和 Galatica 这样的大语言模型经常会出错。这些作者强调，随着应用规模的扩大，需要评估流程来确保它们的准确性。他们还注意到，大语言模型有可能会促使大量肤浅的表面的工作出现，并造成不平等，如英语用户和其他用户之间的不平等。在《自然》杂志的一篇评论文章中，van Dis 等（2023）呼吁人们注意研究系统需要解决大语言模型带来的治理挑战（专栏 5）。

专栏 5　ChatGPT 和未来的大语言模型对科研界意味着什么？

van Dis 等（2023）呼吁建立一个关于开发和使用大语言模型进行研究的国际论坛，其目标聚焦于对研究治理至关重要的问题。他们强调的问题包括：

● 哪些学术技能对研究人员来说仍然是必不可少的，科学家的培训需要以哪些方式来改变？

● 人工智能辅助研究过程中的哪些步骤应该需要人工验证？

● 科研诚信和其他政策应该如何改变？（例如，ChatGPT 在引用原始来源方面不可靠，研究人员可能在使用它时没有给予先前工作应有的认可。尽管这可能是无意的）。

● 目前大多数大语言模型都是大型科技公司的专有产品。这是否应该推动更多公共资金投入到开源大语言模型的研发中？考虑到科技公司拥有更多的资源，如何才能更好地做到这一点呢？

● 大语言模型应遵循哪些质量标准（如来源认证和透明度）？哪些利益相关者应该对这些标准负责？

● 大语言模型应该如何被应用，以便促进和提升开放科学的实践和原则？

● 研究人员如何确保大语言模型不会造成科学研究中的不平等？

● 大语言模型对科研实践有什么法律影响（例如，与专利、版权和所有权相关的法律法规）？

0.4.2　人工智能驱动的科学自动化评估框架

罗斯·金（Ross King）和赫克托·泽尼尔（Hector Zenil）认为，科学的未来，特别是实验科学，取决于人工智能主导的闭环自动化系统。自动化促进了许多行业领域的生产力进步，也可以促进科学领域的生产力进步。诺贝尔物理学奖得主弗兰克·维尔切克（Frank Wilczek）认为 100 年后最好的物理学家将是一个机器。通过援引维尔切克的观点，金和泽尼尔强调了开发自主系统对改善人类福利的重要性［金参与开发的机器人科学家（robot scientist）"亚当"是第一个能通过自主生成科研假设并使用实验室自动化测试来自主发现科学知识的机器人，King et al.，2009]。机器人系统已经在加速遗传学和药物发现方面的科学发展［金、彼得和考特尼（King，Peter and Courtney）的一篇文章更深入地探讨了机器人科学家的作用］。

作者描述了一个可能的未来，在这个未来中人类科学家将决定如何与人工智能科学家合作，以及人工智能将在多大程度上来定义自己的问题和解决方案。如果人工智能可以识别出人类存在偏见的研究，或者指出人类科学家未能探索的研究领域，那么人类科学家与人工智能科学家合作就可能产生协同效应。

在科学自动化的逐步发展方面，金和泽尼尔根据在科学研究中人类科学家投入资源和执行操作的数量和质量，提出了一个科学自动化水平的度量框架。类比汽车工程师学会（Society of Automotive Engineers）所设定的从零到五级的汽车自动化分类，在科学的第一级，人类仍然完整地描述一个问题，但机器会做一些数据操作或计算。我们可以把第一级的达成追溯到 20 世纪五六十年代第一个定理证明器[①]的出现。第五级对应于完全自动化，涵盖所有级别的发现，无须人工干预。今天，在实验室科学的某些领域，一些系统已经达到了第四级。这是一个科学研究可以大大加速的阶段。例如，利物浦大学开发的机器人化学家在激光雷达和触摸传感器的引导下围绕实验室移动。一个算法可以让机器人探索近 1 亿个可能的实验，并根据之前的测试结果选择下一步要做什么实验。这个机器人可以连续工作几天，只有在给电池充电时才会停下来。对于这类机器，除了提供耗材外，几乎不需要任何人工干预。

这两位作者所做的工作是诺贝尔图灵挑战的一部分。这一挑战旨在探索如何在 2050 年之前开发出能够高度自主地做出诺贝尔奖级别科学发现的人工智能系统。正如他们报告的那样，2020 年第一次诺贝尔图灵挑战研讨会的参与者估计，第二级和第三级系统将在未来五年内得到广泛应用。第四级系统可能在未来 10 年到 15 年广泛普及，第五级系统可能在未来 20 年到 30 年使用。最后，金和泽尼尔引用了一个全自动实验的例子，该实验最近对系统研究的可复制性进行了首次测试，标志着人类向开发第四级和第五级人工智能系统迈出了重要步伐。

0.4.3 使用机器学习来验证科学声明

露西·王（Lucy L. Wang）探讨了机器学习技术在应用于验证科学声明方面的现状和局限性。她指出，由于新冠疫情期间网上传播的大量虚假信息、气候变化等

---

①（译者注）早期的定理证明器出现在 20 世纪五六十年代，其中最著名的是由艾伦·纽厄尔（Allen Newell）和赫伯特·西蒙（Herbert Simon）开发的逻辑理论家（Logic Theorist）。逻辑理论家是第一个能够自动进行数学定理证明的程序，它使用了机械推理和搜索算法来构建和验证数学推理过程。

敏感话题以及科学成果的大量产生，成功实现自动化验证科学声明成为当务之急。

像 Twitter、Facebook（脸书）和其他一些平台都在进行人工和自动的事实核查。这些公司可能会雇佣由事实核查人员和机器学习模型组成的团队。然而，露西·王注意到，由于大量的专业术语、对特定领域知识的需求以及知识前沿发现的固有不确定性，验证科学声明给事实核查工作带来了一系列独特的挑战。

近年来，自动化验证科学声明工作尽管取得了重大进展，但解决来自技术方面和其他方面的挑战仍然需要进一步的努力。露西·王描述了需要开展更多工作的领域，包括将外部信息来源整合到事实侦测（veracity prediction）中，如资金来源的信息源和信息源的历史可信度，如何促进适用领域的泛化（目前科学声明验证数据集仅限于少数选定的领域，如生物医学、公共卫生和气候变化），扩大潜在证据文档的范围，比如从可信的科学论文样本扩大到所有经过同行评议的科学文档，以及实现对用户信念和需求的验证。

露西·王指出，如何整合声明验证模型和人工事实核查的结果仍然是一个问题。除此之外，目前很少有研究关注社会问题或者是自动化科学声明验证的后果。例如，为帮助人工事实核查而建立的模型的输出可能与为提高专业人士参与科学声明验证的能力而建立的模型的输出不同。

0.4.4　机器人科学家：从亚当到夏娃再到创世纪

罗斯·金（Ross King）、奥利弗·彼得（Oliver Peter）和帕特里克·考特尼（Patrick Courtney）讨论了机器人与人工智能结合以实现科学过程自动化方面的快速发展。材料科学家、化学家和药物设计师已经越来越多地开始将人工智能与实验室自动化结合起来。

与人类相比，人工智能系统和机器人可以以更低的成本工作，且工作得更快、更准确，同时还能一天 24 小时不停歇工作。不仅如此，它们还有其他的优势。正如作者所解释的那样，机器人科学家可以做以下事情：

- 完美地收集、记录和思考大量事实。
- 系统地从数百万篇科学论文中提取数据。
- 进行无偏的、接近最优的概率推理。
- 同时生成和比较大量假设。
- 选择在时间和金钱成本方面接近最优的实验来检验假设。
- 按照公认的标准，在不增加额外成本的情况下系统地描述实验的语义细节，自动记录和存储结果以及相关的元数据和程序，来帮助在其他实验室复现研究工作，以此促进知识转移并提高科学研究的质量。
- 增加科学研究的透明度，使欺诈性研究更易被甄别；通过减少未记录的实验数据、操作以及实验室环境数据等来促进科学研究的标准化和科学交流。

此外，在一个可行的机器人科学家被构建出来后，其可以很容易被复制和扩展。同时，机器人系统也对一系列危险免疫，包括流行病感染。所有这些能力将对人类科学家创造力进行补充。

在"云"上的新型实验室方面，金、彼得和考特尼还描述了生物制药行业的新型实验服务，研究人员可以通过用户界面访问自动化实验室平台，远程控制并实施实验。这种服务可以使生物制药企业不需要拥有实体实验室就能运作。然而，基于云计算的实验室平台亟待发展出一套全球通用的跨平台标准。作者认为公众在支持机器人技术在科学研究中应用可以发挥各种作用，并提出了建议（专栏6）。

专栏6　实验室自动化：政策建议

促进机器人专家和领域专家之间的互动。尽管工业机器人技术发展迅速，但并不总能满足科学研究需求。通过合作研究项目和合作研究中心，材料科学家、化学家、人工智能专家和机器人专家将聚集在一起共同完成如开发下一代电池材料等研究项目，从而促进工业机器人技术发展满足科研需求。此类合作项目有助于绘制跨学科路线图，以识别差距、机会和资助重点。政府最适合制定此类项目计划，将各方参与者聚集在一起。

加强数据治理。实验室仪器需要通过标准化接口实现互操作。目前，仪器所收到的控制指令信息和产生的数据信息以专有格式呈现，缺乏围绕实验的数字元数据，这妨碍了数据的交换和再利用。实验室用户、供应商和技术开发人员可以聚集在一起，并从资助者和出版商生成实验相关信息的那一刻起就进行合作研发。这一愿景可能在诸如欧洲开放科学云（European Open Science Cloud）等开放科学的推动下实现。欧洲开放科学云通过可查找、可访问、可兼容和可重用原则支持数据管理和共享。

支持跨学科的长期科学合作。跨学科研发中心能制定跨学科合作的中期目标，并提供如何将工程（机器人、人工智能、数据等）与科学相结合的正式培训，以推动跨学科合作。例如，工程师很少接触数据丰富的现代生命科学研究。此外，当这些（通常在国家范围内）研发中心相互联系时，它们还可以支持共同利益，如提供培训，推动研究实践不断发展。OECD（2020）回顾了设计和实施跨学科研究的良好实践。

伦敦帝国理工学院的反应快速在线分析中心（The Centre for Rapid Online Analysis of Reactions，ROAR）就是这种方法的一个例子。ROAR旨在将化学数字化，提供缺少的跨学科交流机会和跨专业培训。类似地，瑞士CAT+中心（Swiss CAT + Center）是一个为瑞士科学家开放的设施。该中心具备顶尖的高通量和自动化实验设备，以及人工智能计算平台，为开发可持续的催化剂提供良好的科研工作条件。该中心还提供培训并促进协作工作。

支持具有长期影响的有远见的举措。诺贝尔图灵挑战等倡议可以激发并激励科学领域的协作，应得到国际层面的支持。这有助于集中力量应对全球挑战，推动各国在标准上达成一致，并吸引年轻科学家参与到这一雄心勃勃的事业中。

0.4.5 从知识发现到知识创造：基于文献的知识发现如何促进科学进步？

尼尔·斯莫海瑟（Neil R. Smalheiser）、格斯·哈恩-鲍威尔（Gus Hahn-Powell）、迪米塔尔·赫里斯托夫斯基（Dimitar Hristovski）和雅库布·塞巴斯蒂安（Yakub Sebastian）描述了从"未被发现的公共知识"（undiscovered public knowledge，UPK）和"基于文献的知识发现"（literature-based discovery，LBD）中产生新的科学见解的前景。未被发现的公共知识指的是没有人意识到的存在于已发表文献中的科学发现、假设和论断。它们之所以没有被发现，原因有很多：例如，它们可能是发表在不知名的期刊上，或者缺少互联网索引；又或者，不同的研究中可能存在多种类型的证据，虽然这些研究针对同一问题，但不容易相互整合（比如流行病学研究与病例报告）。

通过结合多篇文献中的发现或论断，可以找到全新的、可信的、科学上具有重要意义的假设。如果一篇文章声称"A 影响 B"，而另一篇文章声称"B 影响 C"，那么"A 影响 C"是一个自然的假设。基于文献的知识发现与人工智能数据挖掘不同，人工智能数据挖掘的目的是在数据中识别明确的发现或关联趋势。基于文献的知识发现试图识别隐含而不是明确陈述的未知知识。基于文献的知识发现工具正在解决的问题（生成潜在的新假设）本质上比搜索研究文献（如 PubMed 和谷歌学术所做的）更加困难和专业化。同时，基于文献的知识发现不同于元分析，后者主要关注对现有研究进行整理和分析。

到目前为止，大多数关于基于文献的知识发现的研究都来自计算机科学、信息科学和生物信息学的从业者。事实上，作者指出基于文献的知识发现开创了整个药物再利用领域。但是基于文献的知识发现可以被更广泛地应用。然而，作者指出，尽管这一技术可以促进相关领域的进展，但只有不到 6% 的基于文献的知识发现出版物可以与至少一项联合国可持续发展目标相关联。

下一代基于文献的知识发现系统也很可能使用非自然语言形式的信息，如数字表格、图表和图形、编程代码等。作者认为，人工智能的进步是改进基于文献的知识发现系统的关键。专栏 7 提出了在科学中更好地利用基于文献的知识发现系统的建议。

专栏 7　在科学中更好地利用基于文献的知识发现系统：政策建议

训练学生系统地寻找新假设。以生物医学为例，目前该学科领域课程就不提供这样的培训。基于文献的知识发现分析应在生物医学最终用户和信息顾问之间建立对话或伙伴关系的桥梁，以共同解决具体的科学研究问题。例如，哪一种分子途径（指在生物体内发生的一系列分子相互作用和信号传递的过程，以完成特定的生物功能或调节特定的生理功能，译者注）最有希望用于研究阿尔茨海默病？

增加开放研究数据的可用性。Figshare（https://figshare.com）和 Zenodo（https://zenodo.org）等平台提供对图形、数据集、图像和视频等研究数据的开放访问。基于云的文献管理解决方案（Mendeley、Zotero）和学术社交网站（ResearchGate、Academia.edu）可以为开展基于作者和学术社群的大数据项目带来更多可能性。这些网站可以作为新倡议发布和展示的平台，同时还能成为协调研究资助者和决策机构的平台。

帮助将基于文献的知识发现分析整合到日常科学研究中。基于文献的知识发现工具使用具有一定的专业门槛，需要经过一些培训，就像使用统计软件包或计算机编程环境所需的培训一样。因此，最佳的发展方法不是要求基层和临床研究人员自己成为基于文献的知识发现专家，而是与熟练使用基于文献的知识发现工具的信息学顾问建立伙伴关系和合作。人们还可以考虑举办针对特定问题（如气候变化）的研讨会和会议，与领域专家在基于文献的知识发现技术协助下进行头脑风暴。

0.4.6　通过公民科学和人工智能提高科学生产力

路易吉·切卡罗尼（Luigi Ceccaroni）、杰西卡·奥利弗（Jessica Oliver）、艾琳·罗杰（Erin Roger）、詹姆斯·毕比（James Bibby）、保罗·弗莱蒙斯（Paul Flemons）、卡蒂娜·迈克尔（Katina Michael）和亚历克西斯·乔利（Alexis Joly）解释了人工智能是如何促进公民科学发展的。通信和计算技术的进步使公众能够以新的方式合作参与科学研究项目。迄今为止，公民科学在数据收集和处理方面发挥了巨大的作用，特别是在对摄影图像、视频和音频录音的分类工作上。然而，公民科学参与者更有志于从事跨科学领域的科研项目，如天文学、化学、计算机科学和环境科学。

作者分析了公民科学系统与人工智能结合的优点。两者的结合能通过提高数据处理的速度和规模来推动科学发展，以传统科学无法实现的方式收集观察结果，提高收集和处理数据的质量，支持人与机器之间的学习，利用新的数据源，以及提供多样化的公众参与机会。

未来的应用正在崛起，这些应用将包括非专家使用人工智能技术的低门槛便捷方式，以及各种类型的自主系统，如无人机、自动驾驶汽车，以及其他与人工智能集成的机器人和遥感仪器。所有这些和其他新兴的应用程序将有助于数据收集和图像、录音及录像中物体的自动检测和识别。

更普遍地说，公民科学需要找到将复杂的研究项目分解为公民科学参与者可以承担的离散任务的方法。人工智能可能有助于这种任务的划分。同样可以预见的是，人工智能可以确保遵守科学方法，并协助进行质量评估，这将有助于减缓公民科学中普遍存在的对数据质量的担忧。作者还描述了政策制定者如何帮助推进人工智能在公民科学中的使用（专栏8）。

专栏8　人工智能利用公民科学来提高科学生产力：政策建议

制定正确应用人工智能的指导方针。人工智能在公众科学领域的每一次使用都需要仔细考虑风险、可追溯性、透明度和可升级性。可追溯性对于复现、验证和修订由人工智能算法生成的数据（如通过版本控制和人工智能模型的可访问性）至关重要。透明度对于理解和纠正人工智能模型中的偏差至关重要（如通过使训练数据完全可访问来增加透明度）。如果没有适当的透明度，将无法理解或在某些情况下甚至无法检测到人工智能算法的错误。人工智能算法的可升级性，即人工智能算法随时间推移而逐步升级的能力，是必要的。它使人工智能算法能适应专家和公民科学参与者新输入和修正的内容。

0.4.7　人工智能能为物理学做什么？

萨宾·霍森费尔德（Sabine Hossenfelder）观察到，机器学习已经广泛应用于物理学的各个方面。此外，物理学家本身也一直走在机器学习发展的前沿。例如，磁体的物理行为揭示了机器学习的某些特性。霍森费尔德将人工智能在物理学中的应用主要分为以下三大类：

● 数据分析。例如，实现核聚变发电需要人工智能解决方案，以应对将过热的等离子体悬浮在一个强大的磁体环中这一挑战。

● 建模。例如，模拟诸如亚原子粒子如何散射的物理系统需要花费很长时间。然而，机器学习可以从现有的模拟中学习外推，而不需要每次重新运行完整的模拟。

● 模型分析。例如，原则上关于材料原子结构的理论是已知的。然而，将理论付诸实践所需的计算量如此之大，以至于它们已经超过了现有的计算资源。机器学习正在开始改变这种情况。

霍森费尔德重申了本书的其他贡献者提及的所需关注的问题，即目前的算法并不是解决科学研究问题的灵丹妙药。这些算法在很大程度上依赖人类提供合适的输入数据，还不能制定自己的目标。

0.4.8 药物发现中的人工智能

克里斯托夫·绍洛伊（Kristof Z. Szalay）称，几十年来机器学习技术一直是药物开发过程中不可或缺的部分。人工智能最近的进步使其能够进入药物发现的其他领域。各大制药公司在药物研发的早期阶段发现了一种新的商业模式来降低风险，即从较小的生物技术公司获取具有潜在研究价值或治疗潜力的化合物的许可权。随之，人工智能技术在小型生物技术公司中的使用出现了爆炸式增长。

与杰克·斯坎内尔在本书中的发现一致，绍洛伊认为将一种新药推向市场面临的主要挑战是，在通过对患者的测试来确定一种药物疗效之前，需要投入大量的时间和金钱。人工智能的主要影响将在于选择最有可能产生通过临床测试药物的实验。然而，预测哪些患者对药物产生足够好的反应对人工智能而言是一项挑战。每位患者都是独一无二的，其生化指标也略有不同。此外，每位患者只能用药一次。如果他们返回诊所，无论药物是否有效，他们的病情都可能发生变化。从本质上讲，这使得他们在实验意义上变成了不同的病人。

绍洛伊还强调了软件开发的动态创造性和制药行业的安全需求之间的矛盾。可解释的人工智能可以解决这个问题，并帮助解决如在检测基因组数据库组成中少数族裔基因组数据相对不足等其他问题。然而，深度学习系统这一领先的人工智能模型是不可解释的，其他的人工智能方法在可解释性方面表现得也还不够好。

在人工智能基础设施和规模较小的学术团体所面临的财政负担方面，绍洛伊声称，大型现代人工智能设备必须大规模地将所有数据片段和代码集成在一起。

人工智能公司拥有一支专门的工程师团队，负责搭建必要的基础设施和工具（数据处理渠道、计算资源协调、数据库分区等）。通过这种方式，能够保证每一段代码和数据都会在正确的时间出现在训练人工智能的机器上。这就需要专业知识和人力资源，只有当人工智能成为企业的主要关注点时，收集这些专业知识和人力资源才有意义。早期的发现需要大型人工智能系统并进行多次训练，成本从数十万美元到数百万美元不等。绍洛伊提出了在应对基础设施挑战方面要发挥政策作用的建议（专栏9）。

专栏9　小型学术团体对计算基础设施的访问：政策建议

学术团体需要一个更强大的人工智能骨干联盟，比如美国国家人工智能研究资源工作组（the National Artificial Intelligence Research Resource Task Force）（NAIRR，2022）。欧盟最近也成立了类似的联盟，如欧洲开放科学云，以促进该领域的合作。然而，它们大多侧重于共享数据和工具，而不是解决学术界推广人工智能的问题。要推动人工智能在科学研究中的应用，其中一个举措可能是提供研究资助，要求大学将它们的人工智能资源聚焦到单一的项目上。数据工程师应有权限访问超级计算中心来帮助研究人员通过计算系统获取数据。

0.4.9　数据驱动的临床药物研究创新

约书亚·纽（Joshua New）称，评估候选药物的安全性和有效性的成本过高是开发新疗法的一个主要障碍。他引用的估计结果表明，截至2018年，单项临床试验的平均成本为1900万美元。最有前景的一种降低成本的方法是在临床试验设计中更好地利用数据和人工智能，特别是提高患者招募和参与度。决定在哪个地方或机构开展临床试验需要投入相当大的资金，可能是一项重大的财务承诺。为了将这种风险降到最低，一些公司开发了可以指导选址决策的人工智能系统。一些公司正在使用人工智能直接优化患者招募过程。它们通过分析结构化和非结构化的临床数据以更好地识别符合试验标准的患者，使试验组织者进行更有针对性的招募。在某些情况下，患者可能会因为治疗的副作用而中止参与试验。因此，研究人员开发了机器学习算法来识别最少药物和最小剂量的治疗方案，以降低总体毒性。

作者还建议，政策制定者应该扩大对机构数据和非传统数据的获取途径。例如，他们可以减少数据共享的监管障碍，更好地促进临床试验结果的公布，并推动与国际合作伙伴的数据共享。

0.4.10　将人工智能应用于现实世界的医疗保健实践和生命科学：通过联邦学习解决数据隐私、安全和政策挑战

马蒂厄·加尔捷（Mathieu Galtier）和达赖厄斯·米登（Darius Meadon）指出，如果没有大量、多样化和多模态的数据（即数字病理学数据、放射学数据和临床数据），那么机器学习在医疗保健领域的应用将无法成功地从研究环境过渡到日常临床实践中。然而，患者数据和其他重要的数据通常是孤岛式存储，如分布在不同的医院、公司、研究中心，以及不同的服务器和数据库中。同时，健康数据也受到严格的监管，尽管对健康数据严格监管是有必要的，但这也会妨碍研究。例如，完全删除患者身份信息可能会降低算法的性能。

作者讨论了联邦学习（federated learning）如何克服分散的健康数据带来的挑战。通过联邦学习，算法被分配到不同的数据中心，并在那里进行本地训练。一旦得到改进，算法就会被返回。在这一过程中，使用的数据本身不需要共享。联邦学习是可应用于人工智能的广泛的"隐私增强技术"家族的一部分。其他例子包括差分隐私、同态加密、安全多方计算和分布式分析。

现在许多初创企业都提供联邦学习平台，但很少有公司能够在现实中大规模地应用这些平台。公共部门已经开始变得活跃起来。例如，英国政府概述了一项计划，旨在建立一个管理英国基因组数据的联邦基础设施。作者提出了相关政策建议（专栏10）。

专栏 10　通过跨学科研究中心扩大联邦学习的使用：政策建议

政府可以通过提供公共资助来帮助研究中心采用分散化的方法并建立共享的基础设施。由于所需的合作水平提高较为缓慢，因此公共资助非常重要。任何资助都应以接受方的基础设施基于一组共享的规则和协议来进行管理为前提条件，如互操作性、数据可移植性和安全性。更广泛地说，政府可以采取措施，充分利用从健康到气候等各个领域的数据力量。例如，2022年欧盟推出了《欧洲健康数据空间》（European Health Data Space）（EC，2022）。《欧洲健康数据空间》旨在为推动卫生健康数据用于研究、创新、政策制定和监管创造一个值得信赖和有效的环境。更广泛地说，经合组织理事会《关于从公共资金获取研究数据的建议》（Recommendation of the Council Concerning Access to Research Data from Public Funding）为各国政府提供了增强研究数据访问权限的指导（OECD，2021）。

0.5   人工智能和科学在不久的将来：挑战和前进的方向

0.5.1   科学发现中的人工智能：挑战和机遇

赫克托·泽尼尔（Hector Zenil）和罗斯·金（Ross King）考虑了将人工智能应用于科学研究方面的挑战和机遇。他们的主要见解包括两类主流机器学习模型的差异：最常用并最成功的基于复杂模式的统计机器学习，以及模型驱动的机器学习。

正如作者所解释的那样，人类科学家进行理性推理、抽象建模和逻辑推理（演绎和归纳）的能力是科学的核心。然而，统计机器学习在这些能力上表现得很差。统计机器学习的运作方式与人类思维不同。人类建立世界的抽象模型，允许在大脑中模拟如何修改一个物体。即使人类以前从未遇到过同样的情况，他们也可以对其进行概括总结。例如，人类不需要驾驶数百万英里①就能通过驾驶考试。模型驱动的机器学习方法可以用更少的训练数据解释更多的观察结果，就像人类科学家从稀疏数据中推导出模型一样。例如，牛顿和其他科学家从相对较少的观测结果中推导出了经典的引力理论。

作者还指出了统计机器学习的局限性。第一，统计机器学习所需要的大量数据，在某些科学领域往往无法获得；第二，统计机器学习存在与数据注释和标记相关的问题（例如，手工标记大型数据库需要时间和资源，且标签质量会由于标记人的技能水平而存在差异）；第三，某些科学领域的数据特征存在差异，这可能不允许跨领域的泛化；第四，统计机器学习方法存在黑盒特征。

无论数据的供应多么丰富，理解和迁移学习（泛化）的问题都不能简单地通过应用越来越强大的统计计算来解决。

对于与深度学习等统计机器学习不同的其他人工智能方法，它们所能获得的关注、研究工作、会议场所、期刊和资金都太少。这是一些学术参与者和企业在人工智能研发上发挥主导作用的结果［见本书中马特奥斯-加西亚和克林格（Mateos-Garcia and Klinger）的文章］。

计算机仍然无法提出有趣的研究问题、设计适当的实验并理解和描述它们的局限性。需要更多的资源来开发与人工智能相关的方法框架，以进一步促进科学发现。

0.5.2   机器阅读：在科学中的成功实践、挑战和启示

杰西·达尼茨（Jesse Dunietz）研究了最先进的自然语言处理的能力。研究人

---

① 1 英里≈1.61 千米。

员希望，自然语言处理可以通过自动阅读一些科学论文来帮助科学家。达尼茨列出了自然语言处理系统可以在科学文献上执行的各种阅读理解任务，并根据人类理解书面材料的方式将这些任务划分为不同的复杂程度。

作者指出，随着阅读任务对理解能力的要求越来越高，当前的自然语言处理技术越来越难以胜任。例如，当前的自然语言处理系统在标记化学品名称方面表现出色。然而，它们在提取有关这些化学物质的便于机器理解的陈述方面可靠性却不高，而且在解释为何选择某种化学物质而不是其他可靠的替代品方面也远远不够。

自然语言处理技术面临的一个根本问题在于，它们缺乏能够将语言与现实世界联系起来的丰富世界模型［肯·福伯斯（Ken Forbus）的文章解释了知识库和图表在解决这一问题中的重要性］。它们没有接触到文本中所涉及的实体、关系、事件、经历等，没有一个详尽的、关于世界如何运作的内在理解框架。这限制了自然语言处理技术对语言深层次含义的把握和推理能力。因此，即使是最复杂的模型也仍然经常产生捏造或完全无稽的结果。

作者注意到，在应用于科学的自然语言处理研究中有很大一部分只关注文本的表层结构，比如寻找关键词。研究政策或许能够促进机器的进步，使机器能够理解它们所阅读的复杂内容，比如科学论文。为此，达尼茨提出了两条可行的途径（专栏 11）。

专栏 11　推动机器阅读科学问题取得进展：政策建议

培养新的、跨学科的、创新性的思维：自然语言处理研究的驱动力往往来自于对标准化指标的追求、对快速发表论文的期望以及对过去十年进展中唾手可得的成果的诱惑。这种环境产生了许多高质量的研究成果，但却无法激励人们进行突破性研究所需的高风险、思辨性的构思。在初期阶段，可以通过建立研究中心、提供稳定的资金流和（或）设计适宜的出版程序，以奖励那些采用新颖方法的研究者。在采取这些措施时，可以不优先考虑出版速度、性能指标和直接的商业适用性。

支持尚不充分的研究：政策制定者可以资助研究尚不充分的特定领域。为此，对选定的技术进行优先排序和资助可能不如为完成具体任务提供资助那么重要。最复杂的机器阅读形式似乎最有可能出现这一情形下，即系统必须与人类交流以便在真实或模拟的物理环境中执行任务。

0.5.3　可解释性：我们应该并且能够理解机器学习系统的推理吗?

休·卡特赖特（Hugh M. Cartwright）研究了机器学习系统无法解释其输出的原因，以及这对科学的意义，并阐明因果之间的联系是至关重要的。他指出，并非所有形式的人工智能都缺乏可解释性：决策树或逆向工程等工具可以提供对其自身逻辑的一些洞察。然而，大多数软件工具在面对复杂情境或复杂问题时表现很差，而且只对具备相关专业知识的专业人士有应用价值。

卡特赖特描述了为什么在科学中对特定概念的解释会存在挑战，即使机器学习能够解释它自己的逻辑。随着科学的不断发展，一些研究主题可能会对智力有极高要求，以至于没有人能理解它们（例如，弦理论中的数学问题只有少数专家可以理解）。如果一个人工智能系统发现了这样的知识，它向人类科学家如何解释这样的知识还尚不清楚。类似地，将人工智能系统在大维度的数据空间中学到的东西转化为人类易于理解的形式，可能会产生难以理解的推理路线，即使论证的各个部分是清晰的。

在某些情况下，解释需要用图像来说明。然而，卡特赖特指出，虽然图像识别应用取得了一定的进展，但人工智能系统构建图像来帮助解释仍是一个挑战。此外，解释机制可能无法很好地跨应用程序迁移。

卡特赖特认为，存在着这样一种风险，即对有用的、具有商业价值的人工智能的庞大需求可能会阻碍可解释人工智能的发展。

0.5.4　在知识的前沿集成集体智慧和机器智能

埃里尼·马利亚拉基（Eirini Malliaraki）和亚历克斯·贝尔迪切夫斯卡亚（Aleks Berditchevskaia）强调，虽然人工智能取得了极大进步，但人类拥有独特的能力，如直觉、情境化和抽象能力。因此，新颖的人工智能和人类的合作可以以新的方式推动科学发展。如果辅以适当的安排，个体合作表现出的能力可以超过这些个体单独工作时能力的总和。这便是"集体智慧"。

马利亚拉基和贝尔迪切夫斯卡亚指出，在科学中充分利用集体智慧的方法尚在初级阶段。此外，人类集体智慧和人工智能结合的进展很重要，因为当今的科学研究越来越依赖于大型团队和国际联盟。作者描述了人工智能与人类的合作如何以多种方式改进当前绘制知识边界的方法。

1）编码和发现知识

今天的科学交流基础设施并不能帮助研究人员充分利用以文档为主要载体的学术成果。例如，尽管机器可以搜索单词和句子，但是当前机器无法访问并处理绝大多数图像、引用、符号和其他语义信息。尽管最近在语言模型方面的进展可能有所帮助，但这些模型在它们专业领域之外表现不佳。利用来自科学家和政策制定者之间的互补专业知识将会有所帮助。

2）连接和构建知识体系

一旦相关的公共知识被编码和发现，就需要对其进行组织和合成。随着在知识表示和人机交互方面的技术发展，学术信息目前已可以被表示为知识图谱（参见肯·福伯斯关于知识库和图谱的文章）。目前创建这些图谱的自动方法的准确性和覆盖范围有限。混合的人类-人工智能系统提供了一定帮助。

3）监督和质量控制

如果没有领域专家、图书管理员和信息科学家的持续管理和质量保证，知识整合基础设施就不完整。检查科学论文的自动化系统是有帮助的，但它们需要通过分布式同行评议和来自多个专家的集体智慧来加强。

马利亚拉基和贝尔迪切夫斯卡亚针对如何加速人类-人工智能系统与主流科学的整合提出了一些政策建议（专栏 12）。

专栏 12　将人类-人工智能系统融入主流科学：政策建议

开发增强人工智能和人类集体智慧相结合的工具：构建人类-人工智能系统时必须考虑到不同参与者和组织之间目标可能彼此矛盾的问题，以及尽管参与者有共同议程但却可能难以达成合作的问题。例如，一些学术团体可能存在竞争。这些团体可能没有分享的动力，因为害怕研究成果被抢先发表，或者只是在一个方法或一个问题上持对立的观点。虽然这一领域内有一些研究，但在这一领域的资助情况却落后于人工智能的其他方向（这一领域研究如 www.cooperativeai.com/ ）。

利用现有的社交网络进行人类-人工智能协作的实验：Academia.edu 和 Loop 社区等社交平台支持学者之间的知识交流，并为文献发现提供基础设施。其中一些平台已经使用了支持人工智能的推荐系统。这些平台可以成为结合人机知识发现、创意生成和合成的实验平台。这些平台的好处在于，它们已经拥有了一个围绕共同利益或目标而团结起来的活跃社区。扩展的功能需要与共同的目标保持一致，或者增强该目标。研究资助者提供的资助或激励措施在与研究人员合作的背景下可能会促进人机协同的发展。这种投资也可以与任务导向的研究议程联系起来。

重新思考知识测绘与整合的激励机制：一些制度和教育条件限制了知识整合方面工作的开展。现有的"可发表性"（publishability）的评估指标是建立在基于单个学科的知识发现之上，而非知识整合之上。基于知识整合的新的综合性博士课程和行业研究项目可能会有所帮助。研究委员会和学术机构应该接受这些建议并进行有益尝试，同时支持设立新型职位和职业发展道路。它们还应推动在管理和维护信息基础设施方面的专业知识发展，这有助于在公众、学术界和工业界之间建立桥梁。

0.5.5 Elicit：一个作为研究工具的语言模型

永元·拜恩（Jungwon Byun）和安德烈亚斯·斯图尔穆勒（Andreas Stuhlmüller）研究了机器学习在未来十年内如何改变研究。聪明的研究助理可以提高科学的生产力，例如，开展高质量的新工作、让非专家人士也能参与科学研究、减少对科学家造成巨大时间消耗且有时甚至徒劳的工作［例如，澳大利亚的一项研究发现，研究人员合计约花费 400 年的时间在那些最后没有获得资助的健康研究基金项目申请书撰写上（Herbert et al.，2013）］。

拜恩和斯图尔穆勒观察到，现有的研究工具并不是为了指导研究人员快速、系统地找到有研究支持的答案而设计的。为此，作者帮助建立了一个使用语言模型的研究助理 Elicit。其使用的语言模型包括在互联网上基于数千亿单词训练的大语言模型 GPT-3。今天的研究人员主要使用 Elicit 进行文献检索、综述、总结或改写、分类，识别哪些论文是随机对照试验，并自动提取研究的样本人群、研究地点、测量结果等关键信息。

正如作者解释的那样，大语言模型是文本预测器。在给定文本前缀的情况下，它们试图产生最合理的补全，计算可能补全词语的概率分布。例如，给出了前缀"The dog chased the"，GPT-3 认为下一个单词是"cat"的概率为 12%，是"man"的概率为 6%，是"car"的概率为 5%，是"ball"的概率为 4%，等等。大语言模型无须特定的训练就可以完成许多任务，包括回答问题、总结、编写计算机代码和基于文本的分类。数以百计的应用程序已经建立在 GPT-3 之上，用于客服、软件工程和广告文案编写等目的。

公众对 ChatGPT 的浓厚兴趣引起了人们对大语言模型强大能力的关注。通过 Elicit，ChatGPT 等大语言模型的进步能直接转化为研究人员更好的研究辅助工具。更好的大语言模型意味着 Elicit 可以找到更多相关研究，并更准确地从中提取细节，以帮助评估相关性或可信度。新的大语言模型预计将有助于提供有前景的研究方向等有价值的实践建议。

ChatGPT 和 Galactica 等模型的推出凸显了评估流程的必要性，以确保在这些应用程序规模扩大时生成结果的准确性。这些模型的抽象智能直接与准确性和如实性相关，即对语言模型的生成能力与输出结果的准确性之间进行权衡。这些模型没有从根本上接受过如何准确地说话或如实地表达某些基本事实的训练。

拜恩和斯图尔穆勒指出，到 2022 年初，还不能保证大语言模型将对研究产生实质性的帮助，这需要深厚的领域专业知识和对论点和证据的仔细评估。假设它们的表现将继续改善，作者对基于大语言模型的研究助理在可见的未来可能具备的能力描绘了一个有趣的图景（专栏 13）。

专栏 13　未来的人工智能研究助理

在未来，研究人员可能会组建一个由他们自己的人工智能研究助理组成的团队，每个人工智能研究助理都专门从事不同的任务。其中一些助理将代表研究人员和研究人员对某些事情的具体偏好，比如要处理哪个问题以及如何表述结论。一些研究人员已经对自己使用的语言模型进行了微调。

一些人工智能研究助理会做一些研究人员现在可能会委托给承包商或实习生的工作，比如从论文中提取参考文献和元数据。还有一些智能研究助理会比研究人员使用更多的专业知识。例如，它们可以通过汇总许多专家的意见建议来帮助研究人员评估研究结果的可信度。

一些智能研究助理可能会帮助研究人员思考高效的委派策略，将任务转委托给其他人工智能研究助理。一些智能研究助理将帮助研究人员评估其他智能研究助理的工作。这种进行多轮委派的子委托支持模式将允许研究人员了解任意子任务的细节并排除故障，并在需要时使用智能研究助理提供帮助。人类研究人员可以监督一个智能助理团队的工作，以确保其工作符合他们的设想。

拜恩和斯图尔穆勒表示，研究领域的大语言模型也可能带来风险。为帮助决策者做好准备，专栏 14 中描述了其中两个可能的风险。

专栏 14　政策制定者的注意事项：在研究中使用语言模型可能存在的风险

表层工作变得更容易的风险是：语言模型可能会变得足够好，以至于可被广泛用于加速内容生成，但还不能很好地评估论点和证据。在这种情况下，学术界的“发表或灭亡”动态可能会使那些使用或滥用语言模型来发布低质量内容的研究人员受益。这可能会不利于那些花更多时间发表更高质量研究的研究人员。语言模型也可能更有利于某些类型的研究。科学界将需要监测并应对这种动态。

来自数据独立性表现的风险是：截至本书成稿时，语言模型是由总部位于英语国家的公司根据互联网上的文本进行训练的。因此，它们表现出了以英语和以西方为中心的偏见。如果没有让用户控制这种偏见的措施，这些语言模型可能会加剧"富者愈富"的效应。更一般地说，语言模型的广泛采用需要基础设施，这类基础设施使用户能够控制模型做什么和理解模型为什么这么做。

0.5.6　民主化人工智能以加速科学发现

正如华金·范斯科伦（Joaquin Vanschoren）和本书的其他作者所解释的那样，开发性能良好的人工智能模型通常需要由优秀的科学家和工程师组成的大型跨学科团队、大型数据集和大量计算资源。目前对训练有素的人工智能专家的激烈竞争使得此类项目很难在数千个实验室中扩展。范斯科伦的文章探讨了 AutoML 的进展，以便更多和更小的团队能够在突破性的科学研究中有效地使用它。

OpenML 等开放人工智能数据平台的出现加速了自学习的 AutoML 技术的进步。此类平台托管或索引许多代表不同科学问题的数据集。对于每个数据集，我们都可以查找到针对它们训练的最佳模型，以及对它们使用的数据进行预处理的最佳方法。当为新任务找到新模型时，它们也可以在平台上共享，从而创建集体人工智能记忆。范斯科伦建议，就像全球基因序列数据库或天文观测数据库所做的那样，应该收集有关如何构建人工智能模型的信息并将其放在网上。数据还应通过有助于构建数据结构的工具来处理，以便于使用人工智能进行分析。

人工智能自动化的相关研究工作尚未深入挖掘其潜力。要充分发挥这一潜力，需要人工智能专家、领域科学家和政策制定者之间的通力合作。作者提出了有助于实现这一目标的政策措施（专栏 15）。

专栏 15　机器学习模型自动化设计：政策建议

支持 AutoML 来解决现实问题。大多数 AutoML 研究人员仅根据技术性能基准评估他们的方法，而不是在这些方法所涉及的科学问题上开展评估。然而，从科学问题的角度评估机器学习方法可能具有更大的影响力。应该组织围绕 AutoML 的科学挑战，或者资助直接将 AutoML 应用于人工智能驱动的科学的相关研究。

鼓励更多的合作。应该在更大的范围内支持 OpenML 和 DynaBench 等开放平台的开发，以跟踪哪些人工智能模型在解决各种问题时表现最为出色。尽管这些平台在人工智能研究中已经产生了一定影响，但仍需要公众支持，以使它们更容易在更多的科学领域推广使用，并确保其长期的可用性和可靠性。例如，互联的科学数据基础设施将以易于访问的方式把最新的科学数据集与已知的最适合处理该数据的人工智能模型联系起来。过去，围绕快速共享基因组数据的协议——百慕大原则（the Bermuda principles）——促成了对研究至关重要的全球基因组数据库的创建。如果能够对人工智能模型做同样的事情，并为各种科学问题建立最佳人工智能模型的数据库，可以极大地促进它们的使用，加速科学的发展。

此外，为了激励科学家，此类平台应能够跟踪数据集和模型的重复使用情况，就像现有的论文引用跟踪服务一样。这样，研究人员将因共享数据集和人工智能模型而获得适当的荣誉。这需要对所有人工智能文献进行分析，以识别论文中数据集和模型的使用情况，这并非易事。这还需要新的方法来引用文献中的数据集和模型。商业公司几乎没有动力从事这方面的工作［例如，谷歌数据集搜索（Google Dataset Search）很有价值，并显示了数据集的一些使用指标，但是这些是在无法共享的专有信息的基础上建立的］。因此，需要一项公共倡议来收集和发布关于数据集和模型重用的信息，并为研究人员共享他们的数据集和模型提供真正的激励。实现这一点所需的公共资助并不多。

0.5.7　人工智能研究的多样性是否在减少？

胡安·马特奥斯-加西亚（Juan Mateos-Garcia）和乔尔·克林格（Joel Klinger）研究了人工智能研究多样性的变化。他们指出，人工智能的最新进展在很大程度上是由大型科技公司大规模开发或部署的深度学习技术推动的。支撑这些进步的许多想法都源自学术界和公共研究实验室。与此同时，大学和公共部门的研究人员正越来越多地采用工业界开发的强大的软件工具和模型。

然而，作者指出，深度学习的快速发展以及公共和私人研究议程的紧密交织所带来的短期利益并非没有风险。事实上，一些科学家和技术专家对主导人工智能研究的数据和计算密集型深度学习方法可能带来的负面影响表示担忧。例如，由于工业界可以使用的模型要大得多，学术界可能会发现很难开发与之相竞争的模型和公共使用替代方案。一些证据也表明，工业界正在从学术界抽走研究人员。例如，2004年，美国21%的人工智能博士进入了工业领域，而2020年这一比例接近70%。类似地，马特奥斯-加西亚和克林格引用的一些证据表明，公共研究实验室的研究优先级出现了倾斜。这些实验室接受来自企业的资助或与企业进行合作，以获取前沿研究所需的大型数据集和基础设施。

Klinger等（2020）对来自arXiv的180万篇文章进行了定量分析（arXiv是被人工智能研究社区广泛使用的一个预印本存储库）。他们展示了以下内容：

● 有证据表明，人工智能研究的多样性最近出现了停滞，甚至还在下降。

● 企业人工智能研究在主题上比学术研究更窄，但更具影响力，专注于计算密集型的深度学习技术。

● 私营公司往往专注于深度学习和在线搜索、社交媒体和广告定位领域的应用。它们往往不太关注人工智能在健康领域中的应用和人工智能对社会影响的分析。

一些规模最大、最负盛名的大学在人工智能研究方面的主题多样性水平较低，不符合公众对其作为公共属性顶级大学的期待。这些有影响力的大学往往是私营企业的重要合作者。

作者同时提出了多项政策建议（专栏16）。

专栏16 增加人工智能研究的主题多样性：政策建议

大学往往比私营部门进行更多样化的人工智能研究，因此支持公共研发可能会使该领域更加多样化。这可以通过提升面向公众的人工智能研究的经费水平、扩大人才供应、加强计算基础设施和扩大数据来源来实现。更大的人才库将减少人工智能研究人员从学术界向工业界转移的影响。更好的公共云和数据基础设施也将使学术研究人员减少对与私营公司合作的依赖。

资助者应特别关注那些探索与主流深度学习范式无关的新技术和新方法的项目。这可能需要耐心和对失败的容忍。

新的数据集、基准和指标可以凸显深度学习技术的局限性及其替代技术的优势。发展新的数据集、基准和指标可以帮助引导人工智能研究团队的工作。任务驱动的创新政策可以鼓励部署人工智能技术来应对重大的社会挑战，而这反过来又可以刺激与深度学习不太适合的领域更相关的新技术的开发。

虽然资助机构经常让研究界参与其决策，但政策制定者可能需要更多的专业背景知识和科学决策流程来帮助他们决定支持哪种技术举措。政策制定者还可以推动进一步检查和量化人工智能研究范围缩小所带来的技术弹性、创造性和包容性的损失。

0.5.8　从用于医学成像的机器学习不足中吸取的教训

盖尔·瓦罗科（Gaël Varoquaux）和维洛妮卡·切普利吉娜（Veronika Cheplygina）指出，近年来机器学习在医学成像中的应用引起了广泛的关注。然而，由于种种原因进展仍然缓慢，对临床实践的影响也没有达到预期。机器学习的许多临床应用研究（包括在新冠疫情中的应对）尚未能找到可靠的已发布的预测模型。

瓦罗科和切普利吉娜的研究表明，拥有更大的数据集和开发更多的算法并不能保证取得进展。例如，对 500 多份出版物中关于阿尔茨海默病预测的分析表明，样本量越大的研究往往报告的预测准确性越差。作者分析了这一现象的原因。一方面并非所有的临床任务都能巧妙地转化为机器学习任务。另一方面，创建大型数据集通常依赖于自动化方法，这些方法可能会在数据中引入错误和偏差。例如，计算机可能会因为放射学报告中的措辞不当，而错误地识别 X 光片上是否有肺炎的迹象。

数据集相关的数据特征报告应该附在数据集中，同时应用该数据集训练所得到的模型潜在含义也应附在数据集中。这一规范需要建立起来。仅对算法的性能进行基准测试也不足以推动该领域的发展。关注理解、复制早期结果等方面的论文也很有价值。

作者强调了开放科学的重要性，并强调需要让建设每个人都能使用的精选数据集和开源软件的工作更具吸引力。目前，这类项目很难获得资金，而且项目成果通常很难发表。因此，许多开放科学项目的团队成员都是志愿者。更稳定的资助和职位设置将有助于改善这一现状。其他政策建议与加强研究、提升研究质量和研究评估的需求相关。由于在科学研究中，机器学习技术的快速发展和机构对于创新性成果的偏好可能会影响研究的方向和重点，故专栏 17 中列出的观察结果也与更广泛的科学领域中的机器学习相关。

专栏 17　医学成像和其他科学领域的机器学习：避免以新颖性为主的政策

设立激励机制，鼓励对更有效的方法进行研究：由于研究职位和资金通常与出版物产出挂钩，因此研究人员有强烈的动机来优化与出版物相关的指标。奖励新颖性和最先进成果的指标会激励人们在论文中使用未经充分验证的新方法，需要外部激励来加速向更有效的方法的转变。

为严格的评估提供资金：资金应该少关注感知到的新颖性，更多地关注严格的评估实践。这种做法包括对现有算法的评价和对现有研究的复制。这将为算法在实践中的表现提供更现实的评估。理想情况下，这类资助计划应该向早期职业研究人员开放，例如，不要求项目申请人具备永久职位（permanent position）。

0.6　科学中的人工智能：对公共政策的进一步影响

0.6.1　科学与工程领域的人工智能：研发领域的公共投资重点

托尼·海伊（Tony Hey）回顾了数据主导科学（data-led science）的发展历史。预计下一代科学实验的数据量将大大增加。人工智能将在自动化数据收集流程和加强实验分析上发挥重要作用。

海伊提出了一个问题，即一般学术研究人员的成果能否与大型科技公司和大型多学科团队利用强大而昂贵的计算资源所取得的最新科学突破相竞争。他认为需要大量由公众推动的行动来解决这种问题，并对人工智能科学本身的基础主题进行研发投资（专栏18）。

专栏 18　人工智能在科学中的公共研究计划和研发优先事项：政策建议

需要广泛的多学科项目，使科学家、工程师和企业能够与计算机科学家、应用数学家和统计学家合作，利用一系列人工智能技术解决挑战。这需要政府提供专项资金，鼓励这种合作，而不是将资金分配给各个学科。美国国家科学基金会（National Science Foundation，NSF）最近成立了18个国家人工智能研究所，涉及40个州的研究合作伙伴关系。

工业界正在为数据中心、自动驾驶系统和游戏等开发新的人工智能硬件。学术界可以与工业界合作，共同设计使用新架构和新工具的异构计算系统。

跨学科项目应该创建一个共享的云基础设施，使研究人员能够访问人工智能研发所需的计算资源。在美国，国家人工智能研究资源平台（National Artificial Intelligence Research Resource）旨在成为一个共享的研究基础设施，为人工智能研究人员提供明显扩大的计算资源、高质量数据、用户支持和教育工具（NAIRR，2022）。

确定公共研发支持的优先领域。美国能源部（DOE，2020）发布的报告——由海伊协助撰写——列出了需要取得研究突破以扩大和深化人工智能在科学和工程中的应用的主题。它们包括以下需求：

● 超越目前仅由数据或简单算法、法律和约束驱动的模型。

● 自动化大规模创建可查找、可访问、可兼容和可重用的数据，这些数据来自实验设施、计算模型、环境传感器和卫星数据流等。

人工智能科学本身的基础主题也需要取得进展。这包括开发框架和工具来帮助建立给定问题通过人工智能/机器学习解决的方法，深入理解人工智能技术的局限性，使用人工智能时对不确定性的量化，以及为人工智能系统预测和决策提供保证的条件。

0.6.2　人工智能知识库在科学中的重要性

知识库和知识图谱是人类与许多数字应用互动的基础。日常使用的搜索引擎或推荐系统通常是基于知识库或知识图谱（knowledge graph）开发的。它们利用多源信息，将不同概念之间的联系测度出来，从而构建起知识体系。肯·福伯斯解释说，人工智能系统要充分发挥并提高科学生产力的潜力，就需要知识库，以便了解各个科学领域、每个领域所嵌入的世界以及领域之间如何相互联系。

知识有多种类型。对于某些类型，商业界已经部署了知识库（如微软的Satori和谷歌的知识图谱），它们拥有数十亿个事实来支持网络搜索、广告投放和简单形式的问答。福伯斯描述了知识库和知识图谱领域的技术现状，以及支持人工智能在科学领域更广泛应用所需的改进。这些改进包括：

● 常识知识，将科学概念与日常生活联系起来，并为与人类伙伴的交流提供共同基础。

● 跨学科领域的联系，帮助解决跨多个领域的问题。

● 专业知识，将专业概念与彼此及日常生活世界联系起来。

● 超越简单信息检索的强大推理技术。

虽然一个大规模的高质量的常识知识图谱将使每个人受益，但构建一个这样的图谱所需的努力超出了私营部门通常的研究视野，需要公共行动（专栏19）。

专栏 19 建立人工智能科学知识库：政策建议

各国政府应支持一项广泛的计划，以建立人工智能在科学领域所必需的知识库。这一任务不宜由私营部门来承担。计划的目标是创建一个支持整个人工智能研究社区研究的开放的知识网络资源库，作为整个人工智能研究社区的资源。此类资源的开放许可模式［如知识共享许可协议中的"仅知识共享署名"（Creative Commons Attribution Only）］很重要。然而，为了最大限度地发挥科学界在影响力、可重用性、可复制性和传播性方面的效用，需要为构建开放知识图谱提供资金。

相对少量的公共资金可以将人工智能和其他科学领域的科学家聚集到一起，建立有关人工智能利用和交流专业知识以及常识知识的知识库。例如，在生物学领域，我们可以把工作重点放在生物化学或遗传学之外，去产出有关动植物的日常性知识，把专业概念与日常实践联系起来。其他工作可使用需要常识推理的社区测试平台，如机器人。

专业协会资助团队可以帮助招募各个领域的人才来参与到公共人工智能科学知识库建设中。资助相互作用的多学科（如气候学、生物学和化学）团队可以帮助确保所产生的知识库具有更好的兼容性。与其他大多数职业相比，科学家更能认识到知识库价值，并可能愿意做出贡献。与维基百科一样，招募志愿者帮助开发常识性知识图谱至关重要。一些公众科学众包项目中的远程策划工作也将会很有用。

在其他成果中，新的知识图谱能开发机器可理解的词汇表，以整合科学领域内和跨科学领域的子领域知识。

最终目标是整合知识图谱，在理想情况下知识图谱能随着研究的进展不断更新，并最终囊括所有科学知识。

0.6.3 高性能计算的领先地位可促进人工智能的进步和计算生态系统的蓬勃发展

来自美国能源部橡树岭领先计算设施（the Oak Ridge Leadership Computing Facility，OLCF）的乔治娅·图拉西（Georgia Tourassi）、马利卡尔琼·尚卡尔（Mallikarjun Shankar）和王飞翼（Feiyi Wang）指出，高性能计算对于前沿科学至关重要。随着机器学习系统性能的提高，高性能计算的重要性愈发凸显。各国都在竞相开发更强大的高性能计算系统。为了提高美国的高性能计算能力，国会通过了《2004 年能源部高端计算振兴法案》（Department of Energy High-End Computing Revitalization Act of 2004），呼吁在计算系统方面发挥领导作用。

新一代计算系统的强大性能，加上人工智能人才的集中，可能会限制发展中国家和资源匮乏的大学的研究机会。为了一定程度上应对这一风险，OLCF 通过两个竞争性计划来分配计算资源。外部平台决定计算资源的分配，包括分配给发展中国家的用户。这些资源使用请求通常会超过可用资源的最多五倍。计算资源的分配通常是大学、实验室、工业科学和工程环境中的常规可用资源的 100 倍。

在人工智能计算生态系统方面，各大公司已经为人工智能开发了软件和专用硬件。诸如 TensorFlow（源自谷歌）和 PyTorch（源自 Facebook）等工具已经在开源社区中发布。然而，尽管谷歌 Colab 和微软 Azure 等云计算供应商也提供免费的计算资源配额，但这些产品都有局限性。例如，为了保持最大限度的调度灵活性，Colab 资源不能得到长期使用的保证，且该资源也不是无限供应的。对人工智能必不可少的图形处理单元（graphics processing unit，GPU）的访问也可能受到限制。这种做法甚至妨碍了一般的科学和技术研发活动。

作者确定了两个主要领域，在这两个领域中由处于该领域前沿的国家领导的系统性方法可以帮助缓解计算和数据可用性的限制（专栏 20）。

专栏 20　增加高性能计算的可用性，以促进人工智能和科学的进步：政策建议

鼓励计算基础设施和相关软件在开放科学中发挥作用。尽管开源生态系统可以促进计算基础设施和软件功能的蓬勃发展，然而管理能在快速变化的领域中共享的最佳实践和应用，对于全球社会从新出现的技术进步中受益至关重要。尽管扩大应用程序规模对发展人工智能至关重要，但如何扩大应用程序规模不能只是少数大公司的职责。

与工业界和学术界合作的国家实验室及其计算基础设施还可以为高等教育机构和伙伴国家培育人工智能生态系统（特别是那些刚刚开始在该领域建立核心竞争力的国家）。从基本技能到可扩展数据和软件管理的进阶指南需要以教程形式提供。这将使学生和从业者能够在初始阶段在他们的个人计算机或小规模云资源上尝试。然后，他们可以升级获得更大的云或机构规模的资源，最后逐步获得国家规模的资源。

处于该领域前沿的国家可以在政策框架方面进行合作，以便为值得支持的实体提供共享资源。如今，主要的商业供应商向学术机构提供计算资助。这种模式可以扩展到共享计算资源和框架，有可能在所有经合组织国家之间共享。这种共享可以帮助处于发展起步阶段和成长阶段的项目，有助于减少重复建设。同时，这种共享还具有促进劳动力素质提升和推动知识快速传播等次要益处。政策框架可以通过协议解决协调机制、工作顺序、合作伙伴之间资源分配机制等问题，以及解决如何在考虑到不同国家关于数据访问或敏感数据使用方面政策差异的同时进行数据资源汇集和共享，和确保人工智能合乎道德的要求。根据欧盟-日本数字合作伙伴关系（the EU-Japan Digital Partnership），一项旨在提供高性能计算资源的相互访问的行动已于 2023 年启动。这有望为未来如何实现这样一个共享资源池提供帮助。

0.6.4　提高人工智能研究的可复制性，以提高信任度和生产力

奥德·埃里克·贡德森（Odd Erik Gundersen）更广泛地阐述了人工智能研究和科学研究的可复制性有限的问题。他指出，研究表明，高达 70% 的人工智能研究可能无法复制（可复制性最高的领域是物理学）。在人工智能的许多技术子领域，以及医学和社会科学等应用领域，许多研究都不可复制。增加发表研究成果中可复制发现的比率将提高科学的生产力，更重要的是增加对科学的信任。

贡德森通过举例说明了影响人工智能研究不可复制性的主要来源。其中包括如何设计研究（例如，对于给定的任务，将最先进的深度学习算法与不先进的算法进行比较）；机器学习算法和训练过程的选择；所使用的软件和硬件的选择；如何生成、处理和增强数据；研究所处的更广泛的环境（例如，系统可能无法识别咖啡杯的图像，仅仅因为有些咖啡杯的手柄指向不同的方向）；研究人员如何评估和报告他们的发现；研究文档多大程度上反映了实际的实验。

贡德森认为，一个可实现的目标是将人工智能中不可复制研究的比例降低到物理学的水平，他描述了可以在研究系统中采用的措施（专栏 21）。

专栏 21　提高人工智能研究的可复制性：对研究系统和政策的建议

研究机构：研究机构应确保遵循人工智能研究的最佳实践。这包括培训员工和提供质量保证流程机制。应该确保研究项目留出足够的时间来保证质量。在聘用研究人员方面也应该坚持高质量和透明的研究实践。

出版商：很少有出版商将评审过程标准化，并为评审者提供应该遵循的评审标准指导。这与人工智能会议的同行评议形成了鲜明对比，人工智能会议的同行评议包括评议人员应该提供的检查清单和结构化信息。如果期刊使

用正式的流程规范来检查不同来源的不可复制性，将会对此有所帮助。此外，期刊应该鼓励在科学论文中发表代码和数据。

　　资助机构：资助机构可以选择具有良好的公开和透明研究记录的评估人员。它们还可以要求获得资助的研究在开放获取的期刊和会议上发表。最后，也是最重要的一点是，它们可以要求与第三方自由共享代码和数据，从而允许他们在不同的硬件上运行实验（尽管，出于贡德森解释的原因，这并不能解决可复制性相关的所有问题）。

0.6.5　人工智能和科学生产力：考虑政策和治理挑战

　　基伦·弗拉纳根（Kieron Flanagan）、芭芭拉·里贝罗（Barbara Ribeiro）和普丽西拉·费里（Priscilla Ferri）探讨了人工智能的各种科学政策和治理影响，部分借鉴之前几次科学自动化浪潮的经验教训。作者强调，科学工作涉及许多不同的角色。一些劳动密集型的、常规的和平凡的实践可能被自动化工具所取代。然而，新工具的采用也会产生新的常规烦琐任务，这些任务必须纳入科学实践（比如准备和监督机器人以及检查和标准化大量数据）。

　　作者指出，处于职业生涯早期的研究人员可能会执行由于采用新的人工智能工具而产生的任务。此类任务包括数据管理、清洗和标记。更深层次的科学研究自动化可能会给这些科学工作者带来与就业相关的风险。

　　在一项关键观测中，研究人员的研究环境常常也是他们接受训练时的环境。对于研究生和博士后而言，实验室不仅是他们学习实验室技能和分析技能并进行实践的场所，更是他们像学徒般潜移默化学习他们所处社群的文化的地方。人工智能在科学领域的广泛应用可能会影响这些培训机会的数量和质量。

　　作者提醒人们注意，人工操作和认知实践的自动化可能会导致一些科学技能的丧失。如果关键的科学技术和过程成为"黑盒"，学生、职业生涯早期的研究人员和其他研究人员，可能没有机会充分学习或理解它们。同样，早期软件包中统计分析的"黑盒"现象可能导致了统计检验的误用。

　　此外，未来的自动化研究如何在公共研究领域中获得资金支持也引发了一些问题。作者观察到，资助和治理过程必须不断适应新的科学工具。总的来说，采用新工具的成本影响可能难以预测。有些人工智能工具只需要很少或不需要成本。然而，有些人工智能工具是更广泛的数据收集、管理、存储和验证系统的一部分，需要熟练的技术和用户支持人员，准备和分析设施以及其他补充资产的支持。一些机器人系统可能特别昂贵。有证据表明，基于竞争项目的拨款系统很难为可在多个项目中应用的中低端研究设备及通用研究设备提供资金。因此，研究政策需要考虑如何为新工具提供资金，以及如何确保对补充资产的支持。

弗拉纳根、里贝罗和费里还考虑了人工智能在研究治理中的作用，包括在资助主体流程中的作用。一些实验已经使用人工智能来确定资助项目申请书的同行评议人员，有望加快同行评议人员与申请书的匹配过程，同时避免游说或影响力网络造成的评审不公正。然而，政策制定者需要警惕这样一种风险，即人工智能的这些使用可能会在审查过程中引入新的偏差。例如，人工智能系统可能会选择有利益冲突的同行评议人员。人们对部分自动化资助或期刊同行评议过程中采用工具也很感兴趣。这也引起了对黑盒流程中隐藏的偏差后果的类似担忧。它也引发了关于机器预测中即使是很小的误差也会对敏感的资助决策产生影响的问题[在本文完成后发表的最近的一篇文章可做例证参考，参见 Thelwall 等（2023）]。专栏 22 描述了作者的分析对政策制定者和研究系统可能产生的影响。

专栏 22　人工智能在科学领域带来的治理挑战：政策建议

对技术变革在科学研究上的影响进行事前和实时的评估。必须更好地理解并评估人工智能对日常科学实践、科学结构和动态（包括工作和培训）的潜在影响。这种评估的要求应包含在筹资计划中，并以邀请相关方提出基础设施资本投资计划为条件。评估工作绝不应留给新技术的推动者，而应有效利用包括社会科学和人文科学在内的跨学科专业知识来进行评估。

根据上述建议，资助者和政策制定者应建立响应机制，根据事前和实时评估的结果采取行动。这是负责任的研究和创新实践的一个关键方面，但也是一个经常被遗忘的方面。支持人工智能的政策在制定和修订时必须考虑并学习现实世界中的经验教训。这项工作应该以透明的方式进行，并与科学界进行对话。资助者和政策制定者可以通过建立和支持新的独立论坛来实现这一目标，以便就科学工作不断变化的性质及其对科研生产力和文化的影响进行持续对话。

关于治理的另一个观点（弗拉纳根等没有提出）涉及人工智能在药物发现中可能的双重用途。Urbina 等（2022）描述了生物制药公司对人工智能模型的探索，模型最初是为了避免药物发现中的毒性而创建的，但这一模型也可以用于设计有毒分子。

作者表明，通过利用公开的数据库，他们可以设计出比现有最致命的化学制剂更致命的化合物。事实上，他们的模型在短短 6 小时内就生成了 40 000 个类似于神经毒剂 VX 的分子。这项工作的主要目的是引起人们对人工智能技术扩散和分子合成所固有危险的关注（作者没有合成他们设计的分子，但指出许多公司提供合成服务，这些服务缺乏监管）。自主合成工作——如本书其他部分讨论的实验室机器人——可能很快就会实现设计、制造和测试有毒物质的自动闭环循环。此外，人工智能和自主系统的互动降低了对化学和毒理学领域特定专业知识的需求。目前，在更广泛的人工智能治理背景下人们很少讨论这些危险，且尚不清楚如何控制这些危险。然而，这个问题很紧迫，作者提出了一些初步建议（专栏 23）。

专栏 23　人工智能药物发现的双重用途的危险：政策和研究系统治理的初步想法

● 科学会议和学术团体应促进业界、学术界和政策制定者就新出现的双重用途工具在药物发现方面的影响进行对话。

● 为向会议、审查机构和资助机构提交涉及相关技术工作的作者设定影响声明的要求。

● 受现有负责任科学框架的启发，如《海牙伦理准则》(the Hague Ethical Guidelines)，制药公司和其他公司可能会制定并同意一套行为准则。此类准则将包括员工培训、防止滥用和避免未经授权访问关键技术等内容。

● 建立举报机制或热线，以便个人或公司寻求开发用于非治疗目的的有毒分子时向政府监管机构发出警报。

● 为人工智能模型创建面向公众的应用程序编程接口，根据要求提供代码和数据，以控制模型如何被使用。

● 大学要加倍注重为理科生，特别是计算机科学专业的学生提供道德培训，并提高人们对人工智能在科学领域可能被滥用的认知。

0.7　人工智能、科学和发展中国家

目前还不清楚人工智能将对发展中国家产生什么样的影响，也不清楚人工智能是否会扩大富国和穷国在科学研究能力方面的差距。然而，欧洲、北美和中国的研究人员显然主导着人工智能的研究，以及人工智能在科学中的应用。2020 年，来自东亚和太平洋地区的出版物占所有会议出版物的 27%，北美占 22%，欧洲和中亚占 19%。相比之下，撒哈拉以南非洲地区的出版物仅占会议出版物的 0.03%

（Zhang et al.，2021）。正如本书中多篇文章所指出的，资源充足的大学、大型科技公司和富裕国家更易获得尖端人工智能研究所需的计算资源。以下文章探讨了补救措施。

0.7.1　人工智能和开发项目

约翰·肖·泰勒（John Shawe-Taylor）和达沃尔·奥尔利克（Davor Orlič）聚焦发展中国家（特别是 AI4D Africa）关于新兴卓越网络构建的经验教训。AI4D Africa（Artificial Intelligence for Development Africa，面向非洲发展的人工智能）于 2019 年在加拿大国际发展研究中心（International Development Research Centre）的财政支持下成立，以帮助撒哈拉以南非洲地区从事人工智能研究的机构和个人搭建联系网络，同时加强该地区在人工智能领域的能力建设。

近年来，随着 2022 年 Indadq 深度学习会议（Deep Learning Indaba 2022）和非洲数据科学（DSA，2022）等项目的启动，一个重要的人工智能社区在非洲成长起来。在其他行动中，这些自我动员的专业社区还为一系列小规模的研究项目提供了资助。作者展示了这种自下而上的小规模资助机制是如何在不同的科学、非科学、工程和教育主题研究（包括非洲语言概况研究）上引导重大研究成果产出的。其中，对小规模研究项目的呼吁帮助创建了非洲地区人工智能领域的第一个大挑战项目（African Grand Challenge）。这一项目聚焦治疗利什曼病（leishmaniasis），这是一种影响该地区但又经常被忽视的疾病。这些小项目的预算在 5000~8000 美元。

作者指出，根据发达国家倡议实施的经验，例如 PASCAL 卓越网络（the PASCAL networks of excellence），将小规模项目作为更大的长期计划的一部分进行协调可能会带来更大的好处。PASCAL 卓越网络采用了一种自下而上的小规模的敏捷资助结构，围绕着模式分析和机器学习的协调研究和合作主题构建。作者的初步结论是，无论资助机制如何，撒哈拉以南非洲地区都有理由获得更多的科学人工智能资助。

0.7.2　非洲科学领域的人工智能

格雷格·巴雷特（Gregg Barrett）观察到，在非洲的科学研究中，更充分地使用人工智能将对非洲的科学研究水平产生显著的推动作用，扩大全球研究议程，激励企业研发实验室部署在非洲。

巴雷特指出，虽然世界级的科学研究有些确实在非洲的机构中进行，但非洲研究人员缺乏计算基础设施和工程资源来开发和应用更强大、更关键的人工智能方法。

非洲大部分地区都需要培养新的能力，包括需要工程人员来准备数据、配置硬件和软件以及掌握机器学习算法。此外，非洲教育工作者和研究人员目前所依赖的校园计算机和商业云的临时组合已经无法满足需求。仅仅为得不到充足服务的学术和研究机构提供数据、硬件、软件和工程资源也是不够的。为了真正减少人工智能增强研究的障碍，服务不足的机构需要获得能够在解决问题、学习方法、任务工具选择和工作流程优化方面实施最佳实践的专家的帮助。

Cirrus 公司和非洲人工智能联盟（AI Africa Consortium）总部设在南非约翰内斯堡的金山大学，旨在应对非洲科学界人工智能赤字。Cirrus 旨在通过非洲人工智能联盟免费为学术和研究机构提供数据、专用计算基础设施和工程资源。提供数据管理平台是 Cirrus 的首要任务。这样的平台将使用户能够存储、管理、共享和查找数据，并利用这些数据开发人工智能系统。当务之急是确定和利用现有和潜在的科学计划，建立可用于人工智能的数据存储库。

非洲人工智能联盟积极促进与非洲研发生态系统内的各方达成合作协议。目前已经为 Cirrus 和非洲人工智能联盟的运作奠定了法律基础。一些活动已经开始，包括推出用于嵌入式设备的机器学习。

0.7.3　人工智能、发展中国家科学研究与双边合作

彼得·马蒂·阿多（Peter Martey Addo）考虑了双边和多边发展合作如何帮助解决低收入国家的人工智能赤字，特别是与科学研究相关的赤字，并提出了一系列切实可行的举措和目标（专栏 24）。

专栏 24　加强发展中国家科学中人工智能的双边和多边合作：政策建议

加强人工智能准备工作：发展合作可以帮助各国推进数据保护立法，改善数据基础设施并全面加强人工智能准备。GovLab［纽约大学坦登（Tandon）工程学院的一个行动研究中心］和法国发展署（Agence Française de Développement，AFD）之间的合作就是一个例子。他们共同发起了 COVID-19 非洲数据挑战赛（Data4COVID19 Africa Challenge），旨在支持非洲组织使用创新的数据来源来应对新冠疫情。

促进合作：在有利于多学科和多方合作的环境中，双边合作可以助力规划、资助和协助实施研究与技术开发倡议。例如，2021 年，法国国家科研署（France's Agence Nationale de la Recherche）与 AFD 合作发起 IA-Biodiv 挑战赛（IA-Biodiv Challenge，人工智能生物多样性挑战赛），旨在支持人工智能驱动的生物多样性研究。该项目使得法国和非洲从事人工智能和生物多样性研究的科学家可以相互学习、分享和参与。

支持开放科学、卓越中心和网络：发展合作不仅可以共享数据，还可以支持开放科学举措。此外，资助还可以用于对发展中国家人工智能研发的投资。这可能包括创建和支持卓越研究中心，如刚果民主共和国的非洲人工智能研究中心（the African Research Centre on Artificial Intelligence，ARCAI）。

支持公私合作：发展中国家的利益相关者还可以考虑制定与当地优先事项相关并易于使用人工智能进行分析的研究问题。由 GovLab 发起的"100 个问题"倡议（The 100 Questions，n.d.）可以提供一些参考。该倡议旨在绘制世界上 100 个在相关数据集支撑下可以得以解决的最紧迫、影响最大的问题。

0.8　结　　语

本章阐述了为什么深化人工智能在科学中的应用对于提高经济生产力、培育关键领域的创新以及应对从气候变化、传染病防治再到老龄化疾病等全球挑战至关重要。人工智能在其他领域的应用很少能像其在科学研究中的应用那样具有重大的社会和经济意义。本章还综合了后续文章中包含的主要政策信息和见解。人工智能正在渗透到科学研究中。最近人工智能系统能力的快速发展也刺激了科学领域创造性应用的大量涌现。然而，人工智能在科学研究中的应用尚有极大发展空间，其对科学的潜在贡献远未实现。公共政策可以帮助实现这一潜力。

参 考 文 献

Aczel，B.，B. Szaszi and A.O. Holcombe（2021），"A billion-dollar donation: Estimating the cost of researchers' time spent on peer review"，*Research Integrity and Peer Review*，Vol. 6/14, https://doi.org/10.1186/s41073-021-00118-2.

AFD（n.d.），"IA-Biodiv Challenge: Research in Artificial Intelligence in the Field of Diversity"，webpage，www.afd.fr/en/actualites/agenda/ia-biodiv-challenge-research-artificial-intelligence-field-biodiversity-information-sessions（accessed 24 January 2023）.

Arora，A. et al.（2019），"The changing structure of American innovation: Some cautionary remarks for economics growth"，in *Innovation Policy and the Economy*，Lerner，J. and S. Stern（eds.），Vol. 20，University of Chicago Press.

Bhattacharya，J. and M. Packalen（2020），"Stagnation and scientific incentives"，*Working Paper*，No.26752，National Bureau of Economic Research，Cambridge，MA，www.nber.org/papers/w26752.

Bloom，N. et al.（2020），"Are ideas getting harder to find？"，*American Economic Review*，Vol. 110/4，pp. 1104-1144，https://doi.org/10.1257/aer.20180338.

Checco，A. et al.（2021），"AI-assisted peer review"，*Humanities and Social Sciences Communications*，Vol. 8/25, https://doi.org/10.1057/s41599-020-00703-8.

Chu，Johan S.G. and J.A. Evans（2021），"Slowed canonical progress in large fields of science"，*PNAS*，12 October，Vol. 118/41，e2021636118，https://doi.org/10.1073/pnas.2021636118.

Correa-Baena，J-P. et al.（2018），"Accelerating materials development via automation，machine learning，and high performance computing"，*Joule* Vol. 2，pp. 1410-1420，https://doi.org/10.1016/j.joule.2018.05.009.

DOE（2020），*AI for Science，Report on the Department of Energy（DOE）Town Halls on Artificial Intelligence（AI）for Science*，US Department of Energy，Office of Science，Argonne National Laboratory，Lemont，https://publications.anl.gov/anlpubs/2020/03/158802.pdf.

DSA（2022），"African AI Research Award 2022"，webpage，www.datascienceafrica.org（accessed 11 September 2022）.

EC（n.d.），"European Open Science Cloud"，webpage，https://research-and-innovation.ec.europa.eu/strategy/strategy-2020-2024/our-digital-future/open-science_en（accessed 12 January 2023）.

EC（2022），"European Health Data Space"，webpage，https://health.ec.europa.eu/ehealth-digital-health-and-care/european-health-data-space_en（accessed 25 November 2022）.

European Physical Society（2019），"The importance of physics to the economies of Europe"，*European Physical Society*，eps_pp_physics_ecov5_full.pdf（ymaws.com）.

Glass，B.（1971），"Science: Endless horizons or golden age?"，*Science*，8 Jan，Vol. 171/3966，pp. 23-29，https://doi.org/10.1126/science.171.3966.23.

Grizou，J. et al.（2020），"A curious formulation robot enables the discovery of a novel protocell behavior"，*Science Advances*，31 Jan，Vol. 6/5，https://doi.org/10.1126/sciadv.aay4237.

Herbert，D.L，A.G. Barnett and N. Graves（2013），"Australia's grant system wastes time"，Nature，Vol.495，21 March，*Nature Research*，Springer，pp. 314，www.nature.com/articles/495314d.

IMF（2021），"World Economic Outlook: Recovery during a pandemic"，International Monetary Fund，Washington，DC，www.imf.org/en/Publications/WEO/Issues/2021/10/12/world-economic-outlook-october-2021.

King，R.D. et al.（2009），"The automation of science"，*Science*，Vol. 324/5923，pp. 85-89，https://doi.org/10.1126/science. 1165620.

Klinger，J. et al.（2020），"A narrowing of AI research?"，*arXiv*，preprint arXiv：2009.10385，https://doi.org/10.48550/arXiv.2009.10385.

Miyagawa，T. and T. Ishikawa（2019），"On the decline of R&D efficiency"，*Discussion Paper*，No. 19052，Research Institute of Economy，Trade and Industry，Tokyo，https://ideas.repec.org/p/eti/dpaper/19052.html.

NAIRR（2022），"National AI Research Resource（NAIRR）Task Force"，webpage，www.nsf.gov/cise/national-ai.jsp（accessed 23 November 2022）.

Noorden，R.V.（5 February 2014），"Scientists may be reaching a peak in reading habits"，Nature News blog，www.nature.com/news/scientists-may-be-reaching-a-peak-in-reading-habits-1.14658.

OECD（2021），*Recommendation of the Council concerning Access to Research Data from Public Funding*，OECD，Paris，https://legalinstruments.oecd.org/en/instruments/OECD-LEGAL-0347.

OECD（2020），"Addressing societal challenges using transdisciplinary research"，*OECD Science*，Technology and Industry Policy Papers，No. 88，OECD Publishing，Paris，https://doi.org/10.1787/0ca0ca45-en.

Service，R.F.（2019），"AI-driven robots are making new materials，improving solar cells and other technologies"，*Science*，December，www.sciencemag.org/news/2019/12/ai-driven-robots-are-making-new-materials-improving-solar-cells-and-other-technologies#.

Thelwall，M. et al.（16 January 2023），"Can artificial intelligence assess the quality of academic journal articles in the

next REF？", London School of Economics blog，https://blogs.lse.ac.uk/impactofsocialsciences/2023/01/16/
can-artificial-intelligence-assess-the-quality-of-academic-journal-articles-in-the-next-ref/.

The 100 Questions（n.d.），The 100 Questions website，https://the100questions.org（accessed 20 January 2023）.

Trammell，P. and A. Korinek（2021），"Economic growth under transformative AI：A guide to the vast range of
possibilities for output growth，wages，and the labor share"，Center for the Governance of AI，www.
governance.ai/research-paper/economic-growth-under-transformative-ai-a-guide-to-the-vast-range-of-possibilities-for-
output-growth-wages-and-the-laborshare.

Urbina，F. et al.（2022），"Dual use of artificial-intelligence-powered drug discover"，*Nature Machine Intelligence* Vol.
4，pp. 189-191，https://doi.org/10.1038/s42256-022-00465-9.

van Dis，E. et al.，"ChatGPT：Five priorities for research"，*Nature*，Vol. 614/7947，pp. 224-226，https://doi.org/
10.1038/d41586-023-00288-7.

Webber，M.E.，R.D. Duncan and M.S. Gonzalez（2013），"Four technologies and a conundrum：The glacial pace of
energy innovation"，*Issues in Science and Technology*，Winter，National Academy of Sciences，National Academy
of Engineering，Institute of Medicine，University of Texas at Dallas，www.issues.org/29.2/Webber.html.

Wu，L.，D. Wang and J.A. Evans（2019），"Large teams develop and small teams disrupt science and technology"，
Nature，Vol. 566，pp. 378-382，https://doi.org/10.1038/s41586-019-0941-9.

Zhang，D. et al.（2021），*The AI Index 2021 Annual Report*，AI Index Steering Committee，Human-Centred AI Institute，
Stanford University，Stanford，https://aiindex.stanford.edu/report.

1 科学变得越来越难了吗?

1.1 想法越来越难找到了吗? 对证据的简要回顾

马特·克兰西,进步研究所,美国

1.1.1 引言

一些人认为,20 世纪 70 年代到 21 世纪 20 年代的技术进步明显慢于之前 50 年。在最近的研究中,多位知名经济学家通过研究计算机芯片、农业、健康、国家生产率统计数据和企业层面的数据等领域的情况,认为找到想法正变得越来越难。本节回顾了为回应这些主张而进行的一系列工作。尽管争论很激烈,但研究发现,人们对数据所说明的情况达成了多方面的共识。如果通过某些方式来计算的话,持续不断的研究工作并不会导致技术能力的各种指标持续按比例增长(例如,集成电路上的晶体管数量每两年翻一番,或者美国玉米产量每20 年翻一番)。相反,如果希望这些指标按比例持续增长往往需要增加更多的研究工作。

1.1.2 争论的内容

Bloom 等(2020)的研究引起了广泛的讨论。争论的核心是什么样的指标适合用于衡量研究生产力变化。这些指标是否可以用来评估想法是否真的变得"更难找到"? 一些人认为,只要进行持续不断的研究——例如,数量相同的研究人员年复一年地在同一问题领域工作将会导致这些技术指标的绝对值不断增加,那么找到想法就不会更难。

为了说明这种分歧,我们通过 Bloom 等(2020)采用的美国玉米产量作为技术指标进行讨论。1980 年至 2008 年间,美国农业研究活动大致保持不变,玉米产量增加 1.5 蒲式耳/年/英亩①。玉米年产量从 1980 年的约 100 蒲式耳/英亩增加到 150 蒲式耳/英亩,在此期间,1.5 蒲式耳/年/英亩的持续增长意味着增长率从每

---

① 1 蒲式耳约 27.22 公斤,1 英亩约 0.4046 公顷。

年 1.5%放缓至每年 1.0%（请参阅本书中作者关于农业生产力的文章）。

Bloom 等（2020）认为，这证明该领域越来越难找到新的想法：持续的研究工作导致技术指标的增长率下降。然而，有人持不同意见，因为持续不变的研究活动仍然导致作物产量的绝对值不断增加。实际的计算并不那么简单，但这个例子仍然说明了解释数据的视角的差异可能带来不同的结论。

就 Bloom 和他的合作者而言，他们之所以以这种方式提出这个问题，是源于长期存在的经济增长模型。这些模型表明，持续指数增长的人均国内生产总值（即每年相同的百分比增长）可以通过技术的持续指数增长来实现（不同的理论框架下，对技术增长的定义和衡量方式不同，Acemoglu，2009）。

Bloom 等（2020）提出了不熟悉经济增长文献的读者经常忽略的一个观点。也就是说，他们实际上并不认为相同数量的研究人员必须带来技术能力的恒定指数增长。相反，他们的论文使用了一种略有不同的投入衡量标准——研究人员的有效数量。

研究人员的有效数量是通过将研发（R&D）总支出的某种衡量标准除以相关国家或行业科学家的工资率来计算的。也就是说，研究人员的有效数量是把所有的研发费用都用在雇佣科学家的情况下，可以雇佣的科学家数量。这并不是科学家的实际人数，因为研发支出还用于研究设备、材料和其他非劳动力投入。

更准确地说，根据 Bloom 和合作者的观点，如果想法没有变得越来越难发现，那么持续相同数量的研究人员投入应该能够使技术能力呈指数级增长。也就是说，没有必要采用 Bloom 的分析框架，而且许多研究者也没有这样做。那么下一节将探讨一些数据揭示的内容。

1.1.3　技术进步的案例

测度"想法"的方法对于进步来说是十分必要的。许多论文着眼于与特定技术相关的各种变革指标的演变，然后将其与创新投入的各种衡量标准进行比较。本节着眼于几个潜在的指标。

1. 技术：双倍集成电路

摩尔定律认为集成电路上可以安装的晶体管数量大约每两年就会增加一倍。虽然这种翻倍现象在过去半个世纪中一直保持不变，但 Bloom 等（2020）指出，致力于实现这些"翻倍"的研究工作已经增加了近 20 倍。

克雷塞尔在本书中的文章基本上认同将集成电路上晶体管的数量增加一倍变得更加困难。他指出，很少有人认为这种情况会以同样的速度继续下去。因而，他不同意该指标作为衡量技术进步的相关性指标。虽然缩小晶体管是增强集成电路性能的一种方法，但这并不是唯一的方法。例如，许多研究工作致力于提高集成电路的能源效率。克雷塞尔指出，除了晶体管密度之外，在一系列参数上的进步表明，集成电路的整体发展势头仍然强劲。

2. 农业：农业产量增长

Bloom 等（2020）还发现，只有大幅提高农业研发工作才能维持多种农作物产量的增长。在本书的另一篇文章中，克兰西回顾了支持这一结论的补充证据。对美国农业技术进步更有理论依据（但实际上具有挑战性）的衡量标准表明，美国农业进步速度的放缓高于产量放缓的程度。这表明这种放缓不能轻易归因于气候变化或虫害等复杂因素。

3. 健康：延长生命的时间

在研究健康时，Bloom 等（2020）选择与他们早期研究不同的指标，通过科学文章或临床试验的数量来衡量研究工作。他们还通过延长生命的时间来衡量健康结果的改善情况。他们再次证明，相同的研究投入会使得某些身体指标的好转幅度逐渐降低。斯坎内尔在本书中还提供了各种补充证据。例如，他表示花费一美元可以发现的新分子实体数量急剧下降，健康研发投资的财务回报率也大幅下降。

4. 创造新技术

其他研究者认为，这些指标对个别技术的关注没有抓住重点。例如，Guzey 和 Rischel（2021）认为，技术进步主要是关于全新技术类别的创造，而不仅仅是现有技术的改进。对于任何特定技术来说，新的创造会比在原有基础上改进来得简单。我们发明的不是更快的马，而是汽车。或者更广泛地说，我们发明了电报、电话和互联网，这样我们根本不需要出门就能进行交流。如果技术进步发生的主要方式是创造新的技术，那么衡量这一进步的指标应考虑到这些全新技术的创造。

Bloom 等（2020）研究了一些替代指标，这些指标可以挖掘新技术带来的技术进步。例如，健康成果（延长生命的时间）部分源自不停发展的新技术浪潮：抗生素、化疗、基因疗法、mRNA 疫苗等。这些医疗干预措施中的每一种都可能导致研发收益递减。然而，通过不断从成熟技术转向新兴技术，医疗研发总体上可以保持同样的生产力。但 Bloom 等（2020）表明，挽救一年时长的生命需要越来越多的研究力度。在这种情况下，投入是通过临床试验或生物医学文章的数量来衡量的。

私营企业衡量研发成果的标准可能不同。毕竟，它们投资研发的原因是它们认为研发会为公司带来更多利润。利润与底层技术无关,如果企业发现发明新的技术类别更有利可图,那么它们就会这样做。

正确衡量利润本身可能是具有挑战性的。因此,Bloom 等(2020)检查了一系列相关指标,如销售额、员工数量、每位员工的平均销售额和市值。他们还发现,平均而言,企业需要越来越多的研发工作才能使这些利润指标呈指数级增长。

波音和胡纳蒙德在本书中研究了中国和德国的情况。他们确认 Bloom 等(2020)的调查结果不仅限于美国;在这两个国家,企业也需要进行更多的研发工作才能按比例增加利润。

也就是说,影响利润的不仅仅是研发,这一点挑战了原先认为研发影响企业利润的想法。例如,一家公司进入一个更大的市场,即使其基本技术不变,也可能会获得更高的利润。

5. 全要素生产率

衡量广义技术进步的另一种标准是全要素生产率。这一想法的基本假设是,人们不应该试图直接观察和衡量技术,而应该衡量经济产出(如国内生产总值)和投入(如劳动力和资本),然后研究从相同或更少的投入中产生更多产出的能力如何随着时间的推移而变化。经济学家假设一个经济体或企业能够从每单位投入中获得更多产出的驱动力是技术进步,包括一系列新技术的发明。

Bloom 等(2020)使用了从 20 世纪 30 年代开始的美国经济全要素生产率的数据,发现需要越来越多的研发工作来保持全要素生产率以恒定的指数速度增长。Miyagawa 和 Ishikawa(2019)在更广泛的国家和行业中研究了 1996 年至 2015 年的情况。同样地,以 Bloom 等(2020)的方式构建的研究生产力指标总体上有所下降,但也有一些例外。

作为一种衡量标准,全要素生产率有其自身的问题。与利润指标一样,它可能会因与技术进步无关的原因而发生变化。例如,Vollrath(2019)将 2000 年以来美国全要素生产率增长率的下降分解为与技术进步关系不大或没有关系的两类。其中包括消费者在服务方面的支出增加以及劳动力地域流动性的下降。同样地,全要素生产率是对投入转化为产出的统计估计。因此,它需要有关输入和输出的高质量数据。由于大多数公司使用复杂的投入组合并经常产生复杂的产出组合,因此衡量指标的选择具有挑战性。

1.1.4 科学进步的案例

解决研究生产力发展问题的另一种方法是更直接地审视"想法"本身或者至

少是更接近思想的东西，而不是从思想衍生出来的技术。在这方面，有些工作专门关注科学研究而不是技术。下面列出了几个指标。

1. 作者的论文数量

科学出版物的出版趋势是一个重要的指标。尽管 20 世纪每年出版的科学出版物数量迅速增长，但事实证明，这主要是由作者数量同样快速增长推动的（Wang and Barabási，2021）。在 20 世纪，每个作者发表的论文数量一直非常稳定，此后开始略有增加。然而，这并不一定意味着科学研究生产力没有放缓，因为论文对知识的贡献差异很大。今天的论文贡献可能比过去少。事实上，多项研究也证明了这一点。

2. 杰出科学家的数量

Cauwels 和 Sornette（2020）提出通过计算杰出科学家的数量来计算杰出的想法，因为新想法的发现者往往会受到认可。他们利用《克雷布斯科学原理百科全书》和阿西莫夫的《科学与发现年表》，统计了自 1750 年以来物理学和生命科学领域杰出科学家的数量。然后，他们观察这个数字是上升还是下降，特别是占总人口的比例。他们假设，如果更多的人无法发现新的想法（从而通过新的想法而成就著名的科学家），那么新的想法就会更难找到。他们发现，从 1750 年到 1950 年左右，杰出科学家的数量在人口中所占的比例有所增加，但此后一直在下降。

他们的分析有两个问题。一方面，人们可能需要一段时间才能认识到新想法的重要性。他们的资料来源截止于 2008 年，因此他们会错过该日期之前想到的但之后才认识到其重要性的想法。这造成了样本数据的最后几年中科学家数量下降的现象（Cauwels 和 Sornette 试图在统计上纠正这种偏差）。另一方面，科学研究越来越成为一种团队努力的结果（Wuchty et al.，2007），而不仅仅是个人的追求。研究想法究竟属于哪位作者很难明确。

3. 大量杰出的想法和发现

与其统计杰出科学家，不如确定杰出的想法和发现的产生趋势。例如，人们可以研究诺贝尔物理学奖、化学奖和医学奖的特征趋势。至少在理论上，诺贝尔奖表彰各自领域中最重要的发现，并且这一奖项的评选已经有很多年的历史从而可以观察杰出想法的长期趋势。

衡量科学进步的一个简单方法是查看获得奖项的成果是否是最近 20 年发表的论文的结论。基于 Li 等（2019）的计算，在所有领域，这一比例已从 20 世纪 70 年代之前的平均约 90%下降到如今的接近 50%。另外，Collison 和 Nielsen（2018）对科学家进行了调查，并要求他们从随机选择的诺贝尔奖得主中选择更重要的发现。自 20 世纪 40 年代以来,没有明确的证据表明科学家认为近几十年来的发现更具价值。

4. 引用次数

诺贝尔奖有其自身的特质,这使得它们不太适合衡量科技进步的速度。另一种潜在的衡量方法是查看科学出版物的特征,如出版物的引用。引文还提供了一个了解科学界如何接受新的研究成果的方法。各种基于引用的指标表明科学进步正在放缓。Chu 和 Evans(2021)指出,随着研究领域规模的扩大,被引用次数最多的论文的更新速度已经放缓。他们认为,这种放缓表明科学研究日益依赖于固定的研究成果。

另一个指标侧重于研究论文的学术引用比例。Larivière 等(2007)以及 Cui 等(2022)都发现,自 20 世纪 60 年代以来,近期论文(过去五年或十年内发表的论文)的引用比例持续下降。专利也越来越多地引用较早的科学著作(Park et al.,2022)。对这些趋势的一种可能的解释是,与早期的研究工作相比,最近的研究工作对当今的科学家和发明家来说没有那么有用。Park 等(2022)认为,基于引用关系的论文颠覆性水平的测量指标也表明,经典的论文随着时间的推移已经变得越来越具有不可颠覆性。

5. 独特短语的数量

不过,引用也可能受到一系列因素的影响,可能并不准确。米洛耶维奇(参见本书中她的文章)提供了另一种衡量科学进步速度的替代方法。她通过计算论文标题中独特短语的数量,衡量某个领域正在研究的不同研究概念的数量。她会从每个领域的论文标题中抽取相同数量的短语。独特短语数量的下降表明有更多论文正在研究相同的想法。这可能表明产生一个新想法变得越来越难。

在本书中,米洛耶维奇将这种方法应用于 1900 年至 2020 年的整个 Web of Science 数据库。这个数据库涵盖整个科学领域,也可以细分各个研究领域。她发现,自 1900 年以来,在固定数量的文章样本中,独特短语数量一直在增长(以不同的速度)。然而,自 2005 年以来,这种趋势开始逆转。2005 年至 2020 年这段时间新的科学想法的数量下降了。

1.1.5　结论

通过一系列方法和措施,基本都认为技术的持续成比例进步需要更大的研究投入。几个例外情况都是十年前出现的。

这是否意味着想法真的越来越难找到了?答案是不一定。这里有几个原因。

　　第一，上文提到的论文都没有尝试直接衡量"想法"本身，而只是一种近似计算。事实上，目前人们尚不清楚如何衡量"想法"本身。

　　第二，至少看起来确实很清楚，大多数指标的指数增长都需要更大的努力。为什么会出现这种情况也是一个重要问题。这可能是自然规律——新的见解、发现和应用的增长本来就是越来越难实现。

　　第三，研究可能不存在这种自然规律的限制，研究机构的变化可能导致研究生产力的下降。在这方面已经提出了几个可能的因素来解释这一现象。例如，Arora等（2019）研究发现私营部门减少了基础科学领域的研究资助。Cui 等（2022）研究了老龄化对科学劳动力的影响。与此同时，Bhattacharya 和 Packalen（2020）指出引用作为衡量科学家产出的指标越来越重要。然而，这并不是所有可能的原因。

　　如果无论出于何种原因，研究生产力正在下降，那么技术是否自 20 世纪 70 年代以来就停滞不前了？然而，这并不一定意味着技术进步会因研究生产力下降而放缓。这是因为研究生产力的下降，至少部分地被研发投入的增加所抵消。如果想法越来越难找到，那么社会似乎也会更加努力地寻找新的想法。

参 考 文 献

Acemoglu，D.（2009），*Introduction to Economic Growth*，Princeton University Press.

Arora，A. et al.（2019），"The changing structure of American innovation：Some cautionary remarks for economics growth"，in *Innovation Policy and the Economy*，Lerner，J. and S. Stern（eds.），Vol. 20. University of Chicago Press.

Bhattacharya，J. and M. Packalen.（2020），"Stagnation and scientific incentives"，*Working Paper*，No. 26752，National Bureau of Economic Research，Cambridge，MA，https://papers.ssrn.com/sol3/papers.cfm? abstract_id = 3539319.

Bloom，N. et al.（2020），"Are ideas getting harder to find？"，*American Economic Review*，Vol. 110/4，pp. 1104-1144，https://doi.org/10.1257/aer.20180338.

Cauwels，P. and D. Sornette.（2020），"Are 'flow of ideas' and 'research productivity' in secular decline？"，*Research Paper*，No. 20-90，Swiss Finance Institute，Zurich，https://papers.ssrn.com/sol3/papers.cfm? abstract_id = 3716939.

Chu，J.S.G and J.A. Evans.（2021），"Slowed canonical progress in large fields of science"，*PNAS*，Vol. 118/41，p. e2021636118，https://doi.org/10.1073/pnas.2021636118.

Collison，P. and M. Nielsen.（2018），"Science is getting less bang for its buck"，16 November，*The Atlantic*，www.theatlantic.com/science/archive/2018/11/diminishing-returns-science/575665.

Cowen，T.（2011），*The Great Stagnation：How America Ate All the Low-Hanging Fruit of Modern History，Got Sick，and Will（Eventually）Feel Better*，Dutton，New York.

Cui，H.，L. Wu and J.A. Evans.（2022），"Aging scientists and slowed advance"，arXiv，2202.04044，https://doi.org/10.48550/arXiv.2202.04044.

Gordon，R.（2017），*The Rise and Fall of American Growth：The U.S. Standard of Living since the Civil War*，Princeton University Press.

Guzey，A. and E. Rischel.（2021），"Issues with Bloom et al.'s 'Are ideas getting harder to find？' and why total factor productivity should never be used as a measure of innovation"，webpage，https://guzey.com/economics/bloom

（accessed 28 November 2022）．

Larivière，V. et al.（2007），"Long-term patterns in the aging of the scientific literature，1900–2004"，in *Proceedings of ISSI* 2007，Torres-Salinas D. and H.F. Moed（eds.），www.issisociety.org/publications/issi-conference-proceedings/proceedings-of-issi-2007.

Li，J. et al.（2019），"A dataset of publication records for Nobel Laureates"，*Scientific Data*，Vol. 6/33，https://doi.org/10.1038/s41597-019-0033-6.

Miyagawa，T. and T. Ishikawa.（2019），"On the decline of R&D efficiency"，*Discussion Paper*，No. 19052，Research Institute of Economy，Trade and Industry，Tokyo，https://ideas.repec.org/p/eti/dpaper/19052.html.

Park，M. et al.（2022），"The decline of disruptive science and technology"，*arXiv*，2106.11184，https://doi.org/10.48550/arXiv.2106.11184.

Vollrath，D.（2019），*Fully Grown：Why a Stagnant Economy is a Sign of Success*，Chicago University Press.

Wang，D. and A. Barabási.（2021），*The Science of Science*，Cambridge University Press，https://doi.org/10.1017/9781108610834.

Wuchty，S.，B.F. Jones，and B. Uzzi.（2007），"The increasing dominance of teams in production of knowledge"，*Science*，Vol. 316/5827，pp. 1036-1039，www.science.org/doi/10.1126/science.1136099.

1.2 摩尔定律终结了吗？计算系统的创新持续高速发展

亨利·克雷塞尔，华平投资集团，美国

1.2.1 引言

改进计算系统的想法是否越来越难找到？衡量电子技术巨大进步的一个关键指标（摩尔定律）表明，技术进步已达到瓶颈。这引发了人们对电子产品创新步伐严重放缓的担忧。这种放缓可能会产生广泛影响。从厨房用具到发电机、微电子是生活中几乎所有工业产品和系统的核心。然而，尽管缩小晶体管的能力似乎已达到物理极限，但是对计算系统性能发展会停滞的担忧还为时过早。正如本文所讨论的，除了摩尔定律所描述的创新之外，其他创新也在继续提高计算系统的生产力和处理能力。

使用单一指标来衡量和预测技术驱动领域的进展可能不够充分。最终，沿着既定创新路线前进的技术会达到收益递减的临界点。然而，由于意想不到的创新改变了既定的发展，进展速度可能会加快。电子技术的发展就是一个很好的例子（Kressel and Lento，2007）。

虽然摩尔定律很有用，但由于计算系统的规模和功能差异很大，因此还没有可靠且通用的进展衡量标准。

1.2.2　计算系统概述

为了解电子技术创新来源的转变，我们可以回顾一下对计算系统性能起到关键作用的要素。晶体管开启了数字电子世界，它于 1946 年发明，随后在电流放大器、存储元件和开关等领域得到了广泛应用和发展。互联的微型晶体管形成了支撑计算系统的集成电路芯片。

系统的计算能力是可用晶体管容量、晶体管开关速度（即电路的打开和关闭）、存储器容量和互联速度的函数。如今的智能手机比 20 世纪 60 年代的大型计算机拥有更多的计算能力。

摩尔定律描述集成电路芯片（也称为"集成电路"）中晶体管数量的增长趋势。此类芯片在计算系统中执行不同的功能，如信号处理、数据存储或两者的组合。第一个集成电路于 1962 年由英特尔制造，仅包含几个晶体管。如今，多达 160 亿个晶体管可以在一个比指甲盖还小的芯片上连接。芯片上的最小晶体管特征尺寸已从约 30 微米减小到约 5 纳米（作为参考，人类头发的厚度约为 100 微米）。1960 年，单个晶体管的售价为 1 美元。

所有上述发展意味着单位成本的计算能力已大幅增加。如今，具有 10 亿个晶体管的集成电路芯片的成本不到 3 美元。科学技术的飞跃式发展实现了芯片尺寸的减小和成本的缩减，同时芯片还能保持很高的可靠性。

1.2.3　摩尔定律的放缓

作为一种观察结果而不是物理定律，摩尔定律已经存在了大约 50 年。它假设晶体管芯片密度大约每两年翻一番，单位晶体管成本相应下降。随着尺寸的减小，晶体管的开关速度也随着功耗的下降而提高。

按照以往的模式增加晶体管密度的研究进展快要到达尽头。因此，仅仅通过缩小晶体管来推动电子系统的改进是有风险的。这引发了人们对计算系统创新终结的担忧。

然而，其他创新会继续提高电子系统的经济和技术性能。好的想法并没有用完。也没有证据表明人们对此类研究的热度下降。关键技术问题（已大大简化）总结如下。

鉴于脉冲宽度、晶体管性能和光刻技术之间的关系，物理限制会影响晶体管的缩放。在门控制电路中，电流的控制至关重要。随着晶体管的主动脉冲宽度不断减小，保持其性能稳定面临着越来越大的挑战。在硅上制作非常小尺寸的材料薄膜（使用称为光刻的工艺）也具有挑战性。

低于某个脉冲宽度（现在接近原子尺寸），传统晶体管结构的开关特性会恶化。此外，随着模式化问题变得越来越严重，需要特殊的紫外激光光源、多次曝光以及对光刻设备的特殊控制。这些因素一起提高了成本。

因此，晶体管的单位生产成本开始上升，与摩尔定律描述的下降形成鲜明对比。如今最先进、最小尺寸的功能芯片只有在需要最高逻辑和内存性能的应用中才具有经济意义。这意味着，这种高端芯片主要适用于那些销量巨大的产品，如智能手机或大型云计算系统。

值得注意的是，芯片在整个系统成本中所占的份额正在下降（几种存储芯片除外）。这是因为软件和外围硬件（尤其是软件）的成本在系统成本中所占的比例正在上升。芯片的功能性能是更重要的考虑因素，这方面的研究已经取得了很大进展。

1.2.4 创新推动电子系统进步

通过缩小晶体管尺寸来提高芯片性能显然已经走到了尽头。然而，由于许多创新方法的出现，电子系统的性能正在不断提高。

1. 三维结构

新的三维结构正在扩展晶体管的性能，同时缩小它的尺寸。三维结构更好地利用了芯片面积。所有芯片都包含数十个不同材料的薄层（堆叠）。用新方法剪裁图层可以提高开关速度并降低功耗。此外，在堆栈内，芯片可以包括存储器和逻辑元件的复杂互联，以提高互联速度。业内人士认为，这种方法将使工作芯片晶体管密度在未来十年内增加一倍。

然而，由于新的垂直架构难以制造，因此取得进展成本高昂。每座最先进的新芯片生产设施耗资超过 100 亿美元，并且需要高技能的劳动力。世界上只有少数工厂可以批量生产这种芯片（目前的制造商包括台积电、三星、英特尔、美光、SK 海力士和西部数据等）。

2. 一体化

另一个也可以降低成本的创新领域是封装芯片，它将逻辑处理功能、存储器和外部通信更加紧密地结合在一起。目前，业界已经开发出将光纤和激光器直接集成到芯片封装中的先进技术。通过这种方式，原本独立的子系统可以通过更经济的方式集成到更大的系统中。例如，一家名为 AyerLabs 的新公司开发了用光链路取代内部铜互联的模块。这些方法降低了功耗并允许更快的芯片间通信。与在电路板上组装单个芯片相比，新颖的封装技术使构建系统变得更便宜。

这些创新旨在随着数据量的激增继续降低计算成本。此外，云计算正在以更低的成本实现更强大的计算能力。云计算的作用在于以经济高效的方式按需支持海量计算需求。借助谷歌、亚马逊和其他提供商的云技术，企业可以从已经建立（并将继续建立）的大规模、经济高效的计算中心中获取所需的计算能力。

最后，量子计算机系统使用了不同于经典计算机的技术，很可能未来会在大规模计算系统中应用。这将把计算能力提升到新的高度。全球研究正在试图解决量子计算机开发人员面临的巨大工程挑战。美国和其他地方的实验室取得了良好进展，并通过小型系统提供实际演示。

1.2.5　晶体管密度变化的替代指标

鉴于电子系统类型、规模和功能的多样性，目前还没有可靠的通用的衡量计算系统（甚至集成电路）进展的指标。然而，人们已经进行了各种尝试来寻找替代指标。Moore（2020）在《IEEE 频谱》期刊中探索了开发有效的指标来监控该领域进展的方法。这些方法综合了改变芯片参数（如互联）的指标。然而，这些尝试受到许多参数导致的系统性能变化的限制。因此，开发能够衡量特定系统（如智能手机或云计算服务）性能的指标，似乎更为可行。

到底是使用不完美的指标来衡量技术发展还是完全不使用指标来衡量技术发展一直存在争议。一个看似已经达到极限的领域不会吸引最优秀的学生。此外，度量指标问题也可能会吸引优秀的学生从事微电子行业。因此，重要的是要广泛了解领域的发展和可能的机会。

1.2.6　世界哪些地区将提供所需的创新？

各大主流芯片制造商都大力投资于先进产品的开发。然而，这项工作的成果并不总是公之于众。许多发表的结果往往来自学术机构和政府资助的实验室。

过去，当美国主导半导体制造时，催生了大部分半导体工艺创新。英特尔是卓越的领先者。在加州大学等学术机构，由政府资助的广泛的学术研究是创新进入工业的重要来源。然而，半导体行业的离岸外包改变了创新格局，韩国和中国台湾地区已经发展出了具有同等或可能更有优越能力的公司。与此同时，中国在这方面也取得了重大进步（Badaroglu and Gargini，2021）。

此外，如前所述，如果生产设备的复杂程度和成本不提高，本文中描述的任何创新都无法进入市场。目前，这个市场上由欧洲或北美的少数公司主导。美国应用材料公司和泛林研究公司是工艺设备领域当之无愧的领导者。荷兰阿斯麦（ASML）公司几乎垄断了先进的光刻技术。这些公司通过保持高水平的研究以维持其地位和盈利能力。

1.2.7 结论

近 50 年来，世界受益于电子领域杰出的创新水平。以不断降低的单位成本扩展与制造晶体管的能力一直是关键的推动因素。然而，事实证明，单位成本下降只是衡量该领域创新的一个简单的衡量标准。业内人士预测，芯片晶体管密度将在未来十年内翻一番，而不是摩尔定律描述的两年。然而，这并不意味着基于半导体的电子系统创新的终结。

有很多有创意的开发思路。这么说的依据之一是芯片创新已经从关注芯片晶体管密度转向消除系统性能的瓶颈。为此，它们减少了"寄生损耗"（如与外围电容相关的损耗），并减少了降低处理速度的系统间信号延迟。此外，随着器件尺寸越来越接近原子尺度，新的晶体管和芯片架构扩展了性能极限。

参 考 文 献

Badaroglu, A. and P.A. Gargini. (2021), "System and high volume manufacturing driven more Moore scaling roadmap", *IEEE Electron Society Newsletter*, January, Vol. 28, pp. 1-9, www.ieee.org/ns/periodicals/ EDS/EDS-JANUARY-2021-HTML-V5/InnerFiles/LandPage.html.

Bloom, N. et al. (2020), "Are ideas getting harder to find," *American Economic Review*, Vol. 110/4, April, pp. 1104-44, www.aeaweb.org/articles? id=10.1257/aer.20180338.

Kressel, H. and T.V. Lento. (2007), *Competing for the Future: How Digital Innovations are Changing the World*, Cambridge University Press, Cambridge.

Moore, S.K. (2020), "A better way to measure progress in semiconductors", *IEEE Spectrum*, 21 July, https://spectrum-ieee.org/a-better-way-to-measure-progress in semiconductors.

1.3 美国农业的技术进步是否正在放缓？

马特·克兰西，进步研究所，美国

1.3.1 引言

本文研究了美国农业技术进步（这里理解为投入转化为产出的效率不断提高）有正在放缓的迹象，至少相对于持续指数增长的曲线而言是这样。无论是用收益率还是更复杂的方法（如全要素生产率）来衡量，似乎都证明了经济放缓的态势。经济放缓可能源于农业特有因素，例如 20 世纪后期的大部分时间研发水平停滞不前。它还可能受到更广泛因素的影响，如其他领域的技术进步放缓以及创新变得更加困难的总体趋势。

1.3.2　关注美国农业的四大理由

为何要关注美国农业？农业是研究技术进步长期变化的一个很好的主题。下面详细阐述四个原因。

第一，关注技术发展的所有研究都需要随时间变化的数据。美国农业能提供长期的大量的准确的数据，这是独一无二的优势。

第二，美国一直被视为处于技术前沿。迄今为止，美国对农业研发的公共资金投入是世界上最多的，占高收入国家农业研发公共资助资金的 25%（Heisey and Fuglie，2018）。

第三，经济学家通常将"技术"视为投入转化为产出的过程。在农业中，产出的性质没有太大变化，至少与通信、运输和制造业等部门相比是这样。现在玉米的测量方式和 150 年前没有太大不同。对于像汽车这样的产品来说，考虑所生产商品的性质变化很重要，计算一年内生产的数量可能是不准确的。然而，比较 1920 年和 2020 年玉米的年产量就没有这样的争议。

第四，农业领域有很多技术进步。从长远来看，农业生产最重要的两项投入是劳动力和土地。1948 年至 2022 年间，美国玉米年产量增加了七倍多，而这两项投入并未显著增加。土地使用量大致保持不变，而劳动力的投入却大幅下降。

人们已经可以利用这些产出和土地数据得出一种粗略但常见的农业技术进步衡量标准，即"产量"（如每英亩玉米蒲式耳数）。在经济学中，"持续的技术进步"通常被定义为效率的持续指数增长，也就是投入转化为产出的过程，例如产量每年增加 2%。由于农业产量受天气影响而波动很大，本文使用了 20 多年的长期指标。

图 1-1（a）绘制了美国玉米平均产量，图 1-1（b）绘制了玉米产量增长率。这种衡量指标显示了技术进步速度的急剧放缓（尽管今天产量增长的幅度仍然明显高于 1940 年之前普遍存在的停滞状态）。

1.3.3　产量作为技术进步的衡量标准

用产量衡量农业技术进步的优点是不太依赖理论构建。这组简单的数据显示产量增长急剧放缓。这主要（但不完全）是因为绝对增长一直保持不变（1970 年至 2021 年间每 20 年增长约 38.5 蒲式耳），因此必然呈指数下降。

然而，产量也不是一个十分令人满意的技术进步的衡量指标，因为它忽略了农业生产的许多方面。我们需要一种方法来解释不同的农产品（不仅仅是玉米）；投入的多样性，以及影响农业生产并可能发生变化的其他因素，如气候。

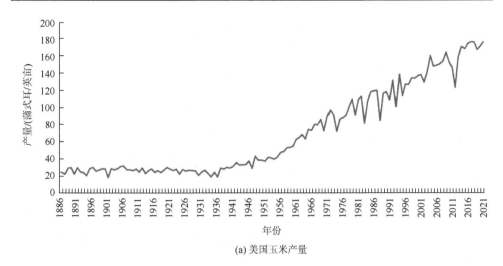

(a) 美国玉米产量

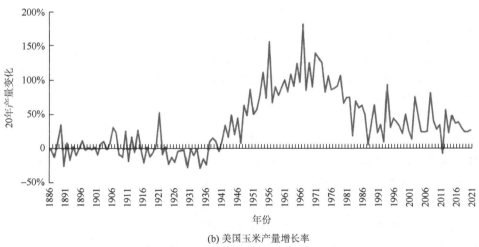

(b) 美国玉米产量增长率

图 1-1 1886~2021 年美国玉米产量趋势

资料来源: 作者根据美国农业部国家农业统计局 Quick Stats 的数据进行的计算

Ciliberto 等 (2019) 很好地说明了用产量来衡量技术进步的缺点。美国农业的一项突出技术创新是农作物的基因改造。例如, 2014 年, 美国近 90% 的玉米都经过了基因改造, 对化学物质草甘膦 (一种关键农药) 具有一定的抗性。这种改造使得控制杂草变得更容易且成本更低。另一种常见的基因改造赋予了对各种玉米根虫的抗性, 从而减少了对杀虫剂的需求。这两项创新仅与产量间接相关, 但受到农民的高度重视。通过比较不同价格下农民的种子需求, Ciliberto 等 (2019) 估计, 相对于未经基因改造的同类种子, 农民愿意为这些改造后的种子每英亩额外支付 5~17 美元。

　　为衡量技术进步，需要制定技术进步的衡量指标。它必须考虑到在保持产量不变的同时减少农业劳动力（如与杂草控制相关）或其他投入（如杀虫剂）的使用等进展。此外，要研究整个农业部门的技术进步，实际上需要一种方法来比较苹果、橙子以及农民种植的其他所有作物。幸运的是，经济学家们已经发展出许多理论，这些理论利用消费和价格变化的数据，能够在时间跨度上对各类商品进行综合考量。使用这些技术，从 1949 年到 2017 年（可用数据的最后一年），美国农业总产值的增长看起来与玉米生产的趋势没有太大不同：考虑通货膨胀的情况下，美国农业总产值几乎增加了两倍。

　　计算投入方面的变化要复杂得多。农业的技术进步涉及了一系列新技术的浪潮，这些技术逐渐被越来越多的农民采用（Pardey and Alston，2021）。由于这些新型投入以多种形式出现（如化肥、农药、拖拉机、粮仓等），因此要衡量它们的影响要困难得多。

　　此外，由于技术进步，这些投入的质量也会随着时间的推移而变化。例如，因为农药的性质会发生变化，故人们不能只简单计算随着时间的推移使用的农药总量。相反，美国农业部的经济学家试图根据农药质量的变化进行调整，以衡量农业部门对某种"质量恒定"农药的使用情况。对农业生产中使用的其他投入也进行了类似的调整。

　　然后，各种投入将根据它们在总中间投入价值中的比例进行加权汇总。研究表明至少有两种类型的农业投入增加了而不是减少了。根据美国农业部的测量，1948 年至 2017 年间，经过质量调整后的化肥使用量增加了 2 倍多，而同期经过质量调整后的农药使用量增加了 50 倍以上（基数较低）。

　　在某种程度上，高成本效益的化肥和农药的发明本身就是一种技术进步。然而，假设化肥和农药的存在是理所当然的，如果更密集的使用推动了产量的上升，那么迄今为止观察到的技术进步的情况就会受到质疑。也许农业产量的增加仅仅源于使用更多的（非土地）投入，而不是源于以更少的资源获得更多的产量。

　　技术进步可以实现将越来越少的投入转化为越来越多的产出，衡量其效果需要几个步骤。首先，不同的投入组合（the basket of different inputs）（在某些情况下使用量增加，在另一些情况下使用量减少）应该汇总成一个单一的投入指数。其次，不同的产出组合（the basket of different outputs）应汇总成一个单一的产出指数。

　　类似于产量指标是一种产出（玉米）除以一种投入（土地）得到的，将所有农业产出指数除以所有农业投入指数也可以得到一个指标。它提供了更全面的技术进步的衡量标准——全要素生产率（有时称为多要素生产率），衡量用更少的资源生产更多产品的能力。

　　经济理论为指标估算提供了一个框架。在给定所有不同生产投入的数据的情况下，根据一些标准假设，可以根据它们在总成本中所占的份额对指数进行加权，并将它们加总以生成总体指数度量。在构建这些数据序列的过程时需要做出许多方法论上的选择。但最终,没有一个简单明了且客观的衡量标准来验证这些选择的正确性。这些衡量指标归根到底是基于理论构建的,它们依赖于理论和模型的应用,以及对经济现象的深入理解。

然而,美国农业有幸得到两组不同经济学家团队的支持:一组由隶属于美国农业部的政府经济学家组成,另一组由隶属于国际科学技术实践与政策小组(International Science & Technology Practice & Policy,InSTEPP)的学者领导。他们使用略有不同的方法来共同解决了这一测量挑战[参见 Fuglie 等(2017)的讨论]。如果两种不同的方法来衡量农业的技术进步能得出相似的结论时,将会增加结果的可信度。

不同的指标如图 1-2 所示,其中绘制了国际科学技术实践与政策小组和美国农业部对农业全要素生产率 20 年增长率的估计,并与整个美国经济 20 年全要素生产率增长率进行比较。在经济学家看来,自 20 世纪 70 年代以来美国全要素生产率增长放缓的说法并不存在争议。

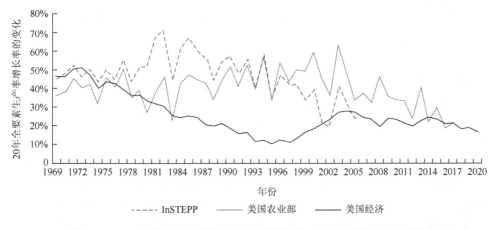

图 1-2　1969 年至 2020 年美国农业和美国经济 20 年全要素生产率增长

资料来源:数据来自美国农业部全要素生产率系列和多因素生产率系列。美国经济采用旧金山联邦储备银行(2021 年)的利用率调整后的全要素生产率

图 1-2 清楚地表明农业全要素生产率增长已经放缓。值得注意的是,尽管 InSTEPP 和美国农业部在 20 世纪 80 年代存在相当大的分歧,但三个指标的全要素生产率下降幅度相似。然而,抛开这十年不谈,每组数据的前半部分(前 20 年的时间)都徘徊在 40%~50% 的范围内。每组数据的最终结果都在 20%~30%(前 20 年的总和)。

对于这种放缓何时开始存在一些分歧。InSTEPP 显示从 20 世纪 90 年代开始下降，而美国农业部则将下降时间定为 2000 年代。无论如何，两种不同的全要素生产率估计显示放缓程度堪比 20 世纪末和 21 世纪初整个美国经济的放缓，但开始时间较晚。

此外，使用全要素生产率来衡量技术进步可能是有误导性的。与产量一样，全要素生产率也忽略了影响农业投入产出的其他因素。例如，气候恶化或虫害可能会减少特定投入的农业产出。这也将减少全要素生产率的度量。然而在这种情况下，全要素生产率增长的下降不是由技术进步放缓造成的。正如 Clancy（2021）所讨论的，这些考虑因素似乎并没有改变 20 世纪末和 21 世纪初农业全要素生产率增速放缓这个核心主张。

农业生产的另一个重要方面——农业生产的环境可持续性通常不包括在全要素生产率中。不可持续的生产方式会消耗自然资源或产生有害污染物，因此，大家可能会选择更可持续的生产方式。由于全要素生产率通常不衡量自然资源的使用和污染物的产生，因此提高可持续性可能会导致全要素生产率增长放缓。同样，这并不意味着技术进步速度有任何实际下降。

扩大全要素生产率的范围以包括这些非市场投入和产出是农业经济学中一个活跃的研究领域（Bureau and Antón，2022）。然而，需要长期数据来确定这些措施是否也表明技术进步放缓。

1.3.4　技术进步为何放缓？

如果现有数据是正确的，并且技术进步确实已经放缓，那么下一个问题是：为什么会发生这种情况？

首先，请注意以下巧合：在整个 20 世纪，农业全要素生产率的增长率（根据 InSTEPP 的估计）与非农全要素生产率的增长率遵循基本相同的轨迹。然而，它有数十年的滞后。Pardey 和 Alston（2021）认为，非农业部门的全要素生产率增长在 20 世纪 40 年代有所增长，然后在 20 世纪 90 年代有所下降。相反，农业全要素生产率在 20 世纪 80 年代增长，之后有所下降。

这种相隔数十年的兴衰可能不是巧合。农业经济学家普遍认为，新的更好的技术是美国农业生产率提高的根本驱动力。这些技术本身源于早期的研发（在某些情况下，是几十年前）。在短期内（仍然可能相当长），农业研发可能是最有用的。相反，从长远来看，非农业研发可能会更有用。

图 1-3 描绘了与图 1-2 大致相同时期的美国农业研发情况。

乍一看，这与全要素生产率增长指标不太相似。研发不是保持不变然后下降，而是上升、停滞然后上升（尽管其构成发生了很大变化）。然而，有两个原因使得不应期望同期研发活动与农业全要素生产率增长相匹配。一方面，研发对生产率的影响具有滞后性。另一方面,如果研发生产率随着时间的推移而下降,那么全要素生产率增长下降和研发停滞是可以预料的。

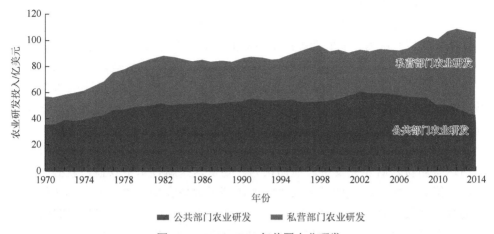

图 1-3 1970~2014 年美国农业研发

资料来源:数据来自美国农业部经济研究局(Economic Research Service,ERS)

关于滞后,农业经济学中有大量文献试图确定研发与生产力之间的时间滞后。研究人员从国家和州的层面寻找研发支出与产量之间的相关性。例如,Baldos 等(2019)采用贝叶斯方法来明确模拟该过程中的不确定性。研究发现,研发对生产率的影响在 20 年左右达到峰值。这与该领域的许多其他文献一致,这些文献往往发现研发的开始与其对生产力的影响之间存在数十年的差距。

就研究生产力下降而言,研发投入的定义是当前研发支出水平除以科研人员的现行工资。当研发强度保持不变时,许多领域研发目标会产生比例递减的增长。因此,农业研发最初增长、然后趋平、最后再次增长的时间路径很可能会产生一条恒定、然后下降、再保持恒定的全要素生产率增长路径。

鉴于研发与其对生产率的影响之间至少存在 20 年的滞后,人们可以预测,在 1980 年农业研发开始停滞之后,农业全要素生产率增长将在至少 20 年内保持稳定。从 2000 年左右开始,农业全要素生产率增长可能会开始下降,因为农业研发停滞不前。对于图 1-3 所示的时期,这实际上符合全要素生产率增长的时间路径(根据美国农业部的测量)。然而,以 InSTEPP 衡量的全要素生产率增长下降似乎出现得太早,不足以说明研究生产力的变化(尽管这肯定会加剧以后几年的下降)。

尽管如此,农业研发本身在很大程度上依赖于其他地方的研发。Clancy 等(2021)衡量了农业专利技术对农业以外的知识的依赖程度,包括农业机械、化肥、农药、兽医、植物品种和植物育种技术。他们通过查看农业技术专利对其他专利和学术期刊的引用比例来衡量这一点。他们还研究了源自其他非农业专利的农业专利文本中新颖技术概念的比例。他们发现，在大多数情况下，农业专利技术中使用的大多数想法并非源自农业研究。

他们研究发现，非农业经济的技术发展可以拓展到农业领域的研究。事实上，Gordon（2017）认为，非农业经济全要素生产率增长的激增是美国经济中技术创新的粗略衡量标准。这种创新始于汽车、道路和电气化，随后是化学技术的革命。在很大程度上，20 世纪农业生产力的故事就是这些经济领域的创新逐渐从城市扩散到美国农村的故事。那时它们通过农业研发适应农业用途，然后在几十年的时间里传播到各个农场。

然而，正如 Pardey 和 Alston（2021）所指出的，农场生产力的变化只有在采用这些创新之后才会发生。他们认为，要从这些新技术中获益，就必须进行经济重组。例如，如果技术不成比例地提高了大型农场的生产力，那么技术带来的全部好处只有在农场整合成大型农场之后才能实现（这是观察到的现象）。此外，正如 Costinot 和 Donaldson（2016）所指出的，更好的基础设施可以让农场在遥远的市场上销售。如果这种情况得以实现，农场可以专门种植具有比较优势的作物，而不是种植多种作物来满足当地市场需求。这个调整也需要一定时间。

1.3.5 结论

至少与持续指数增长的基准相比，美国农业的技术进步确实开始放缓。这从粗略但稳健的衡量标准（如产量随时间的增长）中可见一斑，在纳入投入组合和质量的变化后，结果也同样成立。

此外，虽然本文的重点是美国农业，但农业生产率增长放缓是一个全球现象。美国农业部经济研究局还使用适用于各国的简化方法制作了一个具有国际可比性的全要素生产率数据库①。

正如 Fuglie 等（2021）所指出的，数据显示，全球农业生产力增长率从 2000 年代的平均每年 2% 下降到 2010 年代的每年 1.3%。发展中国家的下降幅度更大。与美国一样，这些下降可能源于技术进步放缓，但也源于气候变化等非技术因素。

此外，远离技术前沿的国家的全要素生产率增长更有可能反映前沿技术和实践的采用，以及新技术向规模效应的过渡，而不是前沿技术进步本身的速度。然而，回顾这些因素超出了本文的范围。

---

① 请参阅 ERS/美国农业部网站了解更多信息：www.ers.usda.gov/data-products/international-agricultural-productivity。

美国在 20 世纪末农业研发停滞不前，这也可能是农业生产力下降的部分原因。然而，从更深层次来看，农业进步放缓很可能是整个非农经济创新放缓的长期反映。

参 考 文 献

Baldos，U.L.C. et al.（2019），"R&D spending, knowledge capital, and agricultural productivity growth: A Bayesian approach"，*American Journal of Agricultural Economics*，Vol. 101/1，pp. 291-310，https://doi.org/10.1093/ajae/aay039.

Bureau，J. and J. Antón.（2022），"Agricultural Total Factor Productivity and the environment: A guide to emerging best practices in measurement"，*OECD Food，Agriculture and Fisheries Papers*，No. 177，OECD Publishing，Paris，https://doi.org/10.1787/6fe2f9e0-en.

Ciliberto，F.，G. Moschini and E.D. Perry.（2019），"Valuing product innovation: Genetically engineered varieties in US corn and soybeans"，*RAND Journal of Economics*，Vol. 50/3，pp. 615-644，https://doi.org/10.1111/1756-2171.12290.

Clancy，M.（2021），"Is technological progress slowing? The case of American agriculture"，24 November，*New Things Under the Sun*，www.newthingsunderthesun.com/pub/0i50ju3x.

Clancy，M. et al.（2021），"The roots of agricultural innovation: Patent evidence of knowledge spillovers"，in *Economics of Research and Innovation in Agriculture*，P. Moser（ed.）University of Chicago Press.

Costinot，A. and D. Donaldson.（2016），"How large are the gains from economic integration? Theory and evidence from U.S. agriculture，1880-1997"，*Working Paper*，No. 22946，National Bureau of Economic Research，Washington，DC，https://doi.org/10.3386/w22946.

Federal Reserve Bank of San Francisco.（2021），"Total Factor Productivity"，webpage，www.frbsf.org/economic-research/indicators-data/total-factor-productivity-tfp（accessed 28 November 2022）.

Fuglie，K.O. et al.（2017），"Research，productivity，and output growth in U.S. Agriculture"，*Journal of Agricultural and Applied Economics*，Vol. 49/4，pp. 514-554，https://doi.org/10.1017/aae.2017.13.

Fuglie，K.，J. Jelliffe，and S. Morgan.（2021），"Slowing productivity reduces growth in global agricultural output"，28 December，*Amber Waves*，www.ers.usda.gov/amber-waves/2021/december/slowingproductivity-reduces-growth-in-global-agricultural-output.

Gordon，R.（2017），*The Rise and Fall of American Growth*，Princeton University Press.

Heisey，P.W. and K.O. Fuglie.（2018），"Agricultural research investment and policy reform in high-income countries"，*Economic Research Report*，No. 249，US Department of Agriculture，Economic Research Service，Washington，DC.

Pardey，P. and J. Alston.（2021），"Unpacking the agricultural black box: The rise and fall of American farm productivity growth"，*The Journal of Economic History*，Vol. 81/1，pp. 114-155，https://doi.org/10.1017/S0022050720000649.

1.4　埃鲁姆定律与生物制药研究生产力下降

杰克·斯坎内尔，爱丁堡大学，英国

1.4.1　引言

伴随着药物化学的成熟和生理科学的发展，1940 年至 1970 年左右是生物医学的"黄金时代"。此后，受多种原因影响，创新水平有所下降。可以说，最重要的是不断积累优秀且廉价的仿制药目录。当药物专利到期时，它们会变得更便宜，但效果却丝毫不减。廉价仿制药目录的不断扩大逐渐提高了同一治疗领域新药的有效性门槛、监管门槛和竞争门槛，削弱了研发的动力。这些治疗领域对"新想法"的投资回报微薄，即使这些想法本身并没有变得更难找到。

目前仿制药目录占美国处方药的90%以上，这导致了研发投资被挤压到了过去一百多年研发不太成功的疾病领域，尤其是那些在药理学上难以治疗或难以在实验室中有效建模的疾病（如晚期阿尔茨海默病、一些转移性实体癌等）。尽管针对这些疾病提出治疗"想法"相对容易，然而缺乏预测性实验室模型和固有的药理学棘手问题，使得从人体试验中获得的"创新率"非常低，很难找到为数不多的有用的想法。

制药行业创新效率下降的事实相对没有争议。Steward 和 Wibberley（1980）在科学杂志《自然》上提出问题："药物创新：是什么在减慢它的速度？"两年后，Weatherall（1982）在同一杂志上发文推测"寻找新药要终结"。到1997年，防治艾滋病的快速进展被誉为回到了20世纪中叶创新黄金时代（Richard and Wurtman，1997；Le Fanu，1999）。自2010年以来，一些研究生产力指标明显上升，其原因稍后考虑，但与之前的下跌相比，这种上升是缓慢的。

下降的原因比下降本身更加难以探究。文献提到了许多可能的原因，但没有充分讨论。广泛认可的生产率"基点"总体上也没能改变下降趋势。研发投入和产出效率趋势的巨大差异也未能得到解释。DNA测序、基因组学、高通量筛选、计算机辅助药物设计、X射线晶体学和计算化学等先进技术在1950年至2010年间被创造并被广泛采用，其中的某些价格也变得更便宜。就DNA测序而言，其效率提升类似于现在著名的摩尔定律所描述的计算机芯片的性能提升。相比之下，每十亿美元的工业研发投资（通货膨胀调整后的）中美国食品药品监督管理局批准的新药数量不到之前的百分之一 [图1-4（a）]。"埃鲁姆定律"这个称

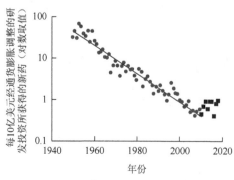

(a) FDA批准的新分子实体和新生物制剂

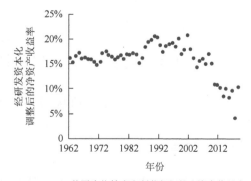

(b) 美国生物技术和制药部门的净资产收益率

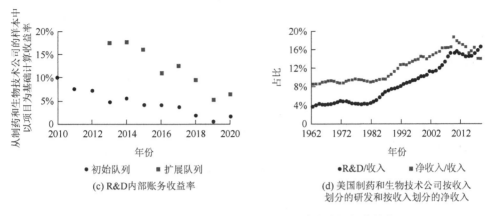

图 1-4　药物和生物技术行业选定的研究生产力指标的趋势

（a）有关数据和方法的详细信息，请参阅 Scannell 等（2012）和 Ringel 等（2020）的研究。（b）根据 Compustat 数据计算得出，该数据几乎全面覆盖了美国药品和生物技术公司。来自不同公司的数据按照价值加权进行汇总。采用标准方法调整会计数据，将研发视为长期资本支出。（c）图中数据来自 Deloitle（2019，2021）。（d）与（b）一样，根据 Compustat 数据计算得出，该数据几乎全面覆盖了美国药品和生物技术公司。来自不同公司的数据按照价值加权进行汇总

资料来源：Grabowski 和 Vernon（1990）、Damodaran（2007）、SSR Health LLC（2014）、Scannell 等（2012、2015）、Deloitte（2021、2019）

呼（Eroom 是 "Moore" 的倒转）是为了引起人们关注投入效率和产出效率的关系（Scannell et al.，2012）。

本书回顾了一些表明生物制药研究生产力下降的数据并总结了一些原因，包括两篇重要论文（Bender and Cortés-Ciriano，2021a，2021b）和一些技术博客文章（Lowe，2021 年 12 月 16 日、2021 年 12 月 9 日、2021 年 11 月 8 日、2021 年 7 月 23 日、2020 年 11 月 30 日、2019 年 9 月 25 日）。这些是人工智能对药物发现的影响的评估，这种影响在短期内可能不大。本文最后对生物制药创新的财务激励措施进行了一些评论。目前，私营部门对新型化学的投资可能受到过度激励。相反，对有助于确定新型化学物质是否可能使病人受益的科学工具的投资可能缺乏激励。

1.4.2　研究生产力下降的多种衡量标准

在分析研究生产力的趋势之前，值得思考的是衡量生物制药研究生产力的实际挑战。

第一个挑战是决定衡量什么。任何生产力衡量标准都是用产出/投入，两者都有很多可选择的指标。例如，产出指标选择可以集中于以下任何一项：制药业利润、批准的新药数量、新药治疗的新患者数量、患者获得的健康生命年数等。投

入指标的选择可以包括每年在研发上花费的金额、涉及的劳动力数量等。生产率衡量还可以考虑全部或部分研发过程（如学术工作、药物化学或抗体创建、实验功效测试或临床试验）。

研究的第二个挑战是找到合适的指标。一些最具吸引力的指标，如药物可以延长的生命时间，实际上无法以任何指标来精准衡量。新药被采用到不断变化的卫生系统中，并且它们在使用中不断优化。药物、诊断、手术和患者管理的其他方面共同作用于延长患者的生命。

数据可以衡量趋势，但是伴随着时间变化，数据的内涵可能产生差异，粗略地把一定时间范围内的数据拼接在一起进行指标分析，可能带来错误。今天美国食品药品监督管理局的药物批准与 20 世纪 60 年代不同，但许多生产力衡量指标都忽略了这一点。

新药的经济和治疗价值存在极度不平均的问题。基于 mRNA 的新冠疫苗让数十亿人恢复了正常生活，产生了数千亿美元的收入，并改变了未来的疫苗创新。但大多数新药的临床收益微乎其微，收入也很少。根据此类偏差数据计算出的平均值和趋势可能会产生误导。

还有幸存者偏差和均值回归的问题。药物研发就像买彩票一样。然而，业绩往往会恢复到行业平均水平。这意味着成功公司的样本的生产率往往会随着时间的推移而下降，即使行业生产率没有下降。

话虽如此，各种指标都显示研究生产力呈下降趋势。图 1-4 显示了多项衡量标准。图 1-4（a）显示了每 10 亿美元研发投入可以获得美国食品药品监督管理局批准的新药（定义为"新分子实体"和"新生物制剂"）数量。1950 年至 2010 年间，这一指标不到之前的百分之一（Scannell et al.，2012）。换句话说，1950 年一美元的实际研发支出对新药生产的贡献约为 2010 年一美元的 100 倍。2010 年左右，下降趋势被打破，并出现小幅上升（Ringel et al.，2020）。然而，药物批准量的增加与使用每种新药的患者数量的下降有关。这是因为在一定程度上人们更加关注罕见疾病（Ringel et al.，2020）。请注意，药品批准的绝对数量并未下降。相反，每种药物的研发支出有所增加。直到 2010 年左右，批准数量每年增加 20～30 个，此后大约增加了一倍。

图 1-4（b）和图 1-4（c）是金融生产力指标。投资者通常对单位利润、单位资本、单位时间感兴趣（Damodaran，2007）。净资产收益（return on equity，ROE）体现了这一思想 [图 1-4（b）]，并且可以根据公共会计数据计算。ROE是年度净利润除以平均年度权益余额。权益是衡量企业占用的所有者资本数量的指标。所有者对长期资产（如工厂和知识产权）的投资越多，权益往往会增加，他们从业务中获得的收益（以股息或股票回购的形式）就越少。与其他行业的计算方法相同，研发密集型行业（如制药行业）的财务分析应考虑多年研

发计划的支出。这样,研发投入就体现在权益余额中①。通过这种处理,制药行业的净资产收益率是其研发投资财务回报的标志。这是因为其利润很大程度上依赖于研发,而且研发投资在净资产中占主导地位。采用这种方法,自 2000 年左右以来,美国上市药品和生物技术公司的 ROE 一直在下降。生物制药的 ROE 目前与其他行业大致相当。

许多研究者采用了另一种财务衡量指标,即研发投资的"内部回报率"(internal rate of return,IRR),该指标来自公共会计数据。将 IRR 视为一系列现金流(在本例中为一系列初始研发投资产生的一系列利润)所赚取的总利率。对于美国大型制药和生物技术公司的样本,IRR 描绘了与 ROE 类似的情况 [图 1-4 (b)](SSR Health LLC,2014;Scannell et al.,2015)。

第三种财务指标不太透明,但更接近单个项目级的研发投资决策的实际情况,它是根据公司自己的内部项目数据而不是其公布的账目计算的 IRR(Grabowski and Vernon,1990)[图 1-4 (c)]。该指标将项目级研发支出与这些项目产生的利润相匹配(对失败项目的成本进行适当的成本分配等)。最近的数据显示(Deloitte,2019,2021),这一研究生产力指标有所下降 [图 1-4 (c)]。

为什么制药和生物技术行业在创新效率大幅下降的情况下 [图 1-4 (a)],却能如此长的时间里拥有良好的财务状况 [图 1-4 (b)]?简单地说,是因为利润的增长抵消了研发成本的上升②。然而,利润的增长并不能无限期地与研发成本的增长保持同步 [图 1-4 (d)],从 2000 年左右开始,研发投资的财务回报率降低。在 20 世纪 60 年代初,该行业的净收入大约是其研发支出的两倍。如今,对于整个行业来说,总的研发支出高于净收入。讽刺的是,在制药创新的"黄金时代",研发投资远不如今天 [图 1-4 (d)]。

其他已发表的分析也表明,使用各种措施的研发生产率下降。其中包括 SSR Health LLC(2014),Barker 和 Scannell(2015)以及 Bloom 等(2020 年)。

① 尽管复制这个分析很容易,并且所需的会计数据广泛可用,但该图尚未在其他地方发布。Damodaran 通常将类似的分析和数据集放在公共领域(Damodaran,2020)。这里有一个重要的技术点在关于制药行业利润和生产率的公共政策辩论中经常被忽视。那就是,如果想要将研发密集型行业(如药品和生物技术行业)的净资产收益率与工业部门进行比较,就需要调整研发资本化的利润和权益平衡(Damodaran,2007,2020;Goncharov et al.,2014,2018)。如果不进行调整,就会高估研发密集型行业的财务绩效。

② 近几十年来,昂贵的药物类别(如癌症药物和罕见疾病药物)在上市药物中所占的比例不断增长。此外,这些昂贵类别的新上市药物的上市价格通常高于前几年上市的同类药物。这种现象——"混合通胀"在很大程度上取代了同类价格通胀(即同种药物的实际价格逐年上涨)。在整个行业层面,同类价格通胀已变得不那么重要。消费者在引发作为治疗替代品的品牌药物之间的价格竞争方面变得更加有效。同类价格通胀本身取代了处方量增长,成为品牌药品收入增长的驱动力。自 20 世纪 80 年代中期以来,专利到期和仿制药替代一直是美国品牌药品销售大幅减少的主要原因。目前,昂贵的品牌药物仅占美国处方药的不到 10%。请注意,这些定价适用于扣除回扣和折扣后的药品价格,并且也以美国品牌药为主。

1.4.3 研究生产力下降的原因

导致生产率下降的原因应该也是导致生产率剧烈变化的原因，主要有两个方面（Scannell et al.，2012）。

医药创新的可能性已经所剩不多。这些机会可能包括尚未治疗的疾病、未被开发的生物学上的反应机制或未探索的化学领域。

生物制药领域也会由于一些原因逐渐放弃更有效的研发方法，转而采用成效较低的研究方法（Horrobin，2003）。例如，在 20 世纪 50 年代和 20 世纪 60 年代，许多患者被视为"实验材料"。这可能非常有成效，但今天会引起恐慌（Le Fanu，1999）。

这些可能的原因是有因果关系的。医药领域创新机会所剩不多，会迫使人们放弃生产力更高的研发方法，而采用生产力较低的方法。考虑一个研发特别成功的治疗领域。成功药物的专利最终到期，仿制药的价格仅为新品牌药物的一小部分，通常是其所替代的品牌药价格的 10%左右。自 20 世纪 80 年代以来，卫生系统在使用更昂贵、更新的受专利保护的药物之前，越来越多地使用这些廉价的仿制药。不断扩大的廉价仿制药目录逐渐提高了同一治疗领域新候选药物的竞争门槛，从而阻碍了研发投资。1994 年，美国大约三分之一的处方药都是仿制药。现在，超过 90%的美国处方药都是仿制药。例如，抗生素的所有发现几乎都是在 1970 年之前。再如，抗抑郁药几乎都是在 20 世纪 90 年代初发现并推出的。仿制药目录的不断完善当然有利于卫生系统，然而它只能针对曾经难处理的疾病，而不是现在亟须研究的疾病。

研究生产力下降的第二个解释是行业逐步放弃了具有更高成效的研发方法（Scannell and Bosley，2016；Scannell et al.，2022）。这里的重要因素是用于测试新的治疗假设和候选药物的模型是否充足。其中包括动物、试管、计算和人工智能模型，甚至是人类受试者。这些都是用于评估新药和治疗机制的工具，以确定它们是否可能对患者有效。

决策理论表明，检测有效候选治疗药物的能力对模型的"预测有效性"极其敏感。如果模型对一组候选治疗药物进行排序的方式与测试患者中所有候选药物所产生的排名相匹配，则模型具有很高的预测有效性。此外，预测有效性通常比简单地测试数十甚至数百倍的候选药物更重要。换句话说，质量比数量更为重要。

药物研发的历史表明，具有高预测有效性的筛查模型和病理模型（如细菌感染的动物模型、高血压的动物模型等）可以正确地识别出对人类有效的药物。当它们的专利到期时，这些药物就成为仿制药，这在一定程度上削弱了疾病领域进一步研发的经济动力。这使得最好的模型在商业上变得多余(Scannell and Bosley,2016;Shih et al.,2018;Scannell et al.,2022),被广泛认为有效的模型反而缺乏实践(如晚期实体癌、阿尔茨海默病等)。

讽刺的是,糟糕的筛查模型和病理模型却在学术和商业用途中应用了数十年(Horvath et al.,2016;Scannell et al.,2022)。这背后有几个可能的原因。第一,可能没有其他明显更好的模型了。第二,可能存在强烈的传统观念和可用性偏差(Veening-Griffioen et al.,2021)。第三,可能无法识别会导致冗余的有用药物(Scannell and Bosley,2016)。第四,正如后面所讨论的,私营部门开发更好的筛查模型和病理模型的激励相对较弱。随着工业相关筛查模型和病理模型的预测有效性逐渐下降,大幅提高效率变得更为困难。

2010 年后药物批准量的上升也可以在筛查模型和病理模型预测有效性的框架内得到解释。现代遗传学方法使得更容易将病理机制与具有共同病理的患者相匹配。人们可以创建或识别具有相对较高预测准确性的筛查和病理模型,通过基因识别出可能患有遗传罕见疾病的群体(Ringel et al.,2020)。现代遗传方法在寻找常见病模型方面作用不大,其中单基因错误在人类病理学中发挥的作用不太重要(Joyner and Paneth,2019)。

研究人员显然没有详尽讨论其他一些重要的资源或机会。例如,出于实际目的,可以生产大量不同的化合物。似乎还有大量尚未开发的药物靶点和治疗机制(Finan et al.,2017;Rodgers et al.,2018;Shih et al.,2018)。

1.4.4 人工智能将在药物发现方面逐渐发挥作用,但不会带来革命性的变化

人工智能技术将助力医药研发活动。它们在某些领域非常重要,特别是在药物化学方面。然而,短期内它们对行业生产率的总体影响可能不大。使用人工智能取得最大进展的领域很少与医药研发的限速步骤相关。与此同时,人工智能解决方案未必可以最大化地提高研发生产力。有关这些观点的更详细、更专业的讨论,请参阅 Bender 和 Cortés-Ciriano(2021a、2021b)以及 Lowe 的一系列博客文章(2021 年 12 月 16 日、2021 年 12 月 9 日、2021 年 11 月 8 日、2021 年 7 月23 日、2020 年 11 月 30 日、2019 年 9 月 25 日)。

事实上,大部分所谓的人工智能都属于更广泛的统计模式识别(以及越来越多的模式生成)领域。然而,如果没有足够的与现实世界问题极为相似的训练数据,任何统计模式识别技术都可能表现不佳。许多尚未得到良好治疗的疾病就是这种情况,但它们对制药业仍然具有商业价值。按照人工智能标准,这些数据很糟糕(Bender and Cortés-Ciriano,2021a,2021b)。例如,大多数已发

表的生物医学文献可能是错误的、不相关的或者两者兼有（Horrobin，2001，2003；Ioannidis，2005；Prinz et al.，2011；Begley and Ellis，2012）。筛查和病理模型难以识别良好的治疗方法和药物，期望突然生成所需的可靠且公正的数据从而训练准确的人工智能算法是不合理的。生成更好的生物数据将有助于利用人工智能（以及各种旧的模式识别方法）。然而，这种方法是昂贵的，也需要时间。

对人工智能的普遍热情也意味着现在有很多活动都打着人工智能的旗号。这包括数十年来在医药研发中发挥重要作用的许多学科，如化学信息学、生物信息学、计算化学、结构生物学和生物统计学（Bender and Cortés-Ciriano，2021a，2021b）。例如，人工智能应用于结构生物学的"蛋白质折叠问题"并不是什么新鲜事，而且已经取得了一些广为人知的实际进展。它反映了"分子生物学和计算机科学之间 70 年的共生关系"（Singh，2020）。计算机科学与基因组学、虚拟药物筛选等之间也存在类似的长期关系。这些长期关系随着研究生产力的大幅下降而重叠 [图 1-4（a）]。

1.4.5　关于药物发现中限速步骤的结论性思考

人们普遍认为有效的筛查模型和病理模型的缺乏限制了药物发现。研究人员还普遍认为，化学方法是生物制药创新最合适、最值得投资的形式，因为它可以受到专利的保护。

随着时间的推移，化学变得越来越容易，部分原因是计算和数据分析方法的贡献。然而，私营部门可能很难通过投资更好的筛查模型和病理模型来获取大部分潜在的经济价值（Scannell and Bosley，2016；Billette de Villemeur and Versaevel，2019）。这些模型就像经济学家所说的"公共产品"，对那些没有投资这些模型的人来说具有大量的知识溢出效应。例如，一旦新模型确定的机制在人类患者的早期试验中得到公开证明，这些信息就可以免费提供给竞争对手。然后，竞争对手公司可以利用该机制，而无须前期的投资。这种情况扭曲了私营部门的投资。例如，癌症候选药物是主流研究中临床失败率最高的药物之一（Shih et al.，2018；Wong et al.，2019）。尽管如此，截至 2018 年，约有 1500 种化合物正在进行人体试验（Moser and Verdin，2018）。它们在体外和动物癌症模型的基础上取得了进展，但几乎所有参与者都认为这些模型是不够的。相对而言，投资化学方法的利润很高。与此同时，用于筛查模型的投资和可能提高成功率的病理模型的投资虽然具有重要意义，但是利润还不够。

参 考 文 献

Barker，R.W. and J.W. Scannell.（2015），"The life sciences translational challenge：The European perspective"，*Therapeutic Innovation & Regulatory Science*，Vol. 49/3，pp. 415-424，https://doi.org/10.1177/2168479014561340.

Begley，C.G. and L.M. Ellis.（2012），"Raise standards for preclinical cancer research"，*Nature*，Vol. 483/7391，pp. 531-533，https://doi.org/10.1038/483531a.

Bender，A. and I. Cortés-Ciriano.（2021a），"Artificial intelligence in drug discovery：What is realistic，what are illusions？Part 1：Ways to make an impact，and why we are not there yet"，*Drug Discovery Today*，Vol. 26/2，pp. 511-524，https://doi.org/10.1016/j.drudis.2020.12.009.

Bender，A. and I. Cortés-Ciriano，I.（2021b），"Artificial intelligence in drug discovery：What is realistic，what are illusions？Part 2：A discussion of chemical and biological data"，*Drug Discovery Today*，Vol. 26/4，pp. 1040-1052，https://doi.org/10.1016/j.drudis.2020.11.037.

Billette de Villemeur，E. and B. Versaevel.（2019），"One lab，two firms，many possibilities：On R&D outsourcing in the biopharmaceutical industry"，*Journal of Health Economics*，Vol. 65，pp. 260-283，https://doi.org/10.1016/j.jhealeco. 2019.01.002.

Bloom，N. et al.（2020），"Are ideas getting harder to find？"*American Economic Review*，Vol. 110/4，pp. 1104-1144，https://doi.org/10.1257/aer.20180338.

Damodaran，A.（2020），"Data: History and Sharing"，webpage，http://pages.stern.nyu.edu/~adamodar/New_Home_Page/datahistory.html（accessed 4 May 2020）.

Damodaran，A.（2007），"Return on Capital（ROC），Return on Invested Capital（ROIC）and Return on Equity（ROE）：Measurement and Implications"，*SSRN*，1105499，https://doi.org/10.2139/ssrn.1105499.

Deloitte.（2019），"Pharma R&D return on investment falls to lowest level in a decade"，Deloitte，London，18 December，Press Release，https://www2.deloitte.com/uk/en/pages/press-releases/articles/pharma-r-n-d-return-on-investment-falls-to-lowest-level-in-a-decade.html.

Deloitte.（2021），*Seeds of Change：Measuring the Return on Pharmaceutical Innovation 2021*，Deloitte Centre for Health Solutions，London，https://www2.deloitte.com/content/dam/Deloitte/us/Documents/deloitte-uk-measuring-the-return-from-pharmaceutical-innovation-2021.pdf.

Finan，C. et al.（2017）"The druggable genome and support for target identification and validation in drug development"，*Science Translational Medicine*，Vol.9/383，https://doi.org/10.1126/scitranslmed.aag1166.

Goncharov，I.，J.C. Mahlich and B.B. Yurtoglu.（2014），"R&D investments，intangible capital and profitability in the pharmaceutical industry"，*Value in Health*，Vol. 17/7，p. A419，https://doi.org/10.1016/j.jval.2014.08.1025.

Goncharov，I.，J.C. Mahlich and B.B. Yurtoglu.（2018），"Accounting profitability and the political process：The case of R&D accounting in the pharmaceutical industry"，*SSRN*，2531467，https://doi.org/10.2139/ssrn.2531467.

Grabowski，H. and J. Vernon.（1990），"A new look at the returns and risks to pharmaceutical R&D"，*Management Science*，Vol. 36/7，pp. 804-821，https://doi.org/10.1287/mnsc.36.7.804.

Horrobin，D.F.（2001），"Realism in drug discovery – could Cassandra be right？"，*Nature Biotechnology*，Vol. 19/12，pp. 1099-1100，https://doi.org/10.1038/nbt1201-1099.

Horrobin，D.F.（2003），"Modern biomedical research：An internally self-consistent universe with little contact with medical reality？"，*Nature Reviews Drug Discovery*，Vol. 2/2，pp. 151-154，https://doi.org/10.1038/nrd1012.

Horvath，P. et al.（2016），"Screening out irrelevant cell-based models of disease"，Nature Reviews Drug Discovery，

Vol.15/11，pp. 751-769，https://doi.org/10.1038/nrd.2016.175.

Ioannidis，J.P.A.（2005），"Why most published research findings are false"，*PLOS Medicine*，Vol. 2/8，p. e124，https://doi.org/10.1371/journal.pmed.0020124.

Joyner，M.J. and N. Paneth.（2019），"Promises，promises，and precision medicine"，*The Journal of Clinical Investigation*，Vol. 129/3，pp. 946-948，https://doi.org/10.1172/JCI126119.

Le Fanu，J.（1999），*The Rise and Fall of Modern Medicine*，Little Brown，Boston.

Lowe，D.（16 December 2021），"AI improvements in chemical calculations"，In the Pipeline blog，www.science.org/content/blog-post/ai-improvements-chemical-calculations.

Lowe，D.（9 December 2021），"Another AI drug announcement"，In the Pipeline blog，www.science.org/content/blog-post/another-ai-drug-announcement.

Lowe，D.（8 November 2021），"AI-generated clinical candidates，so far"，In the Pipeline blog，www.science.org/content/blog-post/ai-generated-clinical-candidates-so-far.

Lowe，D.（23 July 2021），"More protein folding progress-what's it mean？"，In the Pipeline blog，www.science.org/content/blog-post/more-protein-folding-progress-what-s-it-mean.

Lowe，D.（30 November 2020），"Protein folding，2020"，In the Pipeline blog，www.science.org/content/blog-post/protein-folding-2020.

Lowe，D.（25 September 2019），"What's crucial and what isn't"，In the Pipeline blog，www.science.org/content/blog-post/s-crucial-and-isn-t.

Moser，J. and P. Verdin.（2018），"Burgeoning oncology pipeline raises questions about sustainability"，*Nature Reviews Drug Discovery*，Vol. 17/10，pp. 698-699，https://doi.org/10.1038/nrd.2018.165.

Prinz，F.，T. Schlange and K. Asadullah.（2011），"Believe it or not：How much can we rely on published data on potential drug targets？"，*Nature Reviews Drug Discovery*，Vol. 10/9，pp. 712-712，https://doi.org/10.1038/nrd3439-c1.

Richard，J. and M.D. Wurtman.（1997），"What went right：Why is HIV a treatable infection？"，*Nature Medicine*，Vol. 3/7，pp. 714-717，https://doi.org/10.1038/nm0797-714.

Ringel，M.S. et al.（2020），"Breaking Eroom's law"，*Nature Reviews Drug Discovery*，preprint，https://doi.org/10.1038/d41573-020-00059-3.

Rodgers，G. et al.（2018），"Glimmers in illuminating the druggable genome"，*Nature Reviews Drug Discovery*，Vol. 17/5，pp. 301-302，https://doi.org/10.1038/nrd.2017.252.

Scannell，J. et al.（2012），"Diagnosing the decline in pharmaceutical R&D efficiency"，*Nature Reviews Drug Discovery*，Vol. 11/3，pp. 191-200，https://doi.org/10.1038/nrd3681.

Scannell，J. et al.（2022），"Predictive validity in drug discovery：What it is，why it matters and how to improve it"，*Nature Reviews Drug Discovery*，Vol. 21/12，https://doi.org/10.1038/s41573-022-00552-x.

Scannell，J.W. and J. Bosley.（2016），"When quality beats quantity：Decision theory，drug discovery，and the reproducibility crisis"，*PLOS ONE*，Vol. 11/2，pp. e0147215，https://doi.org/10.1371/journal.pone.0147215.

Scannell，J.W.，S. Hinds and R. Evans.（2015），"Financial returns on R&D：Looking back at history，looking forward to adaptive licensing"，Reviews on Recent Clinical Trials，Vol. 10/1，pp. 2-43，https://doi.org/10.2174/1574887110666150430151751.

Shih，H.-P.，X. Zhang and A.M. Aronov.（2018），"Drug discovery effectiveness from the standpoint of therapeutic mechanisms and indications"，*Nature Reviews Drug Discovery*，Vol. 17/1，pp. 19-33，https://doi.org/10.1038/nrd.2017.194.

Singh，J.（2020），"The history of the protein folding problem：A seventy year symbiotic relationship between molecular biology and computer science", 12 June, Medium, https://medium.com/@jaguarsingh/the-history-of-the-protein-folding-problem-a-seventy-year-symbiotic-relationship-between-483afc9f704c.

SSR Health LLC. (2014), "Biopharmaceuticals R&D productivity: Metrics, benchmarks and rankings for the 22 largest (by R&D spending) US-Listed firms", SSR Health LLC.

Steward, F. and G. Wibberley. (1980), "Drug innovation: What's slowing it down?", *Nature*, Vol. 284/5752, pp. 118-120, https://doi.org/10.1038/284118a0.

Veening-Griffioen, D. et al. (2021). "Tradition, not science, is the basis of animal model selection in translational and applied research", ALTEX-Alternatives to Animal Experimentation, https://doi.org/10.14573/altex.2003301.

Weatherall, M. (1982), "An end to the search for new drugs?", *Nature*, Vol. 296/5856, pp. 387-390, https://doi.org/10.1038/296387a0.

Wong, C.H., K.W. Siah and A.W. Lo. (2019), "Estimation of clinical trial success rates and related parameters", *Biostatistics*, Vol. 20/2, pp. 273-286, https://academic.oup.com/biostatistics/article/20/2/273/4817524.

1.5 研究生产力是否有所放缓？来自中国和德国的证据

菲利普·波音，莱布尼茨欧洲经济研究中心，德国
保罗·胡纳蒙德，哥本哈根商学院，丹麦

1.5.1 引言

本文提供了过去几十年中国和德国研究生产力下降的证据。据估计，德国的研究生产力平均每年下降 5.2%，中国的研究生产力每年平均下降 23.8%，相当于分别在 13 年和 3 年内减少一半。结果表明，提高研发生产力的政策措施对于遏制全球生产力持续放缓非常重要。

1.5.2 创新、生产力和支出

与内生增长理论（Romer，1990）所提出的假设相反，研发生产力可能不是恒定的。随着时间的推移，突破性创新可能会变得越来越难以实现。这将导致需要更高水平的研发支出来维持恒定的经济增长率。

图 1-5 描绘了过去 30 年中国和德国的研发总支出和 GDP 增长率。数据显示，尽管研发总支出稳步增长，但 GDP 增速却保持不变甚至下降。美国也出现了类似的趋势（Bloom et al., 2020）。

这一发现与标准内生增长模型中的假设不一致，该模型通常假设研发支出与增长率之间存在一对一的联系。一些经济学家提出，随着时间的推移，研究生产力的下降可以解释这种差异。

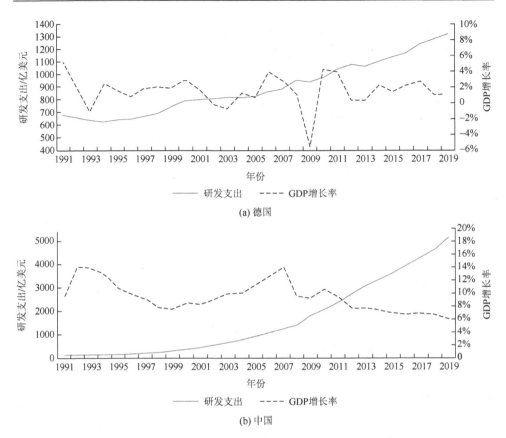

图 1-5　1991～2019 年德国和中国研发投入与 GDP 增长率

国内研发总支出以 2010 年为基准年，按不变价格计算。GDP 增长率以百分比表示

资料来源：经合组织数据，https://data.oecd.org

Cowen（2011）认为，过去两个世纪以来，美国经济受益于科技领域唾手可得的成果。然而这种优势在 20 世纪下半叶开始逐渐消失。Gordon（2016）提出了类似的论点，指出电气化、室内管道、家用电器和机动车辆的兴起等新技术创造了经济增长的驱动力，这种技术推动经济发展的情况在未来几十年很难再复制。Jones（2009）描述了"知识的负担"（burden of knowledge）：由于科学通常是累积性的，处于科学前沿的研究人员必须跟上不断增长的知识体系。这反过来又延长了训练时间，并使科学突破更难实现。

Bloom 等（2020）从行业案例研究和公司层面分析中得出的证据表明，美国的研究生产力随着时间的推移而下降。因此，如果这一结论正确的话，今天的研发活动在给定的支出水平下产生的增长动力比 40 年前要小得多。

在方法论上，除了汇总数据之外，微观数据也同样重要。如果在经济扩张中增加新行业,原则上,在每个行业的支出水平保持不变的情况下,研发总支出可能会增加。如图 1-5 所示的宏观趋势表明研究生产力下降,但是在微观层面研究生产力保持稳定。为了避免出现这种误导性的情况,研究人员需要仔细分析并估计各个部门和公司的研究生产力随时间的变化趋势。Bloom 等(2020)分析了半导体行业、农业、医疗保健和整个美国制造业,他们发现所有这些领域的研究生产力大幅下降。

1.5.3　衡量研究生产力

Boeing 和 Hünermund(2020)根据 Bloom 等(2020)的方法,研究了中国和德国的研究生产力变化情况。他们专注于公司层面的数据和分析,因为这些数据和分析为不同行业提供了最普遍的证据。换句话说,由于微观数据涵盖了大多数行业的企业,所以分析结果可能适用于所有行业,而不仅仅是某个特定行业或技术领域。

作为衡量一段时间内研究生产力变化的起点,该分析使用了以下创意生产函数,这在内生增长文献中是标准的(Romer,1990;Aghion and Howitt,1992):

$$经济增长 = 研究生产力 \times 研究人员数量$$

与 Bloom 等(2020)的方法一致,这种方法通过将经济增长率除以研究人员数量来计算公司层面的研究生产力。他们根据几种常用的产出指标来计算增长率(分子):销售收入、就业水平、市场资本化水平和劳动力生产率(即每个工人的销售收入)。分母中的研究人员数量是用研发支出除以经济体中高技能工人的平均工资来表示的。这种方法的优点是还可以考虑研发过程中的资本支出。

为了消除短期商业周期波动,对十年期间的数据进行平均,并计算连续两个十年内研究生产力的变化。这种方法需要长期详细的公司层面面板数据。对于德国,该分析数据集来源于 1992~2017 年社区创新调查(Peters and Rammer,2013;OECD/Eurostat,2018)中 64 902 家企业。对于中国来说,这涉及 2001 年到 2019 年在上海证券交易所和深圳证券交易所(即中国 A 股市场)上市的 3947 家中国公司。

由于需要对企业进行 20 年的观察,并且数据是每十年的平均值,因此样本量大幅下降(德国为 1121 家,中国为 516 家)。这与 Bloom 等(2020)的原始分析一致。此外,与本文对中国的研究一样,Bloom 和合作者还根据 Compustat 数据分析了美国上市公司的研究生产率趋势。在比较各国的结果时,必须考虑与证券交易所上市公司进行比较,社区创新调查包含更多数量的私营中小企业。

1.5.4　中国和德国的研究生产力趋势

德国的研发支出在调查期间平均每年增长 3.3%。然而,研究活动的扩大并没有伴随着公司层面的类似增长。根据之前讨论的所有公司层面的成果衡量标准，研究生产力每年下降 5.2%，这与 Bloom 等（2020）做的美国经济总体报告的数字非常相似。这些负复合平均增长率意味着研究生产力大约每 13 年就会减少一半。换句话说，研究活动必须每 13 年增加一倍才能支持恒定的经济增长率。

中国研究生产力的下降更为严重。这意味着中国在 2000 年代产生高回报的重大研发活动起初有所增长，随后开始减少。样本中上市公司雇用的研究人员的有效数量在 2001 年至 2019 年间平均每年增加 21.9%。然而，与之相对的是，经济增长率没有按比例增加。测算发现研究生产力每年下降 23.8%。

研究生产力的隐含半衰期约为三年，这意味着研究生产力的迅速下降。然而，如果分析仅限于过去十年（中国开始大规模研发活动时），并以五年为间隔（2010～2014 年和 2015～2019 年）比较增长率，研究生产力仅下降 7.3%。这些数据更接近德国和美国的数据。它们反映了中国从以前的追赶发达经济体的目标转为在多领域探索研究前沿的目标。

图 1-6 绘制了德国和中国的研究人员数量（浅灰色条）和研究生产力（深灰色条）变化的直方图。如果研究生产力不变，那么横轴就为 1，如果研究人员数量不变，对应的横轴也为 1。正如直方图所示，样本中的大多数公司都位于 1 的左侧，这意味着研究生产力随着时间的推移而下降。在过去的 30 年里，许多公司的研究生产力都经历了正增长，尤其是在德国。这种显著的差异与 Bloom 等（2020）发现的美国的情况是一致的。

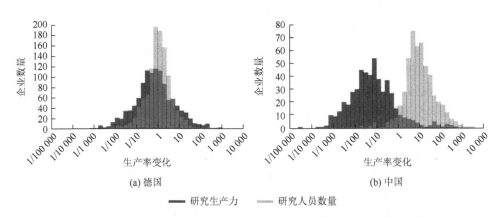

图 1-6　德国（1992～2017 年）和中国（2001～2019 年）企业间研发生产率变化的异质性

除了浅灰色和深灰色色条之外，第三种颜色表示两组数据的重叠

资料来源：Peters 和 Rammer，2013；OECD/Eurostat，2018；作者的统计是基于上海证券交易所和深圳证券交易所的数据进行计算的

1.5.5　讨论

根据上面的分析和 Bloom 等（2020）的文章，可以看到北美、亚洲和欧洲的研发绩效领先国家在过去 20 年中均经历了研究生产力的下降。这说明需要进一步增加全球研发投入，以避免 GDP 增长萎缩。例如，根据中国的"十四五"规划（2021—2025 年），研发总支出预计每年至少增长 7%。这远高于预计每年 5% 的 GDP 增长率，意味着目前的研发占 GDP 的比例（约 2.2%）将进一步增加。2018 年，中国研发支出已占全球研发支出的 24.4%，而美国占 25.6%（按购买力平价计算）[1]。

然而，实际研发投入的增幅可能是有限的。这是因为研究人员供给缺乏弹性往往会增加研发成本（如通过提高科学家的薪资），但不会增加研发活动的数量（Goolsbee，1998）。在过去，中国的教育改革使得大学毕业生数量稳步增长。这使得中国和国外的学生和研究人员数量显著增加。此外，美国也因吸引了外国科学人才而受益匪浅。

然而，工业化国家人口增长的长期放缓，加上国际流动性的冲击（如在 COVID-19 大流行期间）可能会对研究人员的数量造成影响。因此，除了保证新研究人员的数量供给外，政策制定者还必须提高教育和研究质量以及研究资源的优化配置，以减缓（甚至扭转）研究生产力的下降。

本文的方法局限性在于无法区分生产力效应和业务窃取效应对企业增长的影响。也就是说，一家公司的研发和相关的创造性破坏过程可能不仅会影响其自身的生产力，还会影响其竞争对手的市场份额。在这种情况下，产出增长将不是生产力提高的结果，而是以竞争对手的成本为代价。反过来，这将导致对公司层面的研究生产力的高估。尽管这两种效应可能同时发生，但研发的生产力效应在实证分析上优于业务窃取效应（Bloom et al.，2013）。

同样，该方法也没有明确考虑技术溢出效应。由于溢出效应在没有直接研发投资的情况下也会导致生产力增长，因此它们成为衡量研究生产力的分子。因此，如果在观察期间技术溢出效应一直在放缓，那么这可以部分解释随着时间的推移研究生产力的下降。

1.5.6　结论

想法越来越难找到的情况，不仅出现在美国，还出现在德国和中国。尽管由于数据来源不同，这些估计值很难进行比较，但德国和美国的负增长率却非常相似。中国的研究生产力下降幅度更大，但近年来的情况似乎正在向美国和德国靠

---

[1] 请参阅 https://data.oecd.org。

拢。这种趋势与中国创新驱动型增长的转变同时发生。中国的创新驱动型增长已经从模仿阶段转变为对技术前沿的探索阶段。

参 考 文 献

Aghion，P. and P. Howitt.（1992），"A model of growth through creative destruction"，*Econometrica*，Vol. 60/2，pp. 323-351，https://doi.org/10.2307/2951599.

Bloom，N. et al.（2020），"Are ideas getting harder to find？"，*American Economic Review*，Vol. 110/4，pp. 1104-1144，https://doi.org/10.1257/aer.20180338.

Bloom，N.，M. Schankerman and J. Van Reenen.（2013），"Identifying technology spillovers and product market rivalry"，*Econometrica*，Vol. 81/4，pp. 1347-1393，https://doi.org/10.3982/ECTA9466.

Boeing，P. and P. Hünermund.（2020），"A global decline in research productivity？Evidence from China and Germany"，*Economics Letters*，Vol. 197/109646，https://doi.org/10.1016/j.econlet.2020.109646.

Cowen，T.（2011），*The Great Stagnation：How America Ate All the Low-Hanging Fruit of Modern History，Got Sick，and Will（Eventually）Feel Better*，Dutton，New York.

Goolsbee，A.（1998），"Does government R&D policy mainly benefit scientists and engineers？"，*American Economic Review*，Vol. 88，pp. 298-302，www.jstor.org/stable/116937.

Gordon，R.J.（2016），*The Rise and Fall of American Growth：The US Standard of Living Since the Civil War*，Princeton University Press.

Jones，B.F.（2009），"The burden of knowledge and the 'death of the renaissance man'：Is innovation getting harder？"，*The Review of Economic Studies*，Vol. 76/1，pp. 283-317，www.jstor.org/stable/20185091.

OECD/Eurostat.（2018），*Oslo Manual 2018：Guidelines for Collecting，Reporting and Using Data on Innovation*，4th. Edition，The Measurement of Scientific，Technological and Innovation Activities，OECD Publishing，Paris/Eurostat，Luxembourg，https://doi.org/10.1787/9789264304604-en.

Peters，B. and C. Rammer.（2013），"Innovation panel surveys in Germany"，in *Handbook of Innovation Indicators and Measurement*，Gault，F.（ed.），Edward Elgar Publishing，Cheltenham.

Romer，P.M.（1990），"Endogenous technological change"，*Journal of Political Economy*，Vol. 98/5，pp. 71-102，www.jstor.org/stable/2937632.

1.6　研发效率下降：来自日本的证据

宫川努，学习院大学，日本

1.6.1　引言

日本普通民众认为自己的国家是技术最先进的国家之一，他们期待日本能够迅速研制出针对 COVID-19 的疫苗。但实际上未能做到，这一点震惊了日本社会，并因此引发了民众对本国研究和技术进步的质疑。本文在早期研究的基础上，对在 2010 年至 2019 年间日本的研发效率相较于 2000 年至 2009 年间有所下降的两个关键指标进行了分析。

近期的研发活动对生产率增长贡献微弱,是日本经济长期停滞的一个主要原因。尽管日本研发投入占 GDP 的比例已维持在 3%一段时间,但研发效率增长似乎已经放缓。Bloom 等(2020)指出了这个难题的一种可能解决方案。他们认为,美国的研发效率已经下降。Miyagawa 和 Ishikawa(2019)经过研究发现,日本制造业和信息服务业的研发效率也有所下降。

本文使用最新数据,研究了研发效率的两种衡量标准。第一个源自简单的生产函数,其中生产率取决于研发存量。第二个由 Bloom 等(2020)开发,表示为经济生产率增长除以投入研发的劳动力。

这两项指标都表明,2010 年后日本的研发效率较 2000 年至 2009 年间有所下降。这些结果表明日本政府应进一步加大对人力资源和组织变革的投资,这两者与研发相辅相成。

1.6.2　长期停滞与研发效率下降

2008 年全球经济危机后,美国经济生产率增长长期停滞是人们热议的话题。Brynjolfsson 和 McAfee(2014)以及 Aghion 等(2019)相对乐观,他们认为劳动生产率增长缓慢是由于错误衡量了基于新技术的服务质量。Gordon(2016)提出了一个较为悲观的观点,信息与通信技术(information and communications technology,ICT)革命带来的经济生产率加速增长已经结束。在另一种解释中,Bloom 等(2020)认为研发效率的下降产生了一定的影响。

日本认识到研发对经济生产率增长的重要性,20 多年来一直将研发占 GDP 的比例保持在 3%左右。然而,日本经济却长期停滞不前,没有恢复到 20 世纪 80 年代的增长率。Miyagawa 和 Ishikawa(2019)遵循 Bloom 等(2020)的方法,使用 EU KLEMS[①]数据库和日本工业生产力数据库(JIP 数据库)[②]测量了 1995 年至 2015 年 20 年间行业层面的研发效率。他们发现日本的研发效率在此期间有所下降。

1.6.3　衡量研发效率的两种方法

本文考虑了两种衡量研发效率的方法。第一个由 Griliches(1979)提出,它

---

① EU KLEMS 是一个行业水平、增长和生产力研究项目。EU KLEMS 代表欧盟对资本(capital,K)、劳动力(labour,L)、能源(energy,E)、材料(materials,M)和服务(service,S)投入的水平分析。

② JIP 数据库是日本的 KLEMS 类型数据库。作者使用的是 2021 版本,www.rieti.go.jp/en/database/JIP2021/index.html(2022 年 8 月 10 日访问)。

认识到研发支出的积累构成了促进经济生产率的知识储备。假设一个标准生产函数，该方法的研发效率表示如下：

经济生产率增长（全要素生产率增长）= 研发效率（知识存量边际效率）

× 研发强度（研发支出/GDP）（1）

从公式（1）中，使用全要素生产率（TFP）增长和研发强度的时间序列数据，可以检验研发效率的变化。

第二种方法是由 Bloom 等（2020）开发的。在内生增长理论的背景下，这里的经济生产率增长取决于研究人员的数量。然而，Bloom 等（2020）并没有给出实际的人数，而是使用了他们称为"有效研发"的衡量标准。他们通过将研发支出除以研究人员适当的工资率来获得有效的研发。他们这样做是为了解决衡量研究人员总数的问题。因此，根据公式（2），Bloom 等（2020）得出研发效率如下：

研发效率×有效研发 = TFP 增长率　　　　　　　（2）

1.6.4　制造业的研发效率

表 1-1 显示了 20 世纪 90 年代末、2000 年代至 2010 年代日本制造业的研发效率测算变量的变化。从表中可以发现，三个时期的全要素生产率增长有所下降，而研发强度和有效研发有所增加（如上所述，有效研发是通过研发支出除以每小时的劳动报酬来衡量的）。当这些数据使用公式（1）和（2）时，结果都表明研发效率呈下降趋势。

表 1-1　日本制造业 TFP 和研发的变化（1995～2018 年）

	1995～2000 年	2000～2010 年	2010～2018 年
制造业全要素生产率年均增长率	1.96%	1.80%	0.85%
研发强度（研发支出/GDP）	8.54%	10.64%	12.12%
有效研发（2000 年 = 1）	0.98	1.08	1.13

该分析还利用横截面数据检验了研发效率下降的假设。JIP2021 数据库中的制造业由 54 个行业组成，分析将其分为两个时期：2000～2010 年和 2010～2018 年。图 1-7 测量并绘制了按行业划分的 TFP 增长和有效研发。切线斜率表示研发效率的变化。2010 年代的斜率［图 1-7（b）］比 2000 年代的斜率［图 1-7（a）］小，再次表明日本的研发效率下降。

作为这种研发效率方法的主要限制，全要素生产率的增长不仅受到研发活动的影响，还受到人力和组织资本等驱动因素的影响。因此，分析中将专利数量作为研发活动的成果，因为这是比全要素生产率增长更接近研发的指标（Hall et al.，2005）。

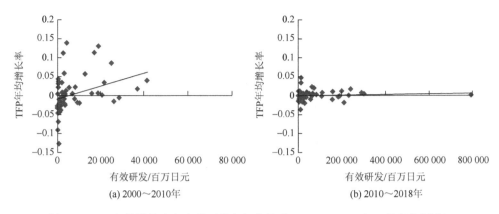

图 1-7　TFP 年均增长率与有效研发之间的关系（2000～2018 年，按行业划分）

资料来源：JIP 数据库（2021 年）

据此，新专利申请量占专利总数的比例可从两个时期来分析：1996～2005 年和 2006～2015 年。JIP 数据库还衡量了行业的有效研发。各时期的研发效率是用各时期的平均专利数除以同期有效研发的平均值得出的。这项研究得出第二个时期的制造业研发效率是第一个时期的 56%。

1.6.5　信息服务业的研发效率

制造业的研发支出占日本全部研发支出的 70% 以上。信息服务业的研发支出在整个服务业（不包括研究和教育行业）中最大。此外，在信息服务领域，软件投资与研发投资有着类似的作用。

根据 JIP 数据库，2000 年至 2017 年，日本信息服务业年均 TFP 增长为负。由于有效研发自 1995 年以来有所增加，信息服务业研发效率出现负增长。造成这种情况的一个可能原因是日本信息服务市场增长缓慢。在英国和美国，信息服务业的 TFP 增长率在 20 世纪 90 年代末为负值，在 2000 年代转为正值。在这种情况下，信息服务公司在信息通信技术革命的早期就积极投资于研发软件。Brynjolfsson 等（2021）提出的技术生产力 J 曲线表明，20 世纪 90 年代末对新技术的投资可能促进了 2000 年至 2019 年间生产力的高增长。

1.6.6　结论

本文使用多种计量方法表明，日本制造业和信息服务业的研发效率有所下降。这与 Bloom 等（2020）指出美国的研发效率下降的观点一致。日本多年来将 GDP 的 3%左右用于研发。然而，这些结果意味着投资规模不足以实现经济生产率的提高。

参 考 文 献

Aghion，P. et al.（2019），"Missing growth from creative destruction"，*The American Economic Review*，Vol. 109/8，pp. 2795-2822，https://doi.org/10.1257/aer.20171745.

Bloom，N. et al.（2020），"Are ideas getting harder to find？"，*The American Economic Review*，Vol. 110/4，pp. 1104-1144，https://doi.org/10.1257/aer.20180338.

Brynjolfsson，E. and A. McAfee.（2014），The Second Machine Age：Work，Progress，and Prosperity in a Time of Brilliant Technologies，W.W. Norton，New York.

Brynjolfsson，E. et al.（2021），"The productivity J-curve: How intangibles complement general-purpose technologies"，*American Economic Journal*：*Macroeconomics*，Vol. 13/1，pp. 333-372，https://doi.org/10.1257/mac.20180386.

Gordon，R.J.（2016），The Rise and Fall of American Growth：The U.S. Standard of Living Since the Civil War，Princeton University Press.

Griliches，Z.（1979），"Issues in assessing the contribution of research and development to productivity growth"，*Bell Journal of Economics*，Vol. 10/1，pp. 92-116，https://doi.org/10.2307/3003321.

Hall，B. et al.（2005），"Market value and patent citations"，*The RAND Journal of Economics*，Vol. 36/1，pp. 16-38，www.jstor.org/stable/1593752.

Miyagawa，T. and T. Ishikawa.（2019），*On the Decline of R&D Efficiency*，RIETI Discussion Paper Series，No. 9-E-052，Research Institute of Economy，Trade and Industry，Tokyo.

1.7　量化科学的"认知程度"以及其如何随着时间和国家的变化而变化

斯塔莎·米洛耶维奇，印第安纳大学，美国

1.7.1　引言

　　本文从科学文献的知识范围而不是从出版物数量的角度来介绍和讨论科学发展的最新趋势。将现有的评估科学出版物认知内容的方法应用于整个 Web of Science 数据库中 1900～2020 年的数据。比较了基于生产力衡量的科学增长动态和基于"认知领域"概念的科学增长动态，发现后者自 2000 年代中期以来一直处于停滞状态。本文还对各个研究领域的增长动态进行了检查，结果表明物理学、天文学和生物学正在扩张，而医学则停滞甚至萎缩。对不同国家的认知程度进行比较发现，虽然中国是 2019 年最大的科学出版物生产国，但其论文在有些研究领域覆盖的认知程度低于许多西欧国家和日本。

　　科学正在衰落吗? 这个看似简单的问题迄今为止还没有明确的答案, 因为它取决于科学的衡量方式。科学指标和衡量标准的发展可以追溯到欧洲经济合作组织 (后来的经合组织) 于 1962 年出版的《弗拉斯卡蒂手册》(Frascati Manual), 目前已是第六版 (2015 年)。

　　这些开创性的努力使人们能够评估科学政策并能够为政策制定提供信息。然而, 它们也强调脱离任何背景的经济投入产出措施, 而不是科学的内容及其产生的背景。因此, 衡量科学进步大多以数量为常用指标, 要么是论文数量, 要么是研究人员数量。

　　对期刊论文数量的关注假定一篇论文代表了知识的"一个单位", 并且所有论文对科学进步都有同等的贡献。为了解决个别论文或作者贡献不均的问题, 在关注数量的同时, 还需辅之以影响指标, 最常见的是基于引用次数的指标。然而, 数量和影响力都不能很好地衡量所产生的知识的广度或深度。要评估知识的广度与深度, 需要将重点转移到出版物的内容上。

1.7.2　测量认知程度

　　文本的使用在科学定量研究中有着悠久的历史, 特别是在绘制科学领域的结构方面。Milojević (2015) 利用期刊文章的标题中包含的信息来量化科学领域的认知程度。该方法是统计方法, 使用自然语言处理从英语标题中提取短语。这些短语是描述特定概念的单词组合, 如研究方法、科学仪器、研究对象及其属性。例如, "扫描隧道显微镜"将被识别为一个短语, "高温超导"也是如此。常规词语, 如"研究"或"观察", 不会被识别为短语。

　　认知程度在任何时候都最容易被视为科学或其不同分支(如广泛的研究领域、专门化、期刊、国家) 所涵盖的知识领域的衡量尺度。为了使测量不受产出量的影响, 并便于对标题长度不等的文章进行比较, 使用始终包含相同数量标题短语的样本 (10 000, 相当于约 3000 篇文章) 来计算认知程度。

　　一旦识别出标题中的短语, 就可以计算出独特短语的数量。如果在 10 000 个标题短语中独特短语数量较少(如 5000 个), 则表明给定的文献中有大量重复。人们可以说这一系列文献涵盖了较小的认知领域。相反, 大量独特的短语(如 8000 个)意味着所检查的文献主体涵盖了更广泛的概念和更大的认知领域。

　　根据研究对象的不同(整个科学成果、特定科学领域等), 这 10 000 个标题短语来自以下两个途径之一。一方面, 它可以来自任何领域的大约 3000 篇随机选择的文章, 只要这些文章都在同一时期 (通常是同一年) 发表即可。另一方面, 它可能仅来自某个预定义领域的文章, 只要它们都在同一时期发表即可。

　　在任何时候, 认知程度测量都是静态的(不是累积的), 因此不受之前状态的影响，每个测量都是独立的。尽管许多特定短语在批次之间发生了变化，但由此产生的多样性程度从一年到下一年都非常稳定。确实，并非所有短语都同样有用或相关。然而，这并不是该方法的显著局限。该衡量标准是在相对意义上应用的：将一个国家与另一个国家进行比较，或者将一个时期与另一个时期进行比较。在应用该方法的每一篇文献中，短语会分布在一定的相关性范围。

Milojević（2015）应用上述措施来跟踪三个研究领域（物理学、天文学和生物医学）的发展。研究发现，虽然三个领域的论文数量在 1900 年（生物医学为 1945 年）到 2010 年间呈指数增长，但它们的认知程度却呈线性增长。此外，该衡量标准还适用于不同规模团队撰写的文献，其中发现认知程度与团队规模之间存在反比关系。这一发现表明，小团队在扩大认知领域方面发挥着特别重要的作用。

为了便于 OECD 在人工智能和科学生产力方面的工作，该方法被应用于涵盖 1900 年至 2020 年的整个 Web of Science 数据库。它涵盖了整个科学以及各个研究领域的文献。它还检查了不同国家产出的研究成果的认知程度。推动这些分析的是这样一个问题："科学（仍）在扩张吗？如果是的话，扩张速度有多快？"

1.7.3　科学产生的知识是否在扩展？

多项研究表明，发表的科学论文数量每 9 至 15 年就会翻一番（Larsen and von Ins，2010；Bornmann and Mutz，2015）。图 1-8 显示了 1900 年至 2020 年 Web of Science 索引的科学产出增长情况。有趣的是，尽管科学产出近似呈指数增长，但增长的速度各不相同。第二次世界大战结束后直到 20 世纪 70 年代中期是增长最快的时期（9 年翻一番）。自那以后，科学产出每 15 年翻一番。

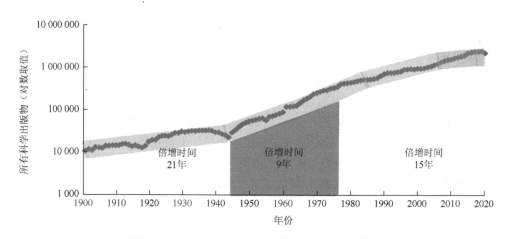

图 1-8　1900 年至 2020 年科学出版物的指数增长

资料来源：作者根据 Web of Science 数据进行的计算，www.webofknowledge.com

虽然科学产出量呈指数级增长，但图 1-9 显示科学的认知领域仅呈线性增长（Milojević，2015；Fortunato et al.，2018）。回想一下，认知程度（图 1-9 中的纵轴）表示为 10 000 个文章标题短语中独特短语的数量。图 1-9 基于与图 1-8 相同的文章，但描绘了一幅不同的画面。认知程度的最快扩展发生在第二次世界大战之后（1945~1951 年），以及苏联发射人造卫星之后（1958~1965 年）。此外，文献产量的持续增长（图 1-8）伴随着科学认知程度的放缓，甚至在某些年份出现停滞。这从 2004 年开始，直到 2020 年结束。

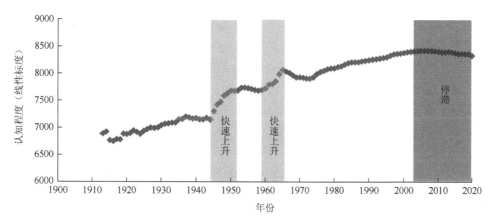

图 1-9　1900 年至 2020 年整个科学领域认知程度的增长

"认知程度"是指 10 000 个文章标题短语中独特短语的数量

资料来源：作者根据 Web of Science 数据进行的计算，www.webofknowledge.com

众所周知，不同的科学领域以不同的速度发展。本文所述的工作表明并非所有领域都停滞不前。物理学、天文学和生物学的认知程度正在扩大，而数学、社会科学、计算机科学和心理学的扩张速度较慢。地球科学、化学、农业和工程似乎停滞不前。与此同时，自 2009 年左右以来，医学领域甚至经历了萎缩。总体而言，基础科学正在扩展，而应用科学却没有。

1.7.4　评估各国之间的差异

1957 年人造卫星发射后，战略性科学政策和科学投资的增加在许多国家政策中变得前所未有的重要。这就是约翰逊（Johnson，1972）所说的一种科学奥运会。图 1-10 显示了 2019 年科学产出和认知程度方面的国家排名列表。中国已超过美国，成为全球科学文献的主要生产国。然而，与法国、德国和美国等现代科学传统更悠久的国家相比，中国的科学产出所涵盖的认知领域仍然较小（提醒：为了计算所有国家的认知程度，本文使用了相同规模的批量出版物 10 000 个短语或大约 3000 篇文章）。

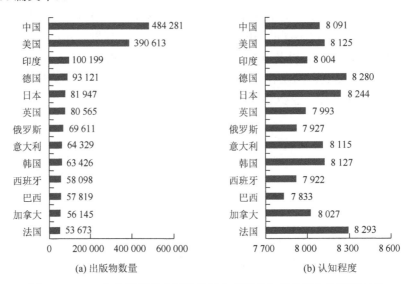

(a) 出版物数量　　　　　　　　　　(b) 认知程度

图 1-10　2019 年根据科学出版物数量和科学认知程度排名的国家名单

资料来源：作者根据 Web of Science 数据进行的计算，www.webofknowledge.com

图 1-11 显示了不同国家（在本例中为美国、欧盟前 15 个成员国和中国）对广泛科学领域的认知程度。它重点关注欧盟 15 国而不是当前的欧盟成员国，以考虑传统上对总体科学投入贡献最大的国家。

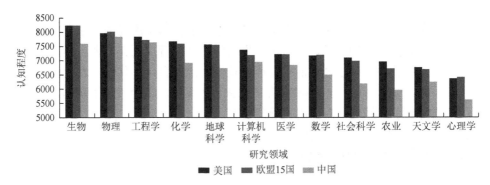

图 1-11　2019 年美国、欧盟 15 国和中国出版物按广泛研究领域划分的认知程度

资料来源：作者根据 Web of Science 数据进行的计算，www.webofknowledge.com/

图 1-11 显示这些国家在覆盖不同研究领域的广泛程度方面似乎遵循不同的策略。就认知程度而言，中国在物理和工程学领域正在接近美国和欧盟 15 国，其次是计算机科学和医学。

然而，中国在心理学、农业和社会科学方面明显落后，本文并不关注为什么会出现这种情况。这些领域的文献主要用各国的语言出版，因此没有包括在研究中。

1.7.5 结论

认知程度是一个有趣且重要的衡量标准，可以添加到其他科学衡量标准中。正如 Milojević 等（2017）所建议的那样："……与其将单篇论文视为对自然界理解的积累，不如将科学视为建造通往天空的梯子。一些出版物在梯子上添加了新的梯级，而另一些出版物则主要增加了梯子的宽度。"

根据这一见解，认知程度可以被视为科学生产力的衡量标准，这一指标不是基于出版物的数量（无论加权如何），而是作为一个指标，显示新阶梯添加到梯子上的速度。增加梯子的宽度对于攀登可能也很重要，但是两者仍然需要区分。

当与其他指标结合使用时，认知程度可以为整个科学及其各个领域的动态提供新的视角。例如，在覆盖范围广、研究人员数量少的领域，我们可能不会期望快速进步。相反，那些领域较小但研究人员众多的领域，更可能有明确界定的研究前沿。这有助于研究人员迅速形成共识并解决悬而未决的问题。

这里的一些结果表明，科学整体可能正在停滞。这种停滞在某种程度上发生在知识边界的扩展方面，而不仅仅是在产出量方面。有些领域可能正在衰退，这种衰退表明一些领域可能更注重使用现有方法解决现有问题而不是采用新颖的方法。这种集中可以使现有问题在短期内得到快速解决。然而，如果能引发进展的新想法出现得更慢，这也可能会使未来的进步变得更缓慢。要给出这些问题的明确答案，还需要更多包括定性和定量方法的研究。

参 考 文 献

Bornmann, L. and R. Mutz. (2015), "Growth rates of modern science: A bibliometric analysis based on the number of publications and cited references", *Journal of the Association for Information Science and Technology*, Vol. 66/11, pp. 2215-2222, https://doi.org/10.1002/asi.23329.

Fortunato, S. et al. (2018), "Science of science", *Science*, Vol. 359/6379, p. eaao0185, https://doi.org/10.1126/science.aao0185.

Johnson, H.G. (1972), "Some economic aspects of science", *Minerva*, Vol. 10/1, pp. 10-18, www.jstor.org/stable/41822128.

Larsen, P.O. and M. von Ins. (2010), "The rate of growth in scientific publication and the decline in coverage provided by Science Citation Index", *Scientometrics*, Vol. 84/3, pp. 575-603, https://doi.org/10.1007/s11192-010-0202-z.

Milojević, S. (2015), "Quantifying the cognitive extent of science", *Journal of Informetrics*, Vol. 9/4, pp. 962-973, https://doi.org/10.1016/j.joi.2015.10.005.

Milojević, S. et al. (2017), "Team composition and the pace of science: An ecological perspective", presented at the LEI-BRICK Workshop, Organization, Economics and Policy of Scientific Research, Turin.

1.8　文献计量学对理解研究生产力有什么贡献？

乔瓦尼·阿布拉莫，国家研究委员会，意大利

西里亚科·安德里亚·德安杰洛，罗马第二大学，意大利

1.8.1　引言

因为缺乏投入数据，衡量学术研究生产力（academic research productivity）是一项艰巨的任务。大多数为解决该问题而提出的文献计量方法都值得怀疑，因为它们基于的假设使得它们无法为政策或管理决策提供支撑。本文介绍了一种替代的文献计量指标，用以衡量研究生产力，该指标避免了一些流行指标所依赖的假设和限制。

在当今的知识经济中，各国政府不断努力提升科学系统的有效性和效率，以强化自身的竞争力和推动社会经济的发展。因此，各国纷纷采取行动，通过选择性资助和择优获取资源来加强公共研究中的竞争机制（Hicks，2012）。例如，在（前）欧盟 28 国成员中，有 16 个国家使用某种形式的"基于绩效的研究经费"（performance-based research funding，PBRF）（Zacharewicz et al.，2019）。PBRF系统通常与国家研究评估活动相关，或多或少地采用评估性文献计量学来衡量研究绩效并对大学和公共研究组织进行排名。

下一部分讨论用于评估研究绩效的文献计量指标。本文提出了迄今为止可以说是最准确的研究绩效文献计量指标。本文提出，要实现精确的测量，政府需要为文献计量学家提供研究机构的输入数据（关于劳动力和资本）。本文还介绍了对学术研究生产力进行的国家层面的纵向分析的初步结果。结果表明随着时间的推移，意大利学者在大多数研究领域和整体上的生产力都在提高。

1.8.2　评价性文献计量学

评价性文献计量学建立在两大信息支柱之上：①在书目库中编入索引的出版物，作为研究成果的衡量标准；②被引用的次数，作为其价值的衡量标准，被称为"学术影响力"。其基本原理是，研究成果要产生影响，就必须被其他人引用，并且每次引用需确实证明其被使用。评价性文献计量学的内在局限性是显而易见的：①出版物不能代表所有产生的知识；②书目目录未涵盖所有出版物[①]；③引用

[①] 一个推论是，评价性文献计量学不应该应用于艺术和人文学科，因为书目库中对这些领域的报道很少（Archambault et al.，2006）。

并不总是真实使用的证明，也不一定反映所有使用情况。

在过去的 20 年里，研究绩效指标及其相关衍生指标数量激增，这让决策者和从业者迷失了方向，他们不能区分各指标的相对优劣。下文将分析这些指标中最受欢迎的类别。

1. 每个研究人员的出版物数量

研究生产力的一个衡量指标就是每个研究人员发表的论文数量。如果假设所有研究使用的资源相同，并且所有论文一旦发表，都会产生相同的影响，那么这将是一个可接受的指标。然而，这些假设都很难成立。

2. 平均标准化引文分数

另一类是"与引用规模无关的指标"，该类指标基于引用与出版物的比率。此类指标最流行的代表是"平均标准化引文分数"（mean normalised citation score，MNCS）。MNCS 衡量个人或机构出版物的（标准化）[①]平均引用次数（Waltman et al.，2011）。在 MNCS 类别中，研究绩效的另一个指标是属于高引用文章（high cited articles，HCAs）前 X% 的出版物比例。

这种"与规模无关"的指标可能是为了解决研究过程投入数据缺乏的问题，特别是研究人员的姓名和隶属关系。虽然相对容易测量，但这两个指标（MNCS 和 HCA）在实际应用中可能都是无效的。假设两所大学的规模、资源和研究领域完全相同。可以问两个简单的问题：

● 第一所大学有 100 篇文章，每篇文章获得 10 次引用（总计 1000 次），第二所大学有 200 篇文章，其中 100 篇文章每篇有 10 次引用，另外 100 篇文章每篇有 5 次引用（共 1500 次）。哪所大学表现更好？

● 第一所大学在 100 篇文章中拥有 10 篇 HCA（占总数的 10%），第二所大学在 200 篇文章中拥有 15 篇 HCA（占总数的 7.5%）。哪所大学更好？

在第一个示例中（使用 MNCS），第二所大学的表现比第一所大学差（第一所大学的平均引用计数高出 25%）。然而，根据常识，第二所大学表现更好，因为使用与第一所大学相同的研究资源，其拥有更高的总引用数。

在第二种情况下，第一所大学表现更好，因为它 HCA 的比率更高。然而，根据常识，第二个表现更好，因为它在相同的研究支出下产生的 HCA 数量比第一所多出 50%。

这类指标违反了一个不言而喻的事实，即如果在同等投入的情况下产出增加，

---

① 引用量标准化为同年同领域所有世界出版物的平均引用量。这样做的目的是避免偏向较旧的出版物，这些出版物会因为有更多的时间被引用而积累更多的引用，或者出版物属于高引用强度的领域。

则不能认为绩效下降了。矛盾的是，如果一个组织（或个人）发表一份额外的出版物，其标准化影响甚至略低于之前的 MNCS 值，那么它的 MNCS 就会恶化。

3. h 指数

另一个著名的绩效指标是 h 指数。正如发起者所言，h 指数是指"一名科学家发表的论文中有 h 篇每篇至少被引 h 次"（Hirsch，2005）。Hirsch 的直观突破是用一个整数来综合衡量科学家已发表作品的数量和影响。

然而，h 指数也有缺点。第一，它忽略了 h 份作品中被引用次数低于 h 的作品和所有被引用次数高于 h 的作品的影响，这往往会造成非常大的影响。第二，它未能对引用进行领域标准化，偏向于引用密集领域的出版物。第三，它没有考虑出版物的寿命，而偏向于较旧的出版物。第四，它也未调整出版物共同作者数量及他们在署名中的顺序。第五，由于不同研究领域的出版物强度不同，直接比较不同领域研究人员的 h 指数可能会得出错误的结论。所提出的每个 h 变体指标都解决了 h 指数的众多缺点之一，但其他缺点尚未解决。因此，没有一个变体可以被认为是完全令人满意的（Iglesias and Pecharromán，2007；Bornmann et al.，2008）。

然而，上述所有绩效指标都有一个共同的问题：它们都注重产出而忽视研究的投入。

1.8.3　展望未来

基于上述指标的研究绩效评估，价值不大。事实上，由于向决策者提供的信息存在扭曲，这些评估可能对做出决策是很危险的[①]。几年前，为了克服这些指标的局限性，作者构思、实施并应用了源自微观经济学生产理论的研究生产力代理指标："分数科学实力"（fractional scientific strength，FSS）（Abramo and D'Angelo，2014）。

简单来说，研究者的 FSS 是在给定时期内研究产出价值与生产该产出所用输入成本的比率。产出由研究者对收录在书目目录中的出版物的贡献组成。基于引用的指标衡量每篇出版物的价值。输入成本包括研究者的工资（劳动力）和用于进行研究的其他资源（资本）[②]。

与上述流行指标不同，FSS 除了考虑输出之外，还考虑了原始数据。然而，评价性文献计量学的所有常见限制也适用于此。第一，出版物并不代表所有产生

---

① 要了解这种扭曲的严重程度，请参阅 Abramo 和 D'Angelo（2018）。
② Abramo 等（2020）解释了实施中嵌入的限制和假设。

的知识。第二，书目库并不涵盖所有出版物。第三，引用并不总是真实使用的证明或所有使用的代表。第四，结果对出版物和教授采用的分类方案很敏感。

由于不同研究领域的出版物数量各不相同，研究人员的生产力需要与同一领域的其他人进行比较[1]。出于同样的原因，总体水平（大学、院系、研究小组、学科或领域）的生产力不能简单地通过单个研究人员（每个大学、院系等）的平均生产力来衡量。需要一个三步程序：衡量某个领域每个研究人员的生产力；通过该领域的平均值对个人的生产力进行标准化（例如，FSS 值为 1.10 意味着研究人员的生产力比平均水平高出 10%）；计算出平均标准化生产力。

由于可以获取在其他国家不易获得的输入数据，FSS 可以应用于意大利学术环境[2]。

此外，作者评估了意大利科学领域所有教授在连续两个时期（2009～2012 年和 2013～2016 年）之间研究生产力的变化。因为缺乏意大利大学以外的公共研究组织以及世界其他地区的大学和公共研究组织的原始数据，所以该分析仅限于意大利教授，并且实验选择四年的观察期有助于确保结果的稳健性。输入数据涉及这两个时期，而输出数据指的是一年后的一个时期。这是因为假设从知识产生到出版平均需要一年的时间。

在意大利学术体系中，教授被归类为在"科学学科领域"（scientific disciplinary sectors，SDS）工作，如实验物理学、物质物理学、分析化学、有机化学等。反过来，SDS 又分为"大学学科领域"（university disciplinary areas，UDA），例如物理学、化学等。分析是仅限于可以应用文献计量学的 UDA（总共 10 个，包含 215 个 SDS）。分析在 SDS 级别进行，然后汇总到 UDA 和总体级别。

从研究投入来看，图 1-12 显示，2009 年至 2016 年间，教授总数减少了 10% 以上。同期，公立大学的整体净收入大幅下降，直到 2013 年之后才略有回升。这意味着每年用于研究的人均资源呈现 U 形走势［图 1-12（b）中的虚线］。

图 1-13 报告了 UDA 与前四年相比后四年期间研究生产力的变化。整体上平均变化为+46.6%，其中土木工程（＋112.8%）、心理学（＋79.5%）以及农业和兽医科学（＋78.4%）领先。平均增幅最低的是生物学（＋21.4%）、物理学（＋22.9%）和化学（＋22.9%）。

在 215 个 SDS 中，只有 12 个 SDS 的生产力有所下降。平均降幅为-7.6%。相反，203 个 SDS 的生产力有所提高（＋49.0%）。

---

① 在意大利，所有学术研究方向都被分在仅有的一个领域中。在并没有进行明确分类的国家，研究领域可能被识别为科学家最频繁发表论文的领域。

② 尽管如此，仍有必要做出一些限制最终结果的假设。Abramo 和 D'Angelo（2014）描述了用于评估意大利研究生产力的数据、FSS 公式和方法。

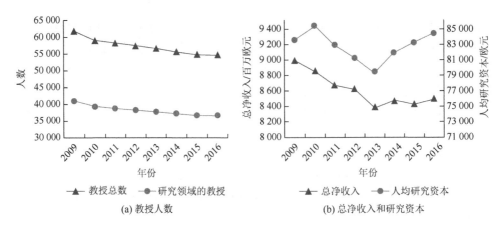

(a) 教授人数　　　　　　　　(b) 总净收入和研究资本

图 1-12　意大利学术系统教授人数以及大学按固定价格计算的总净收入和人均研究资本，
2009～2016 年

2009 年和 2010 年的数据是推断的

资料来源：大学和研究局，http://cercauniversita.cineca.it/php5/docenti/cerca.php（教授人数）；ba.miur.it（总净收入）

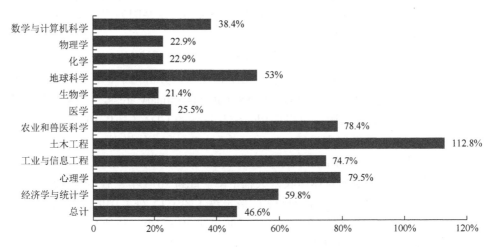

图 1-13　2013～2016 年相比于 2009～2012 年研究生产力的变化（按大学学科）

资料来源：作者根据 Web of Science 意大利出版物阐述的数据整理

1.8.4　结论

文献计量学可以为科学领域学术研究生产力的大规模评估提供信息。然而，大多数国家缺乏原始数据，导致文献计量学家不得不构建指标，这些指标在很大程度上无法作为政策或管理决定的依据。政府和研究机构很可能期望精确可靠的绩效评估来支持决策和政策制定。如果是这样，它们必须尽可能向文献计量学家提供评估所需的数据(即科学家的姓名和隶属关系、研究领域、工资或学术排名、分配的其他资源等)。

在意大利,这些数据在很大程度上是可用的,意大利允许在个人和总体层面上构思和应用研究绩效的产出-投入指标。2009~2012 年和 2013~2016 年两个连续时期之间的跨期分析表明,意大利科学领域的学者整体上以及在大约 95%的研究领域中都提高了研究生产力。

这些广泛和显著的生产力增长背后的原因,可能在于意大利政府在公共研究领域引入的竞争机制,包括选择性资助、择优获取公共资源以及基于绩效的学术机会。特别是意大利政府设立了一个国家机构来评估研究。它在 2013 年 7 月完成了首次全国研究评估练习,并公布了大学绩效排名。最后,以文献计量绩效指标和相关门槛为基础制定了国家教授职称科学评审方案。

所有国家面临的一个关键问题是,在没有研究投入相关数据的情况下,如何进行国家或国际研究生产力评估。在评价性文献计量学中有两种可能的研究路径。最受追捧的经典指标是不断忽略输入数据并试图改进旧的基于产出的指标(或提出新的)。相反,新的范式试图找到识别和解释输入数据的方法。其中,一类研究试图间接追踪机构的研究人员,通过他们的出版物,使用包含每个作者可能的隶属关系的书目目录。

作者目前正在调查研究机构生产力排名的偏差程度。当评估基于通过这种"间接"确定的研究人员时,会导致偏差。这旨在为决策者提供决策信息,以决定是否投资建立国家研究人员数据库,而不是满足于间接方法,间接方法有自己的测量偏差。

参 考 文 献

Abramo,G. and C.A. D'Angelo.(2018),"A comparison of university performance scores and ranks by MNCS and FSS",*Journal of Informetrics*,Vol. 10/4,pp. 889-901,https://arxiv.org/abs/1810.12661.

Abramo,G. and C.A. D'Angelo.(2014),"How do you define and measure research productivity?"*Scientometrics*,Vol. 101/2,pp. 1129-1144,http://doi.org/10.1007/s11192-014-1269-8.

Abramo,G. et al.(2019),"Predicting long-term publication impact through a combination of early citations and journal impact factor",*Journal of Informetrics*,Vol. 13/1,pp. 32-49,https://doi.org/10.1016/j.joi.2018.11.003.

Abramo,G. et al.(2020),"Comparison of research productivity of Italian and Norwegian professors and universities",*Journal of Informetrics*,Vol. 14/2,pp. 101023,https://doi.org/10.1016/j.joi.2020.101023.

Archambault,É. et al.(2006),"Benchmarking scientific output in the social sciences and humanities:The limits of existing databases",*Scientometrics*,Vol. 68/3,pp. 329-342,https://doi.org/10.1007/s11192-006-0115-z.

Bornmann,L. et al.(2008),"Are there better indices for evaluation purposes than the h-index? A comparison of nine different variants of the h-index using data from biomedicine",*Journal of the American Society for Information Science and Technology*,Vol. 59/5,pp. 830-837,https://doi.org/10.1002/asi.20806.

Hicks,D.(2012),"Performance-based university research funding systems",*Research Policy*,Vol. 41/2,pp. 251-261, https://doi.org/10.1016/j.respol.2011.09.007.

Hirsch，J.E.（2005），"An index to quantify an individual's scientific research output"，in *Proceedings of the National Academy of Sciences*，Vol. 102/46，pp. 16569-16572，https://doi.org/10.1073/pnas.0507655102.

Iglesias，J.E. and C. Pecharromán.（2007），"Scaling the h-index for different scientific ISI fields"，*Scientometrics*，Vol. 73/3，pp. 303-320，https://doi.org/10.1007/s11192-007-1805-x.

Waltman，L. et al.（2011），"Towards a new crown indicator：Some theoretical considerations"，*Journal of Informetrics*，Vol. 5/1，pp. 37-47，https://doi.org/10.1016/j.joi.2010.08.001.

Zacharewicz，T. et al.（2019），"Performance-based research funding in EU member states-a comparative assessment"，*Science and Public Policy*，Vol. 46/1，pp. 105-115，https://doi.org/10.1093/scipol/scy041.

2 当今科学中的人工智能

2.1 人工智能如何帮助科学家？一个（非详尽的）概述

艾希克·戈什，劳伦斯伯克利国家实验室，美国

2.1.1 介绍

人工智能（AI）帮助科学家方式的多样性与独创性有时甚至令该领域的专家都感到震惊。AI 已经在科学研究过程的每个阶段都留下了印记：从生成假设到构建数学证明，再到设计和监控实验、收集数据、模拟和快速推理等。一些案例十分吸引人，比如 AI 帮助学者从旧的科学文献中发现新的科学见解，模拟不同的教育教学方法，编写更清晰的科学论文，甚至是研究 AI 本身。本文讨论了 AI 在科学中可以发挥的作用，并着眼于在不久的将来可能产生的影响。文章提到了人工智能想要在科学领域得到更广泛应用所需要克服的一些关键挑战，如因果推断和对于不确定性的处理。

科学家是一个特殊的专业群体，人工智能"夺走他们的工作"的前景，实际上却鼓励了他们。对知识的探索永无止境：人工智能每帮助回答一个问题，科学家们都会对更多的问题产生好奇。一旦有了发现，人们可能会寻求更根本的理解，了解为什么会有这样的发现，可能还想知道如何利用这些新发现的知识来帮助人类。

研究者对看似无关的科学领域之间的联系感到好奇。在过去的一个世纪里，科学变得极其专业化，如何在科学中使用 AI 的研究已经成为一个知识共享和跨学科工作的天然绿洲。例如，为了创建名人超分辨率图像而开发的 AI 工具实际上在材料科学中找到了应用。同时，在自动药物发现中的创新应用已经被发现与 AI 在理论物理中的应用类似。

各个领域之间的技术转移从未如此迅速。这是因为在 AI 应用的视角下，不同领域中看似无关的问题似乎有一个统一的主题（如数据聚类、异常检测、可视化和实验设计，任何科学领域都有共同的特点）。到目前为止，AI 已经在科学研究的不同阶段得到了广泛的应用（图 2-1）。

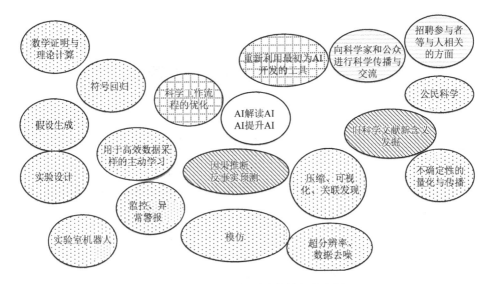

图 2-1　人工智能在科学中的部分应用

散点背景气泡显示的是 AI 直接用于改进科学进展的核心方面；横线背景气泡显示的是 AI 帮助设计研究或将结果传达给同行及公众；网格背景气泡代表着科学收益，这些收益不直接来自 AI，而主要来自为 AI 使用而搭建的软件与硬件基础设施；斜线背景气泡指的是科学中的 AI 前沿；白色背景气泡代表 AI 对 AI 的研究

2.1.2　最典型的 AI 在科学中的应用

1. 监督学习

过去的十年里，人工智能在科学领域最典型的应用是监督学习，即在已经用正确的答案进行标注的数据上训练（用自动算法优化）模型。数据可能是由人工仔细标注的，或者通过模拟预先标注的，AI 可以将对象分类到某些预定义的类别，如从大型强子对撞机收集的大量粒子碰撞数据中识别希格斯玻色子。它还可以对物体的某些属性进行回归，比如从图像中预测粒子在探测器中记录的能量。

一旦人工智能从标注的数据中学习到模式，它就能对尚未知道正确答案的新数据进行预测。例如，在从标注图像中了解到不同的家庭垃圾产品的外观后，人工智能就可以为未进行人工标注的新产品正确地分配垃圾箱（可回收和不可回收）。

2. 异常检测

在"异常检测"中，AI 的目标是识别与 AI 模型所习惯看到的不同类型的新物体。例如，很难有一份详尽的、标注了所有可能异常类型的脑部扫描图像列表。然而，异常检测模型只需要在训练中看到健康大脑的例子，之后就可以在新患者的图像中标记异常。这样的模型不需要已经标注的训练数据。

2.1.3　对可解释性的需求

因为科学要求可解释性，一个只给出正确答案而不提供任何进一步解释的不透明的 AI 模型，其使用价值是有限的。例如，异常检测模型可以在医学图像中突出显示令人担忧的区域，从而引导医学从业人员对这些区域进行进一步的调查。

在基础物理学中，寻找现象的最简单描述是有价值的，通常以简洁、易于理解的公式的形式呈现。深度学习的强大之处在于它可以构建大型的统计模型，通常包括数百万的参数。这些模型本质上是难以解释的（另见本书中休·卡特赖特关于可解释性的文章）。

1. 图神经网络和符号回归

在某些情况下，物理学家找到了一种方法，既可以使用深度学习的强大功能，又可以保留可解释性。其中一种方法是借助图神经网络实现的，可以设计这些网络，使得模型的各个组成部分能够描述特定的物理属性，如两个天体之间的相互作用。

一旦网络从数据中学习了这些关系，符号回归就可以将网络学到的信息提炼成易于理解的公式。这是一种比深度学习弱的技巧，但它可以自动找到简单的公式来描述数据。最近，在 Cranmer 等（2020）的帮助下，符号回归用一个易于理解的公式描述了邻近宇宙结构的质量分布所导致的暗物质浓度。

2. 强化学习

在数学科学领域，对可解释性的需求可能更高。数学家希望能够说："AI，请写出这个定理的完整证明，并记得展示你的每一步工作！"那该怎么做呢？学微积分的高中生都很清楚，对于解决问题来说，一个提示是多么有用。掌握课程中的所有积分技巧是不够的。对于给定的问题，有太多的技巧可以尝试。

要在微积分考试中取得好成绩，关键是要培养一种直觉，即要知道什么策略在什么样的情况下可能会奏效。这种直觉是通过练习来培养的，而对于人工智能来说，这种直觉是通过训练来形成的。研究人员已经开发出相应功能，用以提示在每种情况下最有可能奏效的策略。这种方法已经被用在数学定理证明的过程自动化中。人工智能提出一个证明策略，经典定理证明器去执行这种策略，人工智能和经典定理证明器一起完成数学定理证明任务。

强化学习是人工智能领域令人兴奋的一种应用方式。它最近因掌握了国际象棋、围棋和流行电子游戏的规则，然后战胜了最优秀的人类玩家而备受瞩目。强化学习非常擅长学习具备复杂程序的动作以达到预期目标。

例如，在纽结理论中，许多尚未解决的问题都围绕着两个纽结是否可以被视为等价，以及是否可以通过一系列特定的动作将其中一个转变为另一个。如果答案是肯定的，强化学习通常可以找到从第一个纽结到第二个的确切路径，从而提供清晰的等价证明（Gukov et al.，2020）。尽管这些完全可验证的解决方案很有趣，但它们通常仅限于数学科学领域。

2.1.4　在科学研究中使用 AI 时对不确定性的处理

当涉及信任科学成果的时候，无论是基于记录数据的测量结果还是基于简化假设的复杂模拟结果，科学家都非常关注不确定性。一段时间以来，许多科学家不愿使用人工智能，因为很难量化其结果的不确定性。然而，最近情况发生了变化，因为科学家们发现人工智能可以帮助更准确地量化不确定性。

1. 不确定性感知网络

AI 能够追踪经过漫长科学流程积累的多种不确定性，而传统方法只能跟踪某些关于不确定性的概括性信息。AI 甚至可以帮助减少这些不确定性，使科学家能够进行更有信心的测量。例如，粒子物理学家已经开发了不确定性感知网络。这些 AI 模型在训练时明确地展示了数据测量中的潜在偏差。模型可以自动找到处理每个潜在偏差的最佳方法（Ghosh et al.，2021）。

相同的技术允许天体物理学家从高维望远镜图像（分辨率非常高的原始图像，通常需要应用传统的统计技术进行汇总）跟踪不确定性。例如，可以一直追踪这些不确定性直至统计推断的最后一步，从而从 X 射线望远镜图像中推断出中子星内部物质的性质（Farrell et al.，2022）。

这一过程使得进行全面的最终测量成为可能，同时还能不遗漏中间步骤重要信息。这种端到端的模式越来越受欢迎。量化模型本身的不确定性有一个额外的好处：它可以使数据采集更加有效。例如，医学里有大量数据，但其中只有一小部分是有标注的（因为标注数据需要大量的人力）。人工智能可以帮助找出哪些样本是人类最需要标注的。

2. 主动学习

主动学习模型可以反复要求人们以一种方式标注数据点，以减少数据的整体不确定性。例如，对一幅图像进行标注可以让 AI 学习对类似的图像进行标注的通用模式。在这种情况下，要求对第一幅图像进行人工标注是有价值的，后续类似图像不再需要标注，模型就可以对它们进行准确的预测。

若一个 AI 系统对某种类型的数据更加不确定，则表明目前对这类数据记录的知识较少。因此，投入人力和时间来标记这些不确定的数据，将比花费相同的资源标记人工智能不确定性很小的数据增加更多记录的知识。在药物发现的一个实例中，采用类似方法将所需实验数量从传统算法所需的 20%减少到 2.5%（Kangas et al.，2014）。

2.1.5　超越推理

科学过程有许多阶段——从假设产生、实验设计、监测和模拟一直到出版发表。到目前为止，本文只讨论了 AI 在得出科学研究最终结果中的应用。然而，人工智能有望在科学研究的各个阶段发挥作用。

例如，在药物发现中，当需要尝试许多可能的化学组合时，AI 可以将它们缩小到最有前景的选项上。在理论物理学中，如果研究人员预感到两种数学工具可能具有某种相同的用处，AI 可以帮助确定二者的相关性。这反过来又鼓励数学家投入时间去发现一个缜密的数学联系。科学的另一个关键要素是模拟，而深度学习在这方面产生了巨大的影响。

2.1.6　基于生成式模型的科学模拟

传统上，非结构化数据（如卫星图像、全球天气数据）的处理一直是一个挑战，因为需要开发专门的算法来处理它们。深度学习在处理这类数据以解决特定任务方面取得了惊人的效果。

它通过各种应用进入了流行文化。例如，一个模型使用了一个人的形象，展示这个人 30 年后的样子。另一个例子是，GitHub Copilot 仅根据简单的英语描述代码需要做什么，就能为软件开发人员编写完整的代码块。

能够以深度学习的方式创建新数据的模型被称为"生成式"模型。在科学研究中，此类生成式网络被用来模拟物理系统。有时，它们可以在精度方面超过最先进的传统模拟算法。更常见的是，它们之所以有用，是因为它们消耗的计算资源较少。通过这种方式，它们可以解放科学家，使科学家们不再需要为每一个物理过程创建专门的模拟算法。

具有类似结构的生成式人工智能模型可以学习模拟宇宙的演化、某些生物过程等，使它们成为一种通用工具。在另一个案例中，生成式模型可以从数据中去除噪声或不需要的对象，例如，分离混叠的星系图像（un-blend images of galaxie）。

这类模型的一个十分令人兴奋的特点是它们能够提供"超分辨率"数据，即比原始记录数据具有更高分辨率的数据。例如，在材料科学领域，超分辨率模型可以正确地将成本较低的低分辨率电子显微镜图像增强为原本需要更高成本才能捕获的高分辨率图像（Qian et al.，2020）。诀窍在于让系统以高分辨率查看小区域，并将其与低分辨率下的相同区域进行比较，并学习差异。然后，该系统可以将低分辨率图像中的所有区域——整个视场——转换成高分辨率图像。在生物科学领域，这种方法除了节省资金外，还可以保护一些研究对象。例如，闪烁的高强度光有助于细胞结构成像，但也会损害标本，超分辨率技术可以避免这个问题。

好奇的读者可能会对这些人工智能模拟模型的能力感到惊讶。在给定一些初始条件的情况下，人们是否总能训练出一些模型来模拟未来的某个系统？经典力学表明，这对于混沌系统（chaotic system）来说会变得越来越困难。虽然人工智能并不能神奇地规避这一基本限制，但它可以改进以往的最佳实践。这正是人工智能在气候模拟（或任何其他混沌系统的模拟）中应用的魅力所在。生成式人工智能模型的简单应用可能无法准确预测长期天气模式。然而，Pathak 等（2020）的研究表明，将人工智能与基础物理计算相结合的混合模拟引擎确实可以预测这种模式。

原则上，物理方程可以通过传统算法（由科学家设计的算法，而不是人工智能自动学习的算法）来计算，从而做出准确的预测。然而，从计算资源的角度看，以高分辨率运行这种算法的成本极高。低分辨率版本的算法更便宜，但不准确。然而，研究人员通过用人工智能强化低成本算法的预测，实现了对长时间天气的准确模拟。这种组合比高分辨率的传统算法运行成本低得多。这种技术的关键是使用低成本的求解器在短时间周期内递归地做出预测，用人工智能模型增强预测，然后在下一个短时间周期内进行重复。

将某科学领域的知识与人工智能系统整合是一个普遍的趋势，可以帮助对曾经认为的可能边界进行突破。在上述气候学的例子中，科学家们会将对气候系统如何运作的专业科学领域知识转化为数学模型和物理方程式，这些方程式能够描述和预测气候行为。随着人工智能技术的发展，这些领域知识也可以被集成到 AI 系统中，以增强其在气候建模方面的能力和准确性。未来几年，在天气和气候建模方面，人工智能将带来更多创新，尤其是考虑到气候变化的影响越来越大（如越来越不稳定和极端的天气模式）。

2.1.7　使用 AI 压缩数据

AI 还可以用于数据压缩，即找到用更少属性来概括相同信息的方法。例如，考虑一个包含 256×256 像素圆圈图像的数据集。与其存储每个像素的值，不如只存储圆圈的位置和半径，仍然可以保留所有相关信息。这可以提高数据存储和传输的效率。

　　最近，人工智能也被用于将多维数据压缩为二维（数据被简化为两个属性），以便在屏幕或纸上进行可视化。数据的压缩表示本身可以揭示数据中难以检测的潜在模式。例如，压缩表示可能会显示某些数据点聚集成不同的数据集群，这通常表明每个数据集群具有一些统一的特征。如果科学家们能确定一个聚类的统一特征，他们也可能会注意到聚类中尚未发现该特征的新数据点。这可以帮助科学家找到具有所需特征的项目——从化学物质到材料再到数学群组。例如，这种研究方法在理论粒子物理学中引起了越来越大的兴趣，因为它可以帮助找到描述宇宙的新理论。

　　压缩也有助于产生资源效率更高的算法。AI 可以通过自我优化的方式找到更小的模型，这些模型可以更轻松地部署在高速硬件上，用于大型强子对撞机等对速度要求极高的应用。

2.1.8　深度学习革命对科学的间接效益

　　深度学习的出现也以间接的方式促进了科学的发展。它促进了自动执行微分计算的软件开发，这种软件被称为自动差分（automatic differentiation）软件。它还促进了对高级并行处理硬件［如图形处理器单元（GPU）］和更高效的数据存储技术的需求。这些发展使得科学家们能够用自动微分算法取代旧的优化算法，优化复杂的传统算法，并利用并行编程的强大功能。越来越雄心勃勃的努力也正在出现，即利用新的优化算法进行复杂的实验设计。使用开源的自动微分软件可以减轻科学家维护自己的软件或将它们升级到运行在 GPU 等现代硬件上的负担。

2.1.9　AI 支持下的科学传播

　　除了主要的研究阶段，人工智能在科学研究中还有更广泛的用途。在交流方面，一些人工智能模型已经被开发出来，用于总结研究论文（参见本书中达尼茨以及拜恩和斯图尔穆勒的文章），一些流行的 Twitter 机器人会定期在 Twitter 上发布这些自动生成的摘要。某些人工智能模型可以突出研究论文某些方面，使它更容易或更难理解（Huang, 2018）。例如，模型偏爱早期包含概念图的文章，大概是为了帮助指导读者阅读。

　　最近，研究人员提出了一种基于人工智能的方法，以便更有效地向理论物理学家展示物理学实验结果（Arratia et al., 2022）。通常，有效利用大型实验（如欧洲核子研究中心的实验）的数据需要一支熟悉探测器的物理学家团队。将多个大型实验的结果结合起来需要一支专门的团队，包括每个实验的物理学家。每次需要测试新的理论时，这都不切实际。因此，大型物理实验合作机构会尝试以理论家易于重复使用的方式来展示它们的成果。传统的做法以忽略细节为代价对结果进行了总结。新提出的人工智能方法可以让不熟悉实验的理论家更容易地获取详细的结果，从而探索、组合和重复使用来自多个大型实验合作组织的测量结果，如先进地形激光测高系统（advanced topographic laser altimeter system）、内容管理系统、上底夸克探测器（Large Hadron Collider beauty，LHCb）（来自欧洲核子研究中心）、Belle II（日本），甚至宇宙学观测。这将通过使信息更易于为更广泛的科学界所用，从而增强每个测量结果的影响力。

这些都是人工智能帮助更好地传播科学成果的例子，甚至是向相关领域的专家进行传播。未来，人工智能驱动的虚拟现实或增强现实有望帮助人们更直观地了解和探索从 DNA 的结构到大型强子对撞机粒子碰撞等科学概念。

2.1.10　机器人学

尽管我们当前主要在电子数据的背景下探讨 AI，但 AI 增强型实验室机器人的应用正在增长（参见本书由金、彼得和考特尼撰写的文章）。实验室机器人可以帮助将需要重复的精确任务自动化，如处理试管和细胞培养等，避免人类接触有害的化学物质或辐射。此外，如本书的其他章节所示，日益智能的实验室机器人在实验设计和分析中的作用也越来越大。许多人喜爱火星探测器"好奇号"。未来太空和海洋探索将看到众多基于 AI 的机器人应用。

2.1.11　AI 在科学中的危险和弱点

到目前为止，本文的讨论一直是乐观的。然而，忽视人工智能驱动的研究工具的弱点以及盲目采用则存在潜在危险。

1. 数据驱动的 AI 可能会出错

数据驱动的人工智能模型有时会以不同于传统算法的方式发生故障。例如，在使用深度学习的情况下，一个在实验室里用来处理红色、蓝色和绿色瓶子的机器人可能无法正确地识别黑色瓶子。因此，需要非常严格地验证人工智能模型在不同情况下的行为。目前正在进行一些工作，旨在开发可以完全验证的 AI 模型，并量化其最大失败风险。因此，要使这些模型在实际任务中发挥作用，还需要进行重大创新。

2. 努力减少偏差可能导致进一步的伤害

深度学习模型从训练数据中捕获潜在的规律，包括模拟中的任何偏差。这与在某些类型的历史人类数据上训练的模型能够学习到社会偏见（如性别歧视和针对少数族裔的歧视）类似。解决这个问题的一个常见方法是迫使模型的预测与受保护特征（如种族、性别和年龄）去相关。然而，这种去相关（de-correlation）的尝试实际上可能会导致进一步的意外伤害，特别是在不容易列出所有潜在偏差来源的情况下。

有时候，用科学数据而不是人类数据来展示这些偏见缓解技术的意想不到后果会更容易。例如，Ghosh 和 Nachman（2022）表明在粒子物理学的背景下，去相关技术有时会隐藏偏差，而不是消除它们。在某些情况下，真正的偏差很难或不可能测量，所以物理学家使用代理指标来估计它。例如，当某种理论的确切数学计算无法完成时，他们可能会使用已知的最佳近似技术。为了估计这种技术的潜在偏差，他们还使用一系列替代技术计算近似值，并将结果之间的差异视为不确定性的估计。

在 Ghosh 和 Nachman（2022）所做的这项物理学研究中，在应用了一种可使偏差替代指标最小化的去除偏差方案后，发现模型中的真实偏差甚至更大。这导致最终测量结果的不确定性被大大低估。因此，在试图消除人工智能模型中的偏差之前，最好考虑这种意外后果的可能性。

3. 技术解决方案不能解决所有问题

更普遍地来说，如果同一个指标已经被用于优化该模型，那么用它来评估该模型的表现是否合理，也应该仔细考虑。另外，有时我们更需要政策解决方案，而不是技术解决方案。例如，理论上，AI 模型可以尝试预测哪些学生更有可能在科学、技术、工程和数学研究生涯中获得成功。但是，数据可能受到现有社会偏见的影响。更有效的成功解决方案可能在于改善资源材料的获取、导师指导以及创造内容的工作环境等方面的政策。

4. 需要因果模型来区分因果关系中的相关性

AI 模型只是学习数据中的相关性，而不是其中的因果关系。需要使用因果模型来区分相关性和因果关系。例如，如果一项研究指出，一个人群中的维生素 D 水平与抑郁症相关，那么这是否意味着二者为因果关系，或者它们都只是某个（未知的）潜在问题的症状？

认知科学领域的一项有趣的研究着重于人类与人工智能之间的互动，这展示了人工智能如何有助于揭示因果关系的一种方式。研究人员意识到，他们可以使用 AI 生成在现实生活中难以创造的情境，然后研究其在现实世界的影响。例如，英国的孩子与由人工智能驱动的虚拟教师互动，这位教师先以工人阶级的英国口音讲话，然后以真实教师的不同口音讲话。这使得研究人员能够研究教师口音对不同背景儿童学习的影响。研究这些替代情境的能力有助于建立因果关系。

人们对将概率编程（interfacing probabilistic programming，一种算法，用于计算科学中某些过程的概率性质）与科学模拟器（scientific simulator，如粒子物理模拟器）结合起来以推断因果关系的兴趣也越来越浓厚。这些程序可以运行多种可能解释某些观察到的数据的场景。AI 与因果推理的交叉领域是一个新兴领域，最近已成为一个热门研究课题。这一领域的进展将有助于加速科学进步。

5. 大型 AI 模型既昂贵又对环境有害

目前的趋势是开发耗费大量计算资源的大型 AI 模型。这可能会给预算较小的研究团队带来问题，特别是与大型 AI 公司相比。这些模型还会留下大量碳足迹，对环境有害。

需要创新来提升 AI 模型的资源利用效率。除此之外，政府可能还必须投资于可在全国范围内由研究小组共享的计算资源。美国已经成立了一个特别工作组，来研究国家人工智能研究资源的可行性（NAIRR，2022）。

2.1.12　结论

人工智能加速科学发展的方式正在迅速发展。在某些情况下，人工智能使科学取得的巨大飞跃引起了公众的关注。例如，AlphaFold 模型（一种深度学习解决方案）通过展示从氨基酸序列预测三维蛋白质结构的非凡能力而成为头条新闻。然而，AI 对科学的潜在影响还远未实现。

在当前"人工智能过剩"的情况下，很多创新都有潜力，但还没有足够的时间去探索它们。在过去的十年里，我们见证了许多概念验证创新，但在下一个十年，将人工智能纳入大型科学工作流程将变得非常普遍。在某些情况下，如在大型强子对撞机上，已经建立了自动化工作流程（Simko et al.，2021）。未来可能会看到科学工作的流程使用人工智能进行端到端的优化——从数据收集到最终统计分析。在某些情况下，整个科学过程——从假设的产生到科学结果的交流——也可以完全自动化。

用于科学研究的人工智能创新往往很容易在不同的科学领域之间进行转移，这导致了跨越不同学科的统一方法的出现。在基于模拟的推断中，科学推断依赖于使用精确的模拟器来优化某些测量结果。可微编程使用自动进行微积分计算的软件来优化科学工作流程。这些以及其他诸如异常检测和生成式模型等统一方法重新激发了对跨学科专家的需求。

虽然典型的机器学习模型很难解释，但它对于假设生成、实验监控和精确测量等任务仍然有用。更具解释性的模型对于构建数学证明很有用。生成式模型有助于完成模拟、从数据中删除不需要的特征和提供超分辨率数据等任务。不确定性感知和不确定性量化模型在提供可信、可靠的结果方面非常有用。这些模型还可以通过优化在不确定区域采集数据来帮助高效地采集数据。

滥用人工智能会带来危险，因为这些模型可能会以意想不到的方式失效。因此，AI 专家有必要成为人工智能应用的积极倡导者，同时也要警惕不当应用的不良后果。模型提供更多算法限制，以避免灾难性的故障。例如，控制科学机器的人工智能系统在遇到它在训练中从未经历过的情况时表现异常，就可能发生这种情况。科学的特定需求推动了有趣的人工智能创新，其中一些已经在科学之外找到了用途。与为科学开发的其他技术一样，我们有理由期待人工智能领域越来越多的科学创新最终将以更广泛的方式造福人类。

未来可能会在实验室和其他领域越来越多地使用人工智能驱动的机器人，如收集空间和海洋的科学数据。开发因果推理模型的创新将为医学和社会科学带来巨大的益处。通过加速科学进步，人工智能领域的创新预计将有助于找到解决全球挑战的方案，如清洁能源的产生和储存、改进的气候模型和疾病的治疗。

参 考 文 献

Arratia，M. et al.（2022），"Publishing unbinned differential cross section results"，*Journal of Instrumentation*，Vol. 17，https://iopscience.iop.org/article/10.1088/1748-0221/17/01/P01024.

Cranmer，M. et al.（2020），"Discovering symbolic models from deep learning with inductive biases"，*arXiv*，arXiv：2006.11287 [cs.LG]，arXiv：2006.11287v2.

Farrell，D. et al.（2022），"Deducing neutron star equation of state parameters directly from telescope spectra with uncertainty-aware machine learning"，*arXiv*，arXiv：2209.02817 [astro-ph.HE]，https://arxiv.org/abs/2209.02817.

Ghosh，A. and B. Nachman.（2022），"A cautionary tale of decorrelating theory uncertainties"，*The European Physical Journal C*，Vol. 82/46，https://link.springer.com/article/10.1140/epjc/s10052-022-10012-w.

Ghosh，A.，B. Nachman and D. Whiteson.（2021），"Uncertainty-aware machine learning for high energy physics"，*Physical Review D*，Vol. 104/056206，https://journals.aps.org/prd/abstract/10.1103/PhysRevD.104.056026.

Gukov，S. et al.（2020），"Learning to unknot"，*arXiv*，arXiv：2010.16263 [math.GT]，https://arxiv.org/abs/2010.16263.

Huang，J.-B.（2018），"Deep paper gestalt"，*arXiv*，arXiv：1812.08775 [cs.CV]，https://arxiv.org/abs/1812.08775.

Kangas，J.D.，A.W. Naik and R.F. Murphy.（2014），*BMC Bioinformatics*，Vol. 15/143，"Efficient discovery of responses of proteins to compounds using active learning"，https://bmcbioinformatics.biomedcentral.com/articles/10.1186/1471-2105-15-143.

NAIRR.（2022），"National AI Research Resource（NAIRR）Task Force"，webpage，www.nsf.gov/cise/national-ai.jsp（accessed 23 November 2022）.

Pathak，J. et al.（2020），"Using machine learning to augment coarse-grid computational fluid dynamics simulations"，*arXiv*，arXiv：2010.00072 [physics.comp-ph]，https://arxiv.org/abs/2010.00072.

Qian，Y. et al.（2020），"Effective super-resolution methods for paired electron microscopic images"，*IEEE Transactions on Image Processing*，Vol. 29，pp. 7317-7330，https://ieeexplore.ieee.org/document/9117049.

Simko，T. et al.（2021），"Scalable declarative HEP analysis workflows for containerised compute clouds"，7 May，*Frontiers in Big Data*，https://doi.org/10.3389/fdata.2021.661501.

2.2　人工智能驱动的科学自动化评估框架

罗斯·金和赫克托·泽尼尔，剑桥大学，英国

2.2.1　引言

科学的根本目标是构建模型，以预测现实世界中将会发生什么。这为科学中使用的人工智能系统提供了一个自然的目标函数，优化它们在实验中预测结果的准确性。本文展望了 AI 领导的科学的未来，提出了展示 AI 在科学发现中面临的挑战的路线图，并提出了一个评估科学中 AI 的应用框架。

人工智能应用于科学的传统名称是"发现科学"，可以追溯到 20 世纪 60 年代约书亚·莱德伯格（Joshua Lederberg）的工作（Herzenberg et al.，2008）。莱德伯格获得了诺贝尔生理学或医学奖，但他自学了编程。他对人工智能和如何用逻辑形式化科学非常感兴趣。莱德伯格的 Meta-Dendral 项目是作为维京号火星探测器的一部分设计的（Klein et al.，1976）；由于火星距离地球太远，需要自动化系统在那里进行科学研究，尽管当时的计算机科学和计算机技术还无法胜任这个任务，但这个措施对 AI 产生了重要的影响；埃德·费根鲍姆（Ed A. Feigenbaum）也密切参与了 Meta-Dendral 项目，他因在专家系统方面的工作获得了图灵奖（Feigenbaum，1992）；卡尔·杰拉西（Carl Djerassi）是该项目的主要的化学家，他因研究避孕药而闻名；机器学习先驱布鲁斯·布坎南（Bruce Buchanan）也参与其中。

发现科学发展的另一个亮点是培根（Bacon）系统。其主要推动者是赫伯特·西蒙，他是唯一一个同时获得诺贝尔奖和图灵奖的人。据说培根系统重新发现了诸如开普勒行星运动定律等科学定律（Qin and Simon，1990）。这是有争议的，因为数据实际上是经过清理的，培根系统对这些干净的数据进行了方程式拟合，这与开普勒在现实中必须做的事情截然不同。然而，培根系统仍然是一个重要的且有影响力的项目。

人工智能系统非常适合从事科学研究工作（Kitano，2021）。科学是抽象的，就像国际象棋和围棋一样，AI 系统可以打败最优秀的人类棋手。科学问题的范围也是有限的，这意味着如果一个 AI 系统处理一个科学问题时，它不需要了解蔬菜、政治或其他任何无关的事情，它只需要了解所讨论的科学领域。此外，大自然是诚实的。无论是人类还是机器人做科学实验，现实世界都是值得信赖的；它不会试图欺骗我们关于自然界是如何运作的。这与商业或战争中的 AI 系统有很大不

同，许多商业或战争中的代理都是不诚实的，无论是出于本性还是故意为之。

到目前为止，为科学开发的大部分 AI 都有其局限性（Castelvecchi，2016）。人工智能在科学领域的"黑箱"应用导致人们对其知之甚少。这样的例子不胜枚举，例如，AlphaFold（以及 AlphaFold 2）在蛋白质折叠问题上取得了令人印象深刻的结果；然而，它们并没有揭示蛋白质折叠的底层机制（Pinheiro et al.，2021；David et al.，2022）。目前大多数人工智能对科学的应用只是间接地促进了理解；事实上，领域专家做了至关重要的前期工作（Hedlund and Persson，2022）。这可能会产生负面后果。例如，如果蛋白质折叠的问题被认为得到了解决，那么分子动力学基础科学的经费可能会减少。这个问题进一步加剧了衡量科学进步的难度和争议性（Zenil and King，即将出版）。

2.2.2 人工智能引领科学的未来

将人工智能应用于科学能获得多少知识？这是衡量科学进步的一个重要方面。问题不是发现的速度或如何提高这一速度，而是实际获得了多少知识。这很难知晓，因为没有公认的标准来衡量一项科学发现的原创性或相关性。例如，诺贝尔奖奖励的是科学领域最高水平的贡献，但在评选过程中仍存在偏见和主观性。

在本节中，本文探讨了相关论文似乎没有涉及的问题，特别是将实验室自动化纳入由人工智能主导的闭环实验循环，以及其全部影响。人工智能在科学研究的许多方面都做出了重要贡献。然而，目前很少有将人工智能应用于完成实验循环（King et al.，2018），或在一般意义上从头到尾完全自动化实验循环的例子。

1. 克服瓶颈问题

科学自动化的主要瓶颈之一是对特定领域和一般意义上的知识提取和知识表示问题（Ataeva et al.，2020）。如果存在通用人工智能（artificial general intelligence，AGI），它就可以从所有领域提取和表示知识。尽管 AGI 未来很可能会出现，但它目前尚未出现。

目前，即使是最自动化的系统通常也需要一个假设来验证。换句话说，当今最好的人工智能无法使系统能够定义自己的假设空间和实验设计。确实存在一些由人工智能驱动的实验加速自动化工具，并且已经证明了其有效性（Frueh，2021）。这些封闭系统需要对假设和模型进行语境限制、验证和核查。理想情况下，它们应该能够像人类一样，将意外事件视为灵感和创新的源泉。

有几个团队对"计算偶然发现"进行了研究（Niu and Abbas，2017；Abbas and Niu，2019）。这样的研究可能被证明是重现人类科学实践的关键。它甚至能提高效率（在不同的背景下，负面结果往往会转化为积极的发现）。正如其定义所指出的，要实施科学研究发现的闭合循环方法，重要的是考虑如何实现真正的实验循环。这样的闭环实验系统应该能将单次实验结果合并到知识数据库中，并在实验周期的下一次迭代中考虑它。

人工智能主导的闭环自动化（AI-led closed-looped automation）可以说是科学的未来。换句话说，在未来，机器人科学家（人工智能科学家、自动驾驶实验室或人工智能机器人系统）将自主地进行简单的科学研究。这样的系统具有相关科学领域的背景知识，它以尽可能最好的方式——通过逻辑和概率论——来表达这些知识。

机器人科学家能够自主地对所研究的科学领域进行探索，并形成新的假设。它还可以自主地识别出高效的实验来验证这些假设。然后，它可以对实验室机器人进行控制和编程，以实际执行实验。

该机器人系统可以对这些实验的结果进行检查、分析，并根据实验观察结果调整假设的正确概率。然后，它可以重复这个循环，直到某些资源耗尽或者只有一种理论与背景知识和实验证据相一致。这种机器人系统已经加速了遗传学和药物发现领域的科学发展（King et al.，2018；Frueh，2021）。

2. 打造机器人科学家的动机

建造机器人科学家的动机既有认识论上的，也有技术上的（King et al.，2018）。

认识论上的动机是为了更好地理解科学是如何运作的。如果能够创造出一种能够像人类一样进行科学探索的引擎，那么这将有助于我们理解人类科学实践的运作方式。正如理查德·费曼逝世时在他的黑板上写下的一句话："我不能创造出来的东西，我就无法理解。"

技术上的动机是为了提高科学的效率和质量。机器人科学家可以比人类工作更快、更便宜、更准确、工作时间更长：可以一天 24 小时，一周 7 天不间断地工作（King et al.，2018）。机器人科学家也比人类科学家更容易成倍增加：如果可以制造出一个机器人科学家，那么成千上万甚至数百万个机器人科学家也能迅速地被制造出来。

机器人科学家所创造的科学成果，在质量和可重复性方面，往往被认为超越了人类科学家。对于机器人科学家来说，整个科学周期在语义上是明确的，并且可能是陈述性的（即表达计算的逻辑）。机器人科学家也能比大多数人类科学家更详细地记录实验，这使得实验更有可能在其他实验室重现。

最后，机器人科学家比人类科学家更能抵御流行病。例如，利物浦大学的一位"机器人化学家"因在 COVID-19 大流行期间坚持工作而登上了英国的头条（Burger et al.，2020）。

建造此类机器人系统的雄心勃勃的项目的可行性证据来自 AI 在玩智力游戏

（如象棋、围棋、扑克等）方面的成功，以及此类游戏与科学之间的类比。以国际象棋和围棋为例，从初学者到大师，他们的下棋能力是连续递增的。在人工智能的历史上，人工智能游戏程序重复了这条道路：它们最初表现糟糕，后来能够轻松击败人类世界冠军（Strogatz，2018）。

游戏和科学之间的相似性表明，科学 AI 系统可能遵循与游戏系统相同的轨迹。它们可能会从现有的自主系统能够做到的简单科学形式发展到普通人类科学家能够做到的科学形式，并最终成为科学的"大师"（如牛顿、达尔文、爱因斯坦）。如果人们接受科学领域的能力是连续的，那么随着硬件和人工智能软件的改进和更多数据的出现，人工智能系统在科学领域可能会变得越来越好。事实上，诺贝尔物理学奖得主弗兰克·维尔切克预测 100 年后最优秀的物理学家将是一台机器（Wilczek，2016）。

要想在诺贝尔图灵挑战中取得成功，需要克服巨大的技术挑战。人工智能系统需要具备以下能力：

- 对研究目标做出战略性的选择。
- 形成令人兴奋的、超越限制区域的新颖假设。
- 设计新颖的方案和实验来测试原型实验之外的假设。
- 以人类科学家可以理解的方式识别并描述重大发现。

2.2.3 人工智能在科学发现中的挑战路线图

要开发出能进行诺贝尔奖级别的科学研究的人工智能系统，是否需要解决通用人工智能（general-purpose AI，GPAI）的问题？人们曾经普遍认为，制造能够击败国际象棋世界冠军的机器，就必须解决 GPAI 问题。事实上，这是研究计算机国际象棋的主要动机。GPAI 最终被证明不是必要的，我们有可能制造出在国际象棋/围棋方面达到世界级水平，但在其他方面却毫无智能可言的机器。未来任何能够进行诺贝尔奖级别研究的人工智能系统，肯定都必须比国际象棋/围棋机器更全面、更智能。然而，尚不清楚它们是否需要像 GPAI 那样通用和智能。

完成诺贝尔图灵挑战将对几乎所有事情产生深远的影响。现代社会建立在科学技术的基础之上。发达国家的大多数人现在比过去的国王生活得好：人们有更好的食物、医疗保健、交通等。这一奇迹的实现得益于以科学为基础的更好的技术。诺贝尔图灵挑战的成功将带来几乎无限的科学和技术成果。这些科技力量可以用来造福全世界包括人类和非人类在内的所有生物。

传达科学成果的问题与基于语言的建模有关。未来的里程碑可能包括生成科学论文摘要，或者对整个科学领域进行批判性评价。换言之，人工智能或许能够查明人类在哪些领域存在偏见，或者突出人类尚未探索的领域。如果人工智能能够探索一个完整的假设空间，甚至扩大这个空间本身，那么它可能表明人类只在假设空间的有限区域进行探索，这可能是人类自身的科学偏见所导致的。

可以鼓励对科学领域的探索，这些领域既不是完全受到人类的关注，也不是随机的。相反，它们将由人工智能主导，或者是人工引导和计算机提议结合（如辅助定理证明）。人类选择探索的领域可能是唯一与人类挑战相关的领域。随着时间的推移，人们可能会发现，人类忽视了那些可以产生积极社会影响的领域。

人工智能的推理能力需要能够从生成科学问题的能力转移到能通过任何开放式的科学或专业考试。这种研究也应该能够探索一些正在使用中的算法。这并不需要很深入，但它至少了解广泛的算法类别。统计数据驱动的方法（Kim et al., 2020）主导着当前的人工智能和机器学习领域。因此，模型驱动的方法（Shlezinger et al., 2021）将是更广泛类别的一个小子集。

与许多此类科学领域一样，很多东西仍然是推测性的。然而，多种方法的结合可能有助于实现相关目标。这将包括人机交互类似的方法，但要做得更加明确（Maadi et al., 2021）。一些研究人员还发现，最好的结果可能是人类和 AI 的结合。统计数据驱动的方法，如大多数深度学习领域的方法，可以与基于认知或符号计算的方法相结合（Pisano et al., 2020），这将允许更好地处理因果关系等方面的问题（Zenil et al., 2019）。

1. 科学中的自动化层级

衡量科学进步的加速或减缓是困难的，因为每种情况都可能高度依赖于特定领域和方法。想象一下试图量化一个单一科学领域的研究进展加速的情况，显然，可以有不同的方法来解决这个问题，每个方法都可以找到不同的加速速率。不幸的是，今天还没有一种普遍认可的方法来衡量科学的进步或生产力。

评估人工智能对科学的贡献以及科学向完全自动化的演变，需要确定和推进评估进展的措施。例如，汽车工程师学会制定了一个从零级到五级的分类，用于评估汽车的自主程度。

其中一种方法是考虑汽车需要投入多少人力来导航。级别越高，所需要的人力投入就越少。因此，零级意味着没有自动化：这些都是由人类驾驶员负责驾驶的普通汽车。一级表示驾驶员协助。二级包括自动转向和加速。有人可能会考虑将 GPS 和其他辅助设备视为部分自动化，但这将自动化和人类的努力结合在一起，类似于加速的过程。巡航控制也是如此，它需要人工干预。无论如何，一级和二级之间的自主性意味着辅助加自动化（Badue et al., 2021）。在三级阶段，驾驶的部分责任被转移到人工智能系统。五级是完全自动化（不需要人工干预）。尽管过去十年大肆宣传，但这一目标仍未实现。四级是有条件限制的五级，例如，时间、空间或在某些特殊情况下。

2. 科学中评估 AI 的提议

本文为评估科学领域的人工智能提出了一个类似的方案，因为这也涉及从人类到机器的责任转移。这也是逐步将科学探索的各个方面交给机器，直到人类不再参与其中的过程。任何采纳的分级都必须是有用的、可理解的、可具体衡量的、可行的、相关的和稳健的，换句话说，分级必须简单且不需要不断更新。

该分类方案附带了一个机器和人工智能自动化科学可能遵循的分阶段过程。然而，该框架本身还在不断完善之中。

1）第零级

第零级很简单，因为它表示科学中没有自动化。在计算机出现之前，大多数传统的人类科学都属于这一级。它是由人类大脑主导、驱动和进行的。

2）第一级

在第一级，人类科学家仍然完整地描述了问题，但机器会做一些数据处理或计算。一些评论家将第一级机器辅助技术追溯到 20 世纪初。其他人则将其追溯到 20 世纪 80 年代数据科学的兴起，甚至追溯到 20 世纪 90 年代统计机器学习的出现。也有人认为，第一级的成就可以追溯到 20 世纪 50 年代和 20 世纪 60 年代，当时出现了最早的定理证明器（Harrison et al.，2014）。

3）第二级

第二级将意味着科研全过程中的一个重要方面是完全自动化的。例如，可以是模拟或提取知识，或测试命题。这意味着整个实验周期的一些最重要的方面仍然需要人工，但至少有一条路径是完全自动化的。例如，一些人工智能系统能够读取数据库，并将其输入另一个机器系统。

4）第三级

第三级意味着人工智能能够进行模型选择和生成（Hecht，2018）。这相当于拥有一个具备一定自主性的知识系统，它有一定的代理能力，它可以接收一组假设，然后跟踪结果。例如，科学家可以向系统提供一系列问题和数据，然后人工智能将它们匹配起来，提供解决方案。在这种情况下，人类科学家仍然给予人工智能假设和解决方案的空间。

在这种情况下，定理证明器可能属于第三级，在某些方面相当先进。尽管如此，今天的定理证明器也是有局限性的，因为它们不会随着时间的推移而学习；它们是确定性的。换句话说，除非人类在定理数据库中添加新的知识，否则它们每次都要从头开始。在一些系统中，这可能已经实现了自动化，但仍需要一定程度的人工管理。

5）第四级

第四级 AI 进行科研的过程将会形成一个"闭环"，AI 能够生成和探索假设空间。然而，至少一个方面的探索周期还不能完全自动化：人类仍然需要为 AI 系统提供所有需要的初始信息和数据。例如，具备四级特性的高级定理证明器。在最初的分析周期之后，即便没有新的数据输入，也可以继续探索假设空间，生成新的定理，而无须人为干预。

6）第五级

第五级相当于完全自动化，涵盖了所有的发现层面，并且无须人工干预。一个在第五级水平运行的自动化系统，如果不是优于人类科学家的话，至少也相当于人类科学家。这种类型的系统不需要任何人工输入。以下是说明各个级别的示例。

3. 自动化状态

一级可能是当今的技术水平，有一两个过程交给机器处理，比如数据科学、数据分析等。例如，开普勒太空望远镜就能产生大量的数据，需要使用计算机来分析提取数据中蕴含的所有关于系外行星的信息。鉴于数据量巨大且信号微弱，如果没有计算机，可能无法取得任何成果。

机器学习可以归至二级。基于动态系统的天气预报就是一个很好的例子，它非常依赖于物理学驱动（Chowdhury and Subramani，2020）和模型驱动的方法。在天气预报中，物理模型需要很少的人工干预，因为这些天气传感器几乎实时地发出信息。除了模型创建之外，几乎整个过程都是自动化的。模型已经确定并且是人类设计的。人类生成一个模型并加以实施，然后让系统进行模拟并获取数据，几乎所有这一切都是实时发生的。

AlphaFold 2 的级别是第一级、第二级还是第三级，这是一个开放性问题。第三级似乎不太合适，因为它更像是自动机器学习（He et al.，2021），即尝试选择最符合观察结果的模型。自动机器学习还处于开发的早期阶段，而且可能是特定领域的。作者认为，科学领域的能力正在向第三级发展，人工智能可以为数据选择最佳模型。

只有机器人科学家可以说已经达到了第四级。这是科学，特别是实验科学，能够得到极大加速的阶段。对于这类机器，除了提供消耗品之外，几乎不涉及任何人为干预。

在 2020 年由艾伦·图灵研究所举办的首届诺贝尔图灵挑战研讨会上，与会者估计，第二级和三级系统将在未来五年内得到广泛采用。他们认为，第四级系统可能在未来 10 年到 15 年内得到广泛的应用，第五级系统可能在未来 20 年到 30 年得到广泛的应用。事实上，最近一项全自动实验首次对文献论文的系统研究可重复性进行了测试（Roper et al.，2022 年）。这表明更高级别的系统（四或五）正在成为可能。如果这里引用的专家的估计大体上是正确的，那么科学很快就会发生变革。

2.2.4　结论

本文认为，科学的未来在于以人工智能为主导的闭环自动化系统。这些系统能够自主运行整个科学研究过程，从假设生成到实验验证和结果的重新解释，不断迭代。这些系统可以模仿人类的科学研究过程，但工作速度更快，更精确。它们将更少受到偏见的影响，能够开辟更广阔的科学发现领域。为实现这一目标，需要根据人类科学家要求的投入和执行的数量和质量，在自动化水平框架内，明确界定关键绩效指标。人类科学家将决定如何与 AI 科学家合作，以及 AI 有多少自由来定义自己的问题和解决方案。

参 考 文 献

Abbas，F. and X. Niu.（2019），"Computational serendipitous recommender system frameworks: A literature survey"，in *2019 IEEE/ACS 16th International Conference on Computer Systems and Applications （AICCSA）*, pp. 1-8, https://ieeexplore.ieee.org/abstract/document/9035339.

Ataeva，O. et al.（2020），"Ontological approach: Knowledge representation and knowledge extraction"，*Lobachevskii Journal of Mathematics*，Vol. 41/10，pp. 1938-1948, www.azooov.ru/index.php/ljm/issue/view/81.

Badue，C. et al.（2021），"Self-driving cars: A survey"，*Expert Systems with Applications*，Vol. 165/113816, https://doi.org/10.1016/j.eswa.2020.113816.

Burger，B. et al.（2020），"A mobile robotic chemist"，*Nature*，Vol. 583，pp. 224-237, https://doi.org/10.1038/s41586-020-2442-2.

Castelvecchi，D.（2016），"Can we open the black box of AI？"，*Nature News*，5 October，Vol. 538/7623, www.nature.com/news/can-we-open-the-black-box-of-ai-1.20731.

Chowdhury. R. and D.N. Subramani.（2020），"Physics-driven machine learning for time-optimal path planning in stochastic dynamic flows"，in *International Conference on Dynamic Data Driven Application Systems*，pp. 293-301，https://dl.acm.org/doi/abs/10.1007/978-3-030-61725-7_34.

David，S. et al.（2022），"The AlphaFold database of protein structures: A biologist's guide"，*Journal of Molecular Biology*，Vol. 434/2，p. 167336, https://doi.org/10.1016/j.jmb.2021.167336.

Feigenbaum，E.A.（1992），"A personal view of expert systems: Looking back and looking ahead"，Knowledge Systems Laboratory，Department of Computer Science，Stanford，https://stacks.stanford.edu/file/druid:dp864rk0005/dp864rk0005.pdf.

Frueh，A.（2021），"Inventorship in the age of artificial intelligence"，*SSRN*, https://dx.doi.org/10.2139/ssrn.3664637.

Harrison，J.，J. Urban and F. Wiedijk.（2014），"History of interactive theorem proving"，*Computational Logic*，Vol. 9，pp. 135-214, www.cl.cam.ac.uk/~jrh13/papers/joerg.pdf.

He，X. et al.（2021），"Automl: A survey of the state-of-the-art"，*arXiv*，arXiv: 1908.00709 [cs.LG], https://doi.org/10.1016/j.knosys.2020.106622.

Hecht，J.（2018），"Lidar for self-driving cars"，*Optics and Photonics News*，Vol. 29/1，pp. 26-33, https://doi.org/10.1364/OPN.29.1.000026.

Hedlund，M. and E. Persson.（2022），"Expert responsibility in AI development"，*AI and Society*，https://doi.org/10.1007/s00146-022-01498-9.

Herzenberg，L.，T. Rindfleisch and L. Herzenberget.（2008），*The Stanford Years*（1958-1978），*Annual Review of Genetics*，Vol. 42，pp. 19-25，https://doi.org/10.1146/annurev.genet.072408.095841.

Kim，Y. and M. Chung.（2019）．"An approach to hyperparameter optimization for the objective function in machine learning"，*Electronics*，Vol. 8/11，pp. 1267-2019，http://dx.doi.org/10.3390/electronics8111267.

Kim，H. et al.（2020），"Artificial intelligence in drug discovery：A comprehensive review of data-driven and machine learning approaches"，*Biotechnology and Bioprocess Engineering*，Vol. 25/6，pp. 895-930，https://doi.org/10.1007/s12257-020-0049-y.

King，R.D. et al.（2018），"Automating sciences：Philosophical and social dimensions"，*IEEE Technology and Society Magazine*，Vol. 37/1，pp. 40-46，http://doi.org/10.1109/MTS.2018.2795097.

Kitano，H.（2021），"Nobel Turing Challenge：Creating the engine for scientific discovery"，*NPJ Systems Biology and Applications*，Vol. 7/1，pp. 1-12，https://doi.org/10.1038/s41540-021-00189-3.

Klein，H.P. et al.（1976），"The Viking mission search for life on Mars"，*Nature*，Vol. 262/5563，pp. 24-27，https://doi.org/10.1038/262024a0.

Maadi，M. et al.（2021），"A review on human–AI interaction in machine learning and insights for medical applications"，*International Journal of Environmental Research and Public Health*，Vol. 18/4，https://doi.org/10.3390/ijerph18042121.

Niu，X. and F. Abbas.（2017），"A framework for computational serendipity"，in *Adjunct Publication of the 25th Conference* on *User Modeling，Adaptation and Personalization*，Association for Computing Machinery，New York，pp. 360-363，https://doi.org/10.1145/3099023.3099097.

Pisano，G. et al.（2020），"Neuro-symbolic computation for XAI：Towards a unified model"，in *WOA*，Vol. 1613，pp. 101-117，https://ceur-ws.org/Vol-2706/paper18.pdf.

Pinheiro，F. et al.（2021），"AlphaFold and the amyloid landscape"，*Journal of Molecular Biology*，Vol. 433/20，pp. 167059，https://doi.org/10.1016/j.jmb.2021.167059.

Qin，Y. and H.A. Simon.（1990），"Laboratory replication of scientific discovery processes"，*Cognitive Science*，Vol. 14/2，pp. 281-312，https://doi.org/10.1016/0364-0213（90）90005-H.

Roper，K. et al.（2022），"Testing the reproducibility and robustness of the cancer biology literature by robot，"*Royal Society Interface*，Vol. 19/189，http://dx.doi.org/10.1098/rsif.2021.0821.

Shlezinger，N. et al.（2021），"Model-based deep learning：Key approaches and design guidelines" in *2021 IEEE Data Science and Learning Workshop（DSLW）*，pp. 1-6，https://arxiv.org/pdf/2012.08405.pdf.

Strogatz，S.（2018），"One giant step for a chess-playing machine"．26 December，*New York Times*，pp. 1-6，www.nytimes.com/2018/12/26/science/chess-artificial-intelligence.html.

Wilczek，F.（2016），"Physics in 100 years"，*Physics Today*，Vol. 69/4，pp. 32-39，https://doi.org/10.1063/PT.3.3137.

Zenil，H. and R. King（forthcoming），"The far future of AI in scientific discovery"，in *AI For Science*，Choudhary F. and T. Hey（eds.），World Scientific Publishing Company/Imperial College Press.

Zenil，H. et al.（2019），"Causal deconvolution by algorithmic generative models"，*Nature Machine Intelligence*，Vol. 1/1，pp. 58-66，https://doi.org/10.1038/s42256-018-0005-0.

2.3 使用机器学习来验证科学声明

露西・王，华盛顿大学，美国

2.3.1 引言

科学声明的验证——也称为科学事实核查——是机器学习和自然语言处理的一个重要应用领域。本文探讨了机器学习系统在科学声明验证方面的现状和局限性。首先介绍了这一任务的背景和动机，然后概述了技术进展和未来方向。

由于 COVID-19 大流行期间，大量错误信息在网络上传播，而且还涉及气候变化等敏感话题，人们对科学声明验证的自动化方法的紧迫性有了新的认识。的确，在 COVID-19 大流行期间，有报告称文献和早期预印本中的发现相互矛盾，但随后又被推翻。此外，新闻和社交媒体组织也热衷于高调撤稿（Abritis et al.，2020）。

为了打击虚假信息，Twitter、Facebook 和其他平台进行人工和自动事实核查。这些公司可能会雇佣事实核查人员团队来搜索和验证不确定的声明。同时，它们部署机器学习模型来识别值得检查的声明、检索相关证据，并预测事实的准确性和成功程度（Guo et al.，2022）。

人工事实核查既费力又耗费资源，而且很难适应社交媒体上日益增长的内容规模。科学在产出方面也面临着类似的快速增长。每天在诸如 COVID-19 和气候变化等备受瞩目且存在争议的领域就有数百篇论文发表。

此外，科学声明对事实核查提出了一系列独特的挑战。这是因为科学术语的专业性很强，需要特定领域的知识，而且科学发现本身也存在不确定性。换句话说，一项发现要成为科学公理，需要经过理论、实验、验证和重复等一系列漫长的过程。确实，一些主张可能因为影响规模较小或在人群层面上难以获取测量数据而持续存在争议。尽管如此，基于机器学习的自动声明验证的方法仍然是有益且有价值的。它们有助于减少人力事实核查人员的工作量，并提高事实核查系统的覆盖范围。

近年来，由于自然语言处理方法的进步，自动化科学声明验证取得了重大进展。这包括引入预训练语言模型，以及通过发布新的数据集、模型和应用程序来支持科学声明验证研究的特定任务上的进步。虽然结果令人振奋，但仍然存在几个关键挑战。

（1）科学论述本身并不容易得到验证。

（2）适用于新闻或政治领域的声明验证方法可能不适用于科学领域。

（3）用于科学声明验证的研究系统尚未有在实际中解决这方面问题的先例。

（4）科学领域自动化声明验证的社会影响尚不明确（即将事实核查方法应用于社交媒体和其他地方的科学讨论时，期望达到何种结果？）。

很少有自动科学声明验证的研究深入探讨这种自动化的社会问题或后果。这些模型是用来辅助或取代人工事实核查的吗？还是旨在提高科学素养和普通民众参与科学讨论的能力？我们预计，服务于这两个目标的模型的输出结果会大不相同。

同样，如何将声明验证模型的输出与人类事实核查者的决定整合起来，还有很多问题有待解决。鉴于当前自动化科学声明验证系统的技术状态和局限性，将重点放在模型进展上是合理的。然而，随着模型性能的提高和原型系统的部署，必须考虑这些发展的潜在社会影响。

2.3.2　背景

科学声明的验证工作始于一个声明。该声明应是对某个实体或过程的陈述，并且必须是可验证的——它不应该是一个观点陈述。此外，一些定义要求声明是原子式的（关于实体或过程的单一方面），脱离语境的（能够在没有其他上下文的情况下理解）并且可检查的（为目标受众确认其真实性）（Wadden et al.，2020）。

给定一个有效的声明，目标是预测它的真实性。该声明是否有证据的支持或反驳？是否没有足够的信息进行预测？该模型的预测被称为"真实性标签"。

在很多情况下，这项任务还需要从可信赖的来源中识别出证据来支持真实性标签。支持或反驳预测的文件被称为"证据文件"。可以根据需要从证据文件中选择特定的文本段落来支持或反驳决策，这些文本段落被称为"理由"。图 2-2 从一组科学文件中识别出声明及其相关证据，并显示了这些组成部分之间的相互关系。

预训练的语境语言模型是许多最先进的自然语言理解系统的基础，声明验证作为一项任务也不例外。这些语言模型以自我监督的方式对大量未标记的文本进行预训练，从而使模型表示能够捕获词语之间的含义和关系。然后，这些模型会适应各种下游任务，一般是对特定任务的小型标记数据集进行调查。预训练的语言模型能够且已经被调整为以这种方式执行事实验证。例如，它们已经对 FEVER[①]（Thorne et al.，2018）等数据集进行了微调，以生成一个通用的领域事实核查器。它们还在 SciFact（Wadden et al.，2020）上进行了微调，以生成一个

---

① Fact Extraction and VERification，事实提取和验证。

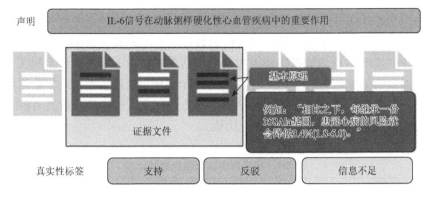

图 2-2　科学声明验证任务的组成部分

适用于科学声明的事实核查模型。除了使用文本证据，一些事实核查模型还研究如何使用源数据和其他信息来提高预测的准确性。

科学声明验证面临着几个独特的挑战。科学文本包含大量的专业术语，如果这些术语在训练前的数据中很少被观察到，这对语言模型来说是一个挑战。读者还被假定为具有理解各领域文本的背景知识，如解剖学和生理学，各种组织的功能路径，以及常见的缩略语，以理解科学文献中的典型句子。最后，科学声明并没有明确的对错。科学作为一种过程，旨在帮助我们通过迭代假设和受控实验来增加确定性。

在此过程中，每个结果可能只为声明提供了有限的证据。DeYoung 等（2021）指出：相互矛盾的证据很普遍。因此，任务被定位为声明验证而非事实核查，以便识别支持和反驳声明的证据。换言之，这不是对某个特定声明的真实性或虚假性进行综合判断。考虑到许多科学结果的不确定性，这是一个务实的选择。这使得这些模型的输出变得不那么脆弱，更适合于人类事实核查人员和下游用户的使用。

2.3.3　当前的发展状态

借助自动化工具，研究人员和公众可以评估科学声明的真实性。近年来，新闻、政治和社交媒体领域的自动事实验证已经取得了重大进展，同时已经创建了许多数据集和共享任务（FEVER；Check That!）来支持这些领域的研究。几个共享任务涉及科学事实验证，如 TREC Health Misinformation Track[①]和 SciVer。这些任务帮助推动了该领域的进展。

---

① TREC 表示 Text REtrieval Conference，文本检索会议；TREC Health Misinformation Track 为 TREC 健康错误信息跟踪。

由于与 COVID-19 疫情相关的误传和谣言，科学声明验证在过去几年受到了更多关注。然而，如何大规模地收集标记数据以训练机器学习模型仍然是一个挑战。像 FEVER 这样的数据集使用大量众包的事实知识（维基百科上的文章）来生成大规模的训练数据。FEVER 包括数十万个实例，描述了关于类似数量级的实体声明。迄今为止发布的最大的科学事实核查数据集大约有数千或数万份声明和配对的证据文件（请参见表 2-1 进行比较）。

表 2-1 科学声明验证数据集的比较

数据集	领域	数量	描述
FEVER（Thorne et al.，2018）	维基百科	185 000 条	来自维基百科的声明和证据以及众包注释
SciFact（Wadden et al.，2020）	生物学、医学	1 409 条	由注释者从科学论文改写的声明；由注释员从文件中手动整理的证据；手动生成的负面声明
PubHealth（Kotonya and Toni，2020）	公共卫生	11 832 条	来自事实核查和新闻网站的声明；记者提供的证据和解释
Climate-FEVER（Diggelmann et al.，2020）	气候变化	1 535 条	来自网络搜索的声明，来自维基百科的证据
COVID-Fact（Saakyan et al.，2021）	COVID-19	4 086 条	来自 COVID-19 子集的声明和证据；自动生成的负面声明
HealthVer（Sarrouti et al.，2021）	COVID-19	14 330 条	由专家注释员根据检索到的科学文章核实的网络搜索声明

1. 声明验证的数据集

数据集在科学领域中更难构建，需要专业领域知识来识别或撰写声明，进行证据分类。作为说明，本文描述了科学和卫生领域的两个声明验证数据集及其构建过程。表 2-1 中引用了其他信息，读者还可以在其中找到更详细的信息参考。

2. SciFact

一组训练有素的专业注释员将生物医学论文中的引用句子改写成声明。由另一组注释员根据引用的证据文章对这些声明进行验证。反驳或否定声明是通过手动否定部分书面声明来创建的。该数据集包括根据 5000 多篇科学论文摘要验证的 1409 项声明，以及从相关证据文件中确定的表述基本原理的句子。

3. COVID-Fact

此数据集来源于 r/COVID19 subreddit。根据链接的科学论文的文本以及通过谷歌搜索检索得到的文档验证声明。通过检测和替换原始主张中突出的实体文段，自动创建否定声明。COVID-Fact 包含由其原始作者撰写的声明，这些声明通常很复杂，描述了实体或过程的多个方面。该数据集包括关于 COVID-19 主题的4086 个声明及其相关的证据文档。

4. 专家注释

与 FEVER 不同，在 FEVER 中使用众包注释来构建声明和证据数据集，SciFact、COVID-Fact 和其他科学声明验证数据集需要专家注释者。已采用了专家注释，以便构建数据集的各个组件，如声明提取、声明重写、声明否定、证据分类、理由提取、解释撰写和/或真实性标注。

5. 自动派生的声明

手动编写声明与声明否定过程烦琐，可能会带来数据偏差。在数据集构建中的一个新兴趋势是探索从文件中自动生成声明和证据的技术，以实现在没有标记数据的情况下进行训练。其中一个例子是自动生成声明否定（Wright and Augenstein，2020；Saakyan et al.，2021），这是训练事实验证模型所需要的。表 2-1 以 FEVER作为一般领域事实核查的参考，对科学声明验证的数据集进行了比较。

6. 声明验证的模型性能

系统性能正在迅速提升。但是，需要进行更多的实际案例研究，以了解事实核查人员和下游用户的容错能力。通过使用 SciFact 上训练过的基线系统，Wadden等（2020）进行了 COVID-19 疫情案例研究。结果发现，系统对大约三分之二的输入声明生成了可信的输出结果。在这种情况下，可信度被定义为超过 50%的检索证据和分类由医学培训的专家判断为正确。自此，模型在科学声明验证方面的性能有了很大提高。我们还需要开展更多的工作来了解机器学习模型性能的提高如何映射到系统环境中的系统和用户收益，特别是当考虑到在新兴和未知的科学主题上的潜在性能下降时。

2.3.4 未来的方向

本节概述了科学声明自动验证一些未来可能的发展方向。前四个方向——大规模的引导训练数据、整合其他信息来源、通用性和稳健性以及开放域事实核查——提出了改进模型范围和性能的建议。据悉它们是当前任务和系统的扩展。后两个方向——用户为中心的事实核查和评估科学事实验证的社会影响——旨在了解机器学习技术如何在实践中应用。

　　许多自动科学声明验证工具和原型的用户界面都有显示真实性的每个声明-证据对的标签，这可能不是浏览和理解证据的最佳界面。鉴于科学知识的不断发展，我们必须研究交流科学声明和证据的不确定性和矛盾的最佳方式。

1. 大规模的引导训练数据

　　由于创建训练数据以验证科学声明既困难又昂贵，利用远程监督或具有少量或零设置的良好普适性的方法是可取的。最近的研究介绍了在没有任何标记数据的情况下学习通用领域事实核查的方法（Pan et al.，2021）。这种方法的变体已被应用于科学领域，并取得了良好的效果（Wright and Augenstein，2020）。乐观地说，近来的研究结果（Wadden et al.，2022）也表明，在弱标记数据上进行训练可能足以实现领域转移。这表明模型泛化可以通过用较少的昂贵标记数据实例来实现。

2. 整合其他信息来源

　　迄今为止，大部分讨论都集中在将科学声明验证作为一项纯粹的语言建模任务，尽管这只是其中的一部分原因。有关信息来源的元数据——如作者、机构、资金来源和来源的历史可信度——可以成为判断真实性的有用指标。此外，证据文章的文本并不是预测真实性的唯一可行证据来源。其他诸如经过整理的知识库（参见本书中肯·福伯斯关于知识库的文章）、患者数据或实验数据等结构化和半结构化资源，可用作证据来源。将这些外部信息源整合到真实性预测中是未来工作的一个重要方向。

3. 通用性和稳健性

　　科学声明验证数据集仅限于少数几个特定领域，其中最主要的是生物医学、公共卫生和气候变化。这主要是因为在这些领域中，错误信息非常普遍，而且负面成本很高。然而，公众兴趣的变化是不可预测的；只要科学发现与政策和公众发生冲突，就会受到质疑。

　　因此，科学声明验证工具需要有良好的性能，并能在选定的领域之外进行推广。至少有两个方向值得探索：了解未充分开发的科学领域用户的事实验证需求；开发评估基准，以评估声明验证模型在其他领域的性能和适用性。

　　模型的稳健性是一个相关的方向。例如，Kim 等（2021）的研究表明，当输入口语化的声明时，事实验证模型的性能会下降。未来研究的重要方向是提高科学声明验证模型稳健性的方法。

4. 开放域事实核查

　　探索开放域与封闭域检索是科学事实验证的另一个方向。封闭域检索预先定义了一组可能提供证据的文件，如一组 10 000 篇可信的科学文章。在开放域检索中，潜在证据文件的空间明显更大。例如，它可以被定义为所有同行评议的科学文献或互联网上的所有索引网站。开放域检索的现实环境更具挑战性。检索范围要大得多，需要提高检索效率，并采用不同的模型训练方法。不过，这种设置更好地模拟了真实世界的声明验证，在这种情况下，事实核查人员不会预先设定有限的证据来源。

5. 用户为中心的事实核查

现实世界中的声明验证必须考虑到用户的信念和需求。每个人对同一声明可能持有不同的信念，比如强烈支持、不确定或寻求证据。了解这些立场对于选择如何以最佳方式将模型输出传达给这些用户可能非常重要。通过对人工智能协作事实检查的研究，Nguyen 等（2018）发现，即使模型预测不正确，人类也倾向于信任模型预测。结果显示，需要围绕模型内部进行一些交流，以产生更好的结果。

用户建模的另一个方面是了解用户的角色和意图。他们是事实核查员、记者、医疗保健消费者，还是多种角色的组合？模型必须根据用户的预期行动和预期目标调整其目标。例如，如果声明验证的目的是说服而不是提供信息，那么可能就需要揭示证据文件以及这些文件中支持或证明真实性标签的理由。

6. 评估科学事实验证的社会影响

最后，如前所述，人们对用于科学事实验证的机器学习模型的社会影响的关注还很有限。工作重点是技术挑战，如在日益真实的世界环境中提高模型的性能。与此同时，社会科学研究人员已经记录了确认偏误——个人可能会寻找或关注那些证实其现有信念的信息（Bronstein et al.，2019；Park et al.，2021）。他们还观察到事实核查如何诱发对科学发现的质疑，从而破坏对科学进程的信任（Roozenbeek et al.，2020）。这些类型的认知偏差和反应会导致在应用声明自动验证时产生适得其反的结果。考虑这些社会现象，有助于指导机器辅助声明验证系统的开发和评估。

2.3.5　结论

在自动化科学声明系统的定义和执行方面取得了重大进展。数据、建模、分析和评估方面的进展仍在快速推进。然而，科学界必须解决声明验证模型应如何呈现不确定性，以及在面对相互矛盾的证据时如何评估声明的合理性等问题。另外，还需要评估最先进的系统是否可以进行大规模部署。为了在实现这些目标方面取得进展，需要更加重视科学声明自动验证系统的潜在社会影响和后果。通过这些改进，这些技术可以帮助人们更好地理解科学的一致性和可复制性，并重塑人们对新兴科学课题的信任和理解。

参 考 文 献

Abritis，A.，A. Marcus and I. Oransky.（2020），"An 'alarming' and 'exceptionally high' rate of COVID-19 retractions？"，*Accountability in Research*，Vol. 28/1，pp. 58-59，https://doi.org/10.1080/08989621.2020.1793675.

Bronstein，M. et al.（2019），"Dual process theory，conflict processing，and delusional belief"，*Clinical Psychology Review*，Vol. 72，pp. 101748，https://doi.org/10.1016/j.cpr.2019.101748.

DeYoung，J. et al.（2021），"MS^2: Multi-Document Summarization of Medical Studies"，in *Proceedings of the 2021 Conference on Empirical Methods in Natural Language Processing*，Association for Computational Linguistics，on line and Punta Cana，Dominican Republic，pp. 7494-7513，https://doi.org/10.18653/v1/2021.emnlp-main.594.

Diggelmann，T. et al.（2020），"CLIMATE-FEVER：A dataset for verification of real-world climate claims"，*arXiv*，arXiv abs/2012.00614，https://doi.org/10.48550/arXiv.2012.00614.

Guo，Z.，M. Schlichtkrull and A. Vlachos.（2022），"A survey on automated fact-checking"，*Transactions of the Association for Computational Linguistics*，Vol. 10，pp. 178-206，https://doi.org/10.1162/tacl_a_00454.

Kim，B. et al.（2021），"How robust are fact checking systems on colloquial claims？"，in *Proceedings of the 2021 Conference of the North American Chapter of the Association for Computational Linguistics：Human Language Technologies*，Association for Computational Linguistics，on line，pp. 1535-1538，http://dx.doi.org/10.18653/v1/2021.naacl-main.121.

Kotonya，N. and F. Toni.（2020），"Explainable automated fact-checking for public health claims"，*arXiv*，arXiv：2010.09926 [cs.CL]，https://doi.org/10.48550/arXiv.2010.09926.

Nguyen，A.T. et al.（2018），"Believe it or not: Designing a human-AI partnership for mixed-initiative fact checking"，in *Proceedings of the 31st Annual ACM Symposium on User Interface Software and Technology*，https://doi.org/10.1145/3242587.3242666.

Pan，L. et al.（2021），"Zero-shot fact verification by claim generation"，*arXiv*，arXiv：2105.14682 [cs.CL]，https://doi.org/10.48550/arXiv.2105.14682.

Park，S. et al.（2021），"The presence of unexpected biases in online fact-checking"，27 January，*Misinformation Review*，https://misinforeview.hks.harvard.edu/article/the-presence-of-unexpectedbiases-in-online-fact-checking/.

Roozenbeek，J. et al.（2020），"Susceptibility to misinformation about COVID-19 around the world"，*Royal Society Open Science*，Vol. 7，https://doi.org/10.1098/rsos.201199.

Saakyan，A.，T. Chakrabarty and S. Muresan.（2021），"COVIDFact: Fact extraction and verification of real-world claims on COVID-19 pandemic"，*arXiv*，arXiv：2106.03794 [cs.CL]，https://doi.org/10.48550/arXiv.2106.03794.

Sarrouti，M.，A. Ben Abacha and Y. Mrabet.（2021），"Fact-checking of health-related claims"，in *Findings of EMNLP*，Association for Computational Linguistics，http://dx.doi.org/10.18653/v1/2021.findingsemnlp.297.

Thorne，J. et al.（2018），"FEVER: A largescale dataset for fact extraction and VERification"，*arXiv*，arXiv：1803.05355 [cs.CL]，https://doi.org/10.48550/arXiv.1803.05355.

Wadden，D. et al.（2020），"Fact or fiction：Verifying scientific claims"，in *Proceedings of the 2020 Conference on Empirical Methods in Natural Language Processing (EMNLP)*，Association for Computational Linguistics，on line，pp. 7534-7550，http://dx.doi.org/10.18653/v1/2020.emnlpmain.609.

Wadden, D. et al.（2022），"MultiVerS: Improving scientific claim verification with weak supervision and full-document context"，in *Findings of the Association for Computational Linguistics: NAACL*，Association for Computational Linguistics，Seattle，United States，pp. 61-76，https://doi.org/10.18653/v1/2022.findings-naacl.6.

Wright, D. and I. Augenstein.（2020），"Claim check-worthiness detection as positive unlabelled learning"，in *Findings of the Association for Computational Linguistics: EMNLP 2020*，Association for Computational Linguistics，on line，pp. 476-488，http://dx.doi.org/10.18653/v1/2020.findings-emnlp.43.

2.4 机器人科学家：从亚当到夏娃到创世纪

罗斯·金，查尔默斯大学，瑞典

奥利弗·彼得，Idorsia 公司，瑞士

帕特里克·考特尼，tec-connection 公司，德国

2.4.1 引言

本文阐述了机器人科学家的概念，这是一种将机器人与人工智能相结合以实现科学过程自动化的技术。它探究了机器人科学家的起源、使能技术和可能的未来方向，以及机器人在生物制药行业的使用对推进科学和医疗保健方面的潜在影响。在确定关键趋势方面，本文提出了以下建议：中长期内，继续投资于人工智能和机器人技术及其接口；鼓励开发和采用互操作性标准和本体，以支持通过开放科学进行交流和合作；增加学科间合作的机会，包括技能培养；加强对诺贝尔图灵挑战等广泛倡议的国际支持，这些倡议可以激励研究人员，甚至是普通大众。

2.4.2 机器人科学家

通过将人工智能和机器学习算法与实验室机器人相结合，构建了一个能够自主执行基础科学研究的人造新型机器人。此处，机器人指的是与世界互动的实体。一旦超越了最简单的机械设备（如泵），那么将现有技术和新技术结合起来为机器人服务的可能性很快就变得有趣起来。凭借摄像头等机器人可以感知世界并做出决定。凭借合适的机械手臂，它可以与物体互动。凭借适当的运动能力，它可以在世界各地航行。最后，凭借适当的认知或推理能力，它就能适应和学习。

如果想通过人工智能对科学产生重大影响，就需要走进实验室，进行实际的实验研究。科学不仅仅是思考世界，还要通过实验来检验假设。

　　不同于其他类型的机器人，机器人科学家需要掌握某一研究领域的背景知识，最好是运用逻辑和概率论中的既定工具来表示。机器人科学家可以自动形成关于其科学领域的新假设（图2-3）。换言之，它不仅考虑了数据库和标注的数据集中的现有知识，还考虑以论文和专利的形式出版的文献。然而，由于自然语言处理技术的限制，考虑的范围较小。有了这些知识，它就形成了一个假设（图2-3中的步骤1）；它设计实验以检验假设（步骤2）；使用实验室机器人实际运行实验（步骤3）；解释结果（步骤4）以改变不同假设的概率（步骤5）；然后重复该循环（King et al.，2004，2009）。它还能自动选择有效的实验（在时间和金钱方面），以在不同的假设之间做出决定。

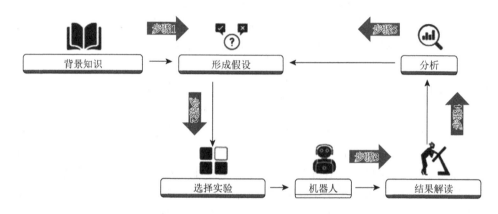

图2-3　机器人科学家实验的闭环循环

　　与其他复杂的实验室系统（如高通量药物筛选平台）相比，机器人科学家有几个先进的特点，这包括：完整的人工智能软件、许多复杂的内部循环（如假设生成、选择、评估和完善）以及以高通量执行单独规划的循环实验能力。

　　材料科学家、化学家和药物设计师日益将人工智能与实验室自动化相结合。机器人科学家现在有不同的名称，如闭环平台、人工智能科学家、高通量实验平台和自动驾驶实验室。不同的名称反映了不同科学领域的发展（更多例子见后文）。

1. 亚当

　　作为第一台自主发现新科学知识的机器，亚当是最初的机器人科学家（图2-4）（King et al.，2009）。其设计是为了确定酵母代谢中基因和酶之间的关系。亚当发现了部分孤酵酶的功能，即已知存在的酶是因为其执行功能，但编码它们的基因未知（King et al.，2009）。

图 2-4   机器人科学家亚当

亚当的设计是用来研究不同菌株的细菌在各种条件下的生长情况。它可以高效地生成和比较系统预测所需的生长数据。在科学术语中，生长数据将细菌菌株（基因型）与其行为（表型）相对应。亚当是全自动化的，除了定期添加实验室消耗品和清除废物外，不需要技术人员。每个实验都昼夜不停地持续了很多天。亚当每天从数以千计的酵母菌株和生长条件中设计和启动 100 多个新的实验。每隔 20 分钟就要对每个实验进行精确的光学测量。这样，每天就能对不同菌株的生长情况进行 10 000 多次可靠的测量。亚当还自动记录了实验的元数据。

2. 夏娃

第二位机器人科学家是夏娃（图2-5），其旨在使早期药物开发自动化（Williams et al.，2015）。夏娃的设计是为了让药物研发更便宜、更快速。目的是促进开发治疗因经济原因而被忽视的疾病（如热带病和罕见疾病），更广泛地说，是为了增加新药的供应。

图 2-5   机器人科学家夏娃

　　夏娃整合了药物发现自动化方面的两项进步。第一，实验室自动化系统使用人工智能技术通过循环实验发现科学知识。第二，合成生物学，这是一个旨在创造新的生物部件和系统的研究领域——建造细胞模拟计算机（即基于不断变化的生物过程而非二进制 0 和 1 的活细胞内的计算机）。

　　在一项新的开发中，夏娃有三种集成模式，每一种模式都对应于发现所谓的"先导"药物（即候选有用的药物分子）的一个阶段。这种集成旨在节省时间，避免在不同设备之间切换。

　　（1）在库筛选模式中，夏娃会系统地对库中每一种化合物进行测试（筛选），采用的是传统大规模筛选这一简单粗暴的方式。虽然这种大规模筛选很容易自动化，但速度很慢。由于要对化合物库中的每种化合物进行测试，因此也会浪费资源。此外，这种方法也不智能，无法利用在筛选过程中学到的东西。

　　（2）在确认模式中，夏娃会重新测试通过文库筛选找到的有前景的化合物。为了最大限度地减少假阳性，它使用多次重复和迭代的方法。

　　（3）在最后一步，它会执行一个结合统计和机器学习的循环过程，来假设所谓的定量结构活性关系（quantitative structure-activity relationship，QSAR）并在新化合物上测试这些 QSAR。QSAR 是一个数学/计算结构，可根据化合物的结构预测其在检测中的活性。夏娃的"QSAR 模式"旨在执行 QSAR 学习和测试的循环，从而检查和改进性能。

　　作者证明，在大多数情况下，这种智能库筛选优于标准的大规模筛选，因为它节省了时间和化合物的使用。

　　为了验证夏娃在这些过程中的表现，作者使用该系统快速、经济地找到已知是安全的、针对多种人类和寄生虫酶的药物。对于其中的几种药物，夏娃帮助提供了对其作用机制的新见解，并帮助指明了安全药物的新用途。通过运用计量经济学模型证明，夏娃使用人工智能来选择化合物的性能优于标准药物筛选。夏娃最重大的发现是三氯生（牙膏中常用的一种抗微生物化合物）抑制了恶性疟原虫和间日疟原虫体内的一种重要机制（Bilsland et al.，2018）。

3. 机器人科学家的一般优势

　　提高科学的生产率是使用机器人科学家的一般动机。AI 系统和机器人可以比人类更便宜、更快、更准确、更长时间地工作（即 24/7）。更具体地说，机器人科学家可以做到以下几点：

- 完美地收集、记录和思考大量的事实。
- 系统地从数百万篇科学论文中提取数据。
- 进行无偏的、接近最优概率推理。
- 同时生成和比较大量的假设。

- 选择在时间和金钱成本方面接近最优的实验来测试假设。
- 按照公认的标准，在不增加额外成本[①]的情况下系统地描述实验的语义细节，自动记录和存储结果以及相关的元数据和程序，来帮助在其他实验室重现研究工作，以此促进知识转移和提高科学研究的质量。
- 增加研究的透明度，使欺骗性研究更容易被甄别、实现通过减少未记录的实验数据、操作以及实验室环境数据等来促进科学研究的标准化和科学交流。

此外，一旦制造出用于工作的机器人科学家，它就可以很容易地复制或扩展。机器人科学家还对大流行感染等一系列危险免疫。重要的是，所有这些卓越的能力与人类科学家的创造力相辅相成。

2.4.3　机器人技术的进展与局限性

1. 机器人赋能技术的进展

实验室自动化发展成为一个数十亿美元的行业，其中德国和瑞士，以及日本、英国和美国都做出了巨大的贡献。实验室机器人技术正在稳步发展。如今，人类在实验室中可以完成的许多（但不是全部）任务都可以实现自动化。

机器人技术已获得了大量的公共投资，在欧洲尤其如此，在过去的 20 年里，这一领域的公共投资每年都达到了大约 1 亿欧元（EC，2008）。许多国家都开展了机器人项目，比如英国的机器人和自主系统计划。随着人工智能的发展，预计未来对机器人技术的投资会持续增长。

人工智能嵌入（AI-inside）：AI 通常被认为是离线数据的抽象分析，与实际的物理行为存在差距。相反，机器人技术可以称作"具身智能"，直接与世界上的行动联系在一起。人工智能技术和机器人技术在多个层面上相互支持——从感知和驱动到反应和规划。传统工程越来越多地采用和适应人工智能的思想和元素。人工智能和机器人技术之间的关系并不简单，但各学科之间的对话仍在继续，尤其是在欧洲。

机器人系统已经被广泛安装在实验室中，尤其是在液体处理方面。制药行业中许多较大的实验室经常使用这些系统。大多数临床分析，如血液分析，都实现了完全自动化。最近，一些有趣的机器人助手也已面世（Burger et al.，2020）。机器人技术在其他领域的发展（如机器人厨师）也对实验室运作产生了明显的影响。

---

① 与人类不同，数据、元数据和程序的记录占实验总成本的15%。此外，尽管实验数据的记录很普遍，但对使用的程序、错误和所有元数据进行完整的记录仍然很少见。

2. 机器人的局限性有待克服

机器人仍然有很大的局限性。很大程度上来说，大多数实验室的许多任务仍未实现自动化。如今的机器人在保护箱中操作，科学家很难对其进行编程。通常，后勤任务仍然落在实验室技术人员和科学家身上，他们为机器人提供盘子和化学品等消耗品，并清除废物。普通实验室距离家庭中熟悉的数字化还有很长的路要走，智能手机应用程序和机器人吸尘器就是一个典型的例子。

在机器人系统的重要部件上也取得了一些发展：由于具有强制感知能力的协作机器人的发展，机械臂已经变得更便宜、易于使用和更安全。然而，设计用提升 5 公斤重金属有效载荷的工业机器人移动 50 克重的塑料管的情况并不少见。物理操控器仍然笨拙，不太适合抓握实验室中常用的管子和其他设备；需要新的物理操作器。移动平台是人们高度关注和进行试验的对象。然而，如果不加以调试，它们就无法在工业仓库操作中发挥其应有的作用。上述所有情况都表明，机器人正日益被人们所认识且加以利用。

2.4.4　促进机器人科学家进步

1. 作为合作途径的路线图

鉴于机器人和人工智能的重要性，明确未来需求可能会带来巨大好处。诸如 euRobotics（北达科他州）这样的公私合作伙伴关系，已经在人工智能和机器人领域的研究人员和公司之间努力协调优先事项和资金，例如，通过咨询、访谈和头脑风暴会议，实验室机器人已经确定了一系列应用场景和挑战。它们涵盖了不同的应用程序和功能，以及一系列集成（或平台）和模块化方法。例如，自动发现平台结合了人工智能和机器人技术的进步，以许多学科的知识为基础。事实上，一些团体已经开始将此类系统组装成开放式平台（见下文）。

2. 互操作性、本体论和标准的重要性

规划工作将互操作性确定为一个重要的障碍。需要相互认可的概念本体来提供和训练人工智能算法，以便共享和理解语义信息。作为生物样本的标准载体，生物分子科学学会（Society for Biomolecular Sciences，SBS）孔板格式（维基百科，n.d.）的广泛采用使实验室受益匪浅。采用 SBS 格式导致了生产力增加了数百到数千倍，这种变革性的影响与全球贸易和物流中采用 40 英尺①集装箱带来的

---

① 1 英尺≈0.3048 米。

巨大效率收益相当。数字化实验室的类似进步可能来自标准化的人类和机器可读数据格式。该方面的举措已经在进行中（SiLA，n.d.）。需要进一步考虑的问题是如何以可查找、可访问、可兼容和可重用的方式共享数据，以支持开放科学（Wilkinson et al.，2016）。

3. 通过机器人支持的 AI 加速药物发现

任何一种新的治疗药物的创新核心都是一种具有复杂调节性质的分子：活性药物成分（active pharmaceutical ingredient，API）。它可能是一个小分子，通常用于口服抗生素，也可能是一个较大的生物实体，如针对癌症的抗体治疗药物或 mRNA 疫苗。

新药物分子的产生分为两个阶段。首先，对大量材料集合进行筛选，以确定具有某些初始活性的化学结构。这个过程被称为（超高）高通量筛选（high-throughput screening，HTS）。从 20 世纪 80 年代开始，制药行业对 HTS 技术实现的迫切需求，成为生物实验室自动化的关键驱动力。从 21 世纪头十年开始，HTS 也为实现全基因组测序做出了贡献。相比之下，药物发现的第二阶段自动化程度要低得多。要优化候选物分子结构，通常需要几年时间。在找到一个有前途的药物分子之前，还需要经过无数次的结构设计、人工化学合成和生物性能测试。

长期以来，人们认为药物化学自动化在技术上是无法实现的，主要是因为任务的复杂性和所需的人类的洞察力有限。随着机器学习、AI 的出现，这种情况已经开始改变。计算机辅助药物设计正在增加，并可能得到广泛应用。然而，新药物分子的实际制造仍然受到成本和传统化学实验室的能力和容量的限制。制药业已经将新药物分子制造的大部分工作外包给了成本更低的国家。鉴于 8 小时工作制和 5 天工作制，昂贵的实验室空间在一个典型的工作周中只占用不到 25% 的时间。即使工作被外包给不同时区的供应商，对前景良好的候选分子进行所有必要的人工优化工作，也不可避免地会包含大部分无效的等待时间。

4. 生物制药行业的闭环设计-制造-测试平台

在未来，有竞争力的生物制药的药物发现和开发将涉及新颖的、完全自动化的、闭环设计-制造-测试（design-make-test，DMT）平台。这些将通过机器学习、AI 算法集成分子结构的迭代设计和物理分子的合成和测试。我们旨在将最佳候选分子的优化时间从几周缩短到几小时，从而在几个月而非几年的时间内产生有价值的临床前开发候选分子。

"云实验室"的概念也在生物制药行业提出。这一发展认识到，实验室自动化系统仍然造价昂贵，操作困难。它还反映了在云服务中如何提供大规模自动化服务以应对挑战。通过这种方式，客户可以通过用户界面或 API 访问自动化实验室，远程设计并开展其实验。一些公司已经开始提供这类服务，包括 Stratos（n.d.）和

Emerald Cloud Lab（n.d.），这两家公司都位于加利福尼亚州[①]。自 2021 年以来，基于礼来公司十年来自动化药物化学的经验，Stratos 在圣地亚哥建立并运营了礼来生命科学工作室。这是目前最具雄心的通用药物化学平台（Mullin，2021）。

自动化实验室基础设施可以建在标准集装箱内，以便于扩展和搬迁。类似于亚马逊网络服务（Amazon Web Services）等虚拟化计算基础设施，这种远程实验服务可能会催生"虚拟"生物制药企业。这意味着单个公司无须拥有实验室。然而，为了避免 API 的"破碎化"，必须采用全球跨平台标准。

构建闭环平台所需的大多数物理和计算元素今天都存在。其中一个挑战是将数千种固体化学物质（分子合成的基石）在毫克级别进行自动化转移，这些固体化学物质通常是黏性的。Chemspeed 等公司提供了解决方案，并正在努力改进。然而，系统必须是模块化的，以使其内在的复杂性可管理，并使其过程控制有效。模块化本身必须在平台改进的迭代周期中进行。

5. 生物制药行业自动化接下来的步骤

一个逐步构建完全集成的闭环 DMT 平台的方法依赖于一系列独立且功能有限但可控的自动化单元，这些自动化单元将由自主实验室机器人连接起来，以实现样本的自动化运输。这样的机器人才刚刚出现（但最初人工转移样本可能就足够了）。

类似于现代数字互联工厂，这些松散耦合的功能模块将以工件为中心的方式使用。负责每个作业（如将一架样品从一个站点转移到另一个站点）的系统不是集中协调每一次移动，而是在整个移动过程到完成时请求下一步所需的处理步骤。

研究者构建大型高通量系统的经验表明，实验室设备之间物理和逻辑接口的技术标准对于不断改进和适应不断变化的需求至关重要。这些标准涉及平台在操作过程中消耗的物品的物理尺寸、试剂包装、设备命令、方法说明与科学数据格式。开放标准将促进未来 DMT 平台模块和服务的供应商和消费者的合作和高效竞争，形成一个健康的生态系统。

总而言之，如果没有同样高效的、机器人自动化的物理合成和测试，即便是更好的设计算法对生物制药部门的实验产生的影响也有限。它们还需要与人类互动的界面，而人类会带来独特的创造力。

2.4.5　下一代机器人科学家

机器人科学家的概念越来越被认为是促进科学发展的通用平台。除了亚当和夏娃之外，还有许多其他的自动化发现平台在不同的领域运作。每个都有特定的

---

① 美国以外的其他私人项目包括英国的 Arctoris 和 LabGenius。

工具和配置，并且都揭示了自动化中要解决的一个瓶颈。例如，这些措施包括下列各项计划：

● 加拿大（Kebotix，n.d.）、英国（帝国理工学院，Imperial College London，n.d.）、美国（塞尔纳克试验室，Cernak Lab，n.d.；麻省理工学院 MIT，n.d.）和瑞士（IBM Research，n.d.）的化学和材料科学，如加拿大和英国剑桥的材料基因组计划（生物分子相互作用和遗传作图，biomolecular interaction and genetic mapping，BIG-MAP，n.d.）和美国的材料基因组计划（Materials Genome Initiative，MGI，n.d.），这些计划利用已知反应的大型数据库来创建所需的分子形式。

● 法国（Realcat，n.d.）和瑞士（瑞士催化加速器平台，Swiss CAT+，n.d.）的催化技术，评估新材料在特定任务中的功能性能。

● 冶金，通过结合现有的金属来探索新的合金。

在这些案例中，缺乏失败实验的数据（人类科学家没有动力记录这些数据）被认为是一种知识鸿沟，而这正是此类平台能够很好地解决的问题。同样值得一提的是细胞培养和生物加工方面的举措，例如柏林工业大学的 kiwi 生物实验室（n.d.），该实验室利用了基因组学方面的发展。与此同时，在日本理化学研究所（Riken）的 labdroids 实验室，类人机器人使用专为人手设计的工具来自动化操作，以提高可重复性。

瑞典查尔默斯大学（Chalmers University）的目标是将机器人科学家提升到一个新的水平，包括每一步的实验数量，以及生成和使用更多、更好质量的数据。被称为创世纪的查尔默斯机器人旨在实现详细和完整地理解复杂细胞（如酵母）的功能。这一目标仍是 21 世纪科学的一个基本挑战，解决方案可以帮助回答生命科学、生物技术和医学中的许多问题。

创世纪的新硬件将配备 10 000 个微型发酵罐（技术上是控制微生物培养的恒化器）。它们将能够详细分析生物功能与新陈代谢和活性基因之间的关系。最初的技术是美国范德比尔特大学由政府资助研究开发的。传统手动实验室拥有大约 10 个化学恒化器，创世纪在此基础上扩大了 1000 倍。只有人工智能系统才能控制这么多不同的实验，每个恒化器每天都会运行一个单独设计的实验来检验一个假设。

2.4.6　结论

科学需要涉及实际行动的实验，这就需要机器人发挥关键作用。这将需要支持人工智能和机器人的开发，以及它们之间的接口（见上文关于机器人技术进展的章节）。新成立的人工智能、机器人和数据协会将重点放在了人工智能与机器人的接口上，这是朝这个方向努力的一个最新实例（Adra，n.d.）。

诺贝尔图灵挑战强调了国际层面跨学科合作的重要性。它对研究人员提出了挑战，要在 2050 年之前建立一个能够在诺贝尔奖水平上进行科学发现的系统（Kitano，2021）①。这一大胆而鼓舞人心的挑战正在美国、日本和欧洲获得支持。

以下是对公众支持作用的一些建议。

1. 实验室里的科学机器人

尽管机器人在工业应用方面发展迅速，但其并不总能满足实验需求。鉴于实验室用户通常具有很高的技能和协作能力，直接用现有机器人替代他们或许并不是最有效的路径。在与实验室用户合作开发所需技术时，存在更深层次的智力挑战。因此，机器人技术专家和领域专家之间需要更多的互动，合作研究项目是一个理想的平台。例如，可以融合材料科学家、化学家、AI 专家和机器人技术专家，帮助开发下一代电池材料（Stein and Gregoire，2019）。合作项目还可促进跨学科之间的路线规划活动，以确定未来的差距和机会，从而确立资金优先次序（euRobotics，n.d.）。这需要广泛的影响力，因此政府最适合创建此类计划。政府可以将原本很少进行协作的专家聚集在一起。

2. 数据治理

尽管本体对于 AI/ML 来说是必要的，但碎片化的本体须被合并和对齐。实验室仪器需要通过标准化接口实现互操作性。可以汇聚实验室用户、供应商和技术开发商，从资助者和出版商生成数据的那一刻起，就鼓励他们开展合作。这可以在开放科学倡议下进行，例如，通过可查找、可访问、可兼容和可重用原则支持数据整理和共享，以及涵盖道德规范在内的适当数据管理流程。

3. 跨学科以缩小教育差距

跨科学学科的长期合作至关重要，但仍然过于薄弱。闭环研发中心的发展令人振奋，可以作为这种合作的重点，制定中期目标，并提供结合工程（如机器人技术、AI、数据等）和科学的正式培训。如果将这些中心联系在一起，这些中心（通常是全国性的）也可以支持共同的利益，如培训和不断发展的研究实践。例如，生物学家可以越来越多地接触到应用数学和统计学。然而，工程师们仍然很少接触到现代的、数据丰富的生命科学。如上所述，所有这些都需要更多地关注与数据治理相关的诸多问题。同样，政府在这方面也可以发挥作用，私营部门不太可能单独承担这一角色。

---

① 欲了解更多详情，请访问 www.turing.ac.uk/research/research-projects/turing-ai-scientist-grand-challenge。

4. 影响深远且富有远见的倡议

诺贝尔图灵挑战等倡议可以激励科学领域的合作和协调，应该在国际层面上予以支持。这种支持有助于集中力量应对气候变化和癌症等长期的全球性挑战。与此同时，它可以推动各方就标准达成一致，尤其是吸引并培养实现这一宏伟目标所需的年轻人才。

这些建议与美国最近一份关于研究实践、教育差距、长期支持和数据治理的报告中提出的建议不谋而合（National Academies of Sciences，Engineering and Medicine，2022）。

参 考 文 献

Adra. （n.d.），The AI Data Robotics Association website，https://ai-data-robotics-partnership.eu（accessed 10 January 2023）.

BATT4EU. （n.d.），Batteries European Partnership website，https://bepassociation.eu（accessed 10 January 2023）.

BIG-MAP. （n.d.），Batteries Interface Genome – Material Applications Platform website，www.big-map.eu（accessed 10 January 2023）.

Bilsland，E. et al.（2011），"Functional expression of parasite drug targets and their human orthologs in yeast"，*PLoS Neglected Tropical Diseases*，Vol. 5/10，pp. e1320，https://doi.org/10.1371/journal.pntd.0001320.

Bilsland，E. et al.（2018），"Plasmodium dihydrofolate reductase is a second enzyme target for the antimalarial action of triclosan"，*Scientific Reports*，Vol. 8/1，pp. 1-8，www.nature.com/articles/s41598-018-19549-x.

Burger，B. et al.（2020），"A mobile robotic chemist"，*Nature*，Vol. 583/7815，pp. 237-241，https://doi.org/10.1038/s41586-020-2442-2.

EC. （2008），"EU doubles investment in robotics"，European Commission CORDIS Research Results，Brussels，https://cordis.europa.eu/article/id/29537-eu-doubles-investment-in-robotics.

Emerald Cloud Lab. （n.d.），Emerald Cloud Lab website，www.emeraldcloudlab.com（accessed 10 January 2023）.

euRobotics. （n.d.），euRobotics website，www.eu-robotics.net（accessed 10 January 2023）.

Gromski，P. et al.（2020），"Universal chemical synthesis and discovery with 'the chemputer'"，*Trends in Chemistry*，Vol. 2/1，pp. 4-12，www.sciencedirect.com/journal/trends-in-chemistry/vol/2/issue/1.

IBM Research. （n.d.），"IBM RoboRXN"，webpage，https://research.ibm.com/science/ibm-roborxn（accessed 10 January 2023）.

Imperial College London. （n.d.），"Centre for Rapid Online Analysis of Reactions（ROAR）"，webpage，www.imperial.ac.uk/rapid-online-analysis-of-reactions#（accessed 10 January 2023）.

Kebotix. （n.d.），Kebotix website，www.kebotix.com（accessed 11 January 2023）.

King，R.D. et al.（2004），"Functional genomic hypothesis generation and experimentation by a robot scientist"，*Nature*，Vol. 427/6971，pp. 247-252，https://doi.org/10.1038/nature02236.

King，R.D. et al.（2009），"The automation of science"，*Science*，Vol. 324/5923，pp. 85-89，https://doi.org/10.1126/science.1165620.

Kitano，H.（2021），"Nobel Turing Challenge: Creating the engine for scientific discovery"，*npj Systems Biology and Applications*，Vol. 7/1，pp. 1-12，https://doi.org/10.1038/s41540-021-00189-3.

KIWI-biolab.（n.d.），KIWI-biolab website，https://kiwi-biolab.de（accessed 11 January 2023）.

MGI.（n.d.），Materials Genome Initiative website，www.mgi.gov（accessed 11 January 2023）.

MIT.（n.d.），Jensen Research Group website，https://jensenlab.mit.edu（accessed 11 January 2023）.

Mullin，R.（2021），"The lab of the future is now"，*Chemical & Engineering News* Vol. 99/11，pp. 28，https://cen.acs.org/business/informatics/lab-future-ai-automated-synthesis/99/i11.

National Academies of Sciences，Engineering，and Medicine.（2022），*Automated Research Workflows for Accelerated Discovery：Closing the Knowledge Discovery Loop*，The National Academies Press，Washington，DC，https://doi.org/10.17226/26532.

Realcat.（n.d.），Realcat website，www.realcat.fr（accessed 11 January 2023）.

SiLA.（n.d.），SiLA website，https://sila-standard.com（accessed 11 January 2023）.

Stein，H.S. and J.M. Gregoire.（2019），"Progress and prospects for accelerating materials science with automated and autonomous workflows"，*Chemical Science*，Vol. 10/42，pp. 9640-9649，https://doi.org/10.1039/C9SC03766G.

Strateos.（n.d.），Strateos website，https://strateos.com（accessed 11 January 2023）.

Swiss CAT+.（n.d.），Swiss CAT+website，https://swisscatplus.ch（accessed 11 January 2023）.

The Cernak Lab.（n.d.），The Cernak Lab website，https://cernaklab.com（accessed 11 January 2023）.

Wikipedia.（n.d.），"Microplate"，webpage，https://en.wikipedia.org/wiki/Microplate（accessed 11 January 2023）.

Wilkinson，M.D. et al.（2016），"The FAIR Guiding Principles for scientific data management and stewardship"，*Scientific Data*，Vol. 3/1，pp. 1-9，https://doi.org/10.1038/sdata.2016.18.

Williams，K. et al.（2015），"Cheaper faster drug development validated by the repositioning of drugs against neglected tropical diseases"，*Journal of the Royal Society Interface*，Vol. 12/104，pp. 20141289，https://doi.org/10.1098/rsif.2014.1289.

2.5 从知识发现到知识创造：基于文献的知识发现如何促进科学进步？

尼尔·斯莫海瑟，伊利诺伊大学芝加哥分校，美国

格斯·哈恩-鲍威尔，亚利桑那大学，美国

迪米塔尔·赫里斯托夫斯基，卢布尔雅那大学，斯洛文尼亚

雅库布·塞巴斯蒂安，查尔斯·达尔文大学，澳大利亚

2.5.1 介绍

本文专注于全球（美国的伊利诺伊州和亚利桑那州以及斯洛文尼亚和澳大利亚）四位活跃实践者的看法，概述了从不同数据集中生成新科学知识的前景。虽然人工智能和机器学习是该领域的核心技术，但本文的关键概念是未被发掘的公共知识（UPK）和基于文献的知识发现（LBD）。这些关键概念涵盖了各种情境，包括一些尚未通过机器学习解决的情况。

UPK 这一概念最初由斯旺森（Swanson，1986）提出，并由戴维斯（Davies，1989）加以拓展。它表明，科学发现、假设和论断可能存在于已发表的文献中，但尚未有人识别到它们。它们之所以未被发现，可能是因为没有人读过这些文章（例如，它们发表在不知名的期刊上或缺乏互联网的索引）。在其他情况下，不同的证据或论断可能分散在多个文档片段中，需要我们将其拼凑在一起。例如，一篇文章提出的假设可能在另一篇文章中得到验证，但没有任何人意识到这两者之间的关联。又如，不同的研究可能存在多种类型的证据，这些研究解决了相同的问题，但彼此之间很难整合（如流行病学研究与病例报告）。这与元分析不同，元分析试图整合可比较的研究。

通常来说，LBD 指的是一种美好的可能性，即"人们可以结合多篇文件中的发现或论断，来创造出全新的、合理的、科学上不凡的假设"。例如，如果一篇文章断言"A 影响 B"，另一篇文章断言"B 影响 C"，那么"A 影响 C"就是一个自然的假设。在文献中，这种传递关系的潜在数量是巨大的。因此，LBD 问题是过滤或识别哪些类型的论断"A 影响 C"是新颖、科学上看似可行、卓越且足够有趣的，科学家认为是值得研究的。LBD 不同于人工智能数据挖掘工作，如数据库中的知识发现（knowledge discovery from databases），后者使用统计和"趣味性"[①]指标来识别数据中明确的发现或重要的关联趋势。与此相反，LBD 尝试去识别那些隐含的而不是明确陈述的未知知识。

人工智能、机器学习和计算语言学的进步是改进这类系统的关键。例如，更好地提取实体和关系，以及更好的自然语言推理和因果关系模型，将提升"A 影响 B"和"B 影响 C"论断的精确度。反过来，这将极大地帮助评估是否可以用已知的机制来解释潜在的联系。机器阅读（教计算机阅读和理解自然语言文本）的进步，特别是应用于文本的"深度学习"神经网络架构，在识别科学文章中的论断和隐含关系方面表现出巨大潜力。

2.5.2   有哪些 LBD 工具可用？

用于进行 LBD 分析的第一批计算机辅助工具如下：

Arrowsmith 单节点和双节点搜索工具（Arrowsmith 1-node and 2-node search tools）（http:arrowsmith.psych.uic.edu）（Swanson and Smalheiser，1997；Torvik and Smalheiser，2007）。首先，在双节点搜索中，用户可在 PubMed 搜索引擎中进行两次检索来定义两组生物医学文章（在此称为文献集 A 和文献集 C）。

---

① 数据挖掘中的"趣味性"是一个宽泛的概念，包括可靠性、特殊性、多样性、新颖性、惊奇性、实用性和可操作性等概念。

然后，使用 Arrowsmith 软件从两个文献集中识别标题词，以识别一个或多个共同的连接词或短语（Bi, i = 1, 2, 3, …）。软件再根据这些短语的预测相关性进行排名，以便实现 A 和 C 有意义的链接。对于每个连接项 Bi，系统将 Bi 在 A 文献中的实例显示在 Bi 在 C 文献中的实例旁，这样一来，人们可以容易看出是否存在有趣的 A-Bi-C 关系。在单节点搜索中，用户定义研究给定问题（例如阿尔茨海默病）的单个文献 A。接着系统根据它们与 A 共享的中间术语或概念的数量来区分不同的文献 Ci。

BITOLA（https://ibmi.mf.uni-lj.si/en/node/253）是基于医学主题词与遗传背景知识的共现，这对于识别候选基因非常有用（Hristovski et al.，2005）。

SemBT（sembt.mf.uni-lj.si）使用从生物医学文献中提取的语义关系，并与微阵列结果相结合（微阵列用于实验室设置以检测数千个基因的同时表达）。在这种情况下，LBD 可用于微阵列结果解释（Hristovski et al.，2009）和药物再利用。

Mine the Gap！（可在 https://h2020-minethegap.eu/查阅）是一种不同的方法，用户指定一组给定的文献，软件据此确定该领域内的"空缺"。这些空缺是在该领域内被频繁研究但从未在同一篇文章中讨论过的一对主题。

Influence Search 提供了从英语和葡萄牙语的学术文献 PubMed 和 SciELO 索引而来的影响力关系图，可进行直接和间接的搜索。每条边的权重取决于其对应关系在文档中被讨论的频率。它还依据其描述中的对冲程度对关系确定性进行加权（Hahn-Powell et al.，2017；Barbosa et al.，2019）。

最后，Lion-LBD（https:lbd.lionproject.net）寻找的是生物医学文章中提及的疾病、基因、突变、化学物质、癌症标志和物种之间的关系，而不是文档或文档集之间的关系。

所有这些系统都是作为免费的公共生物医学网络工具实现的。此外，专有系统包括 IBM Watson for Drug Discovery（IBM，沃特森药物发现）和 Biovista's Biolab Experiment Assistant（Biovista，生物实验室实验助手）。

2.5.3　LBD 的新兴模式

迄今为止，大部分有关 LBD 的研究来自计算机科学、信息科学和生物信息学的从业者。这些研究主要集中在运用 ABiC 模型的方法论问题上。例如，是否应从文献 A 和 C 的标题、摘要、具体文件章节或全文中提取 Bi 术语？Bi 术语应该代表文本还是本体论概念？如何在知识图谱上对 LBD 进行建模？

新兴的方法以各种方式扩展了 ABC 模型。例如，人们可能希望创建更长的路径或论断链（A-B1-B2-B3-C）来连接任何两个文献或概念，而不是 A-Bi-C。另外，我们也可以设想连接研究者以确定潜在的合作者（或潜在的审稿人），而非连接人为产出的文本（文档或概念）。例如，"史密斯博士"和"琼斯博士"可能彼此不认识，也不会参加相同的会议。然而，如果他们在类似的主题上发表文章，或者与一些相同的科学家合著，他们可能会隐含地建立联系。如果他们有某些共同的兴趣或属性，他们可能会被期望在某个特定的假设或科学问题上进行高效的协同合作。

更有趣的是，合作者来自互补领域。最近，有研究者提出用于跨域协作推荐的基于语义的方法（Hristovski et al.，2015），且该方法之后通过图形数据库得以实现（Hristovski et al.，2016）。这种方法不仅推荐潜在的合作者，还解释了为什么这样的合作是有意义的。沿着这些路线的另一种方法是定义研究社区，寻求不同研究领域的联系（Hahn-Powell，2018），以确定知识差距和关键思想，这些知识差距和思想可以架起学科之间的桥梁，并促进加速科学进步的合作。

早期的 LBD 研究注重识别代表潜在新假设的新联系。然而，人们越来越清楚地认识到，真正的目标不是"新颖性"本身，而是找到领域科学家会觉得有趣的、重要的、值得进一步研究的假设。与现有知识相差不大的论断很可能是正确的。例如，如果地塞米松有助于 COVID-19 患者痊愈，那么类似的类固醇也可能有助于治疗 COVID-19。然而，因为这些论断是显而易见的，使人们习以为常，或从该领域研究人员的角度来看，也许是最无趣的。因此，存在一个明显的权衡：一个预测的假设与当前知识的分歧越大，它就越令人惊讶，但（在所有条件相同的情况下）判定它为真的可能性最小。另外，如果以往发表的研究结果被忽视或显然被当时的方法所驳倒，那么这些研究结果实际上可能是新假设甚至新范式的原材料。如果人们根据最近的发现和方法来审视这些发现，情况就更是如此（Swanson，2011；Smalheiser，2013；Smalheiser and Gomes，2014；Peng et al.，2017）。

上述情况表明，需要一种"趣味性"的衡量标准，可以根据假设的出人意料程度和对科学的潜在影响自动对假设进行评分和排名。这将有助于引导用户关注那些"物有所值"的假设。虽然还不存在这样的数据集，但可以通过用户与信息检索系统的交互来收集对"趣味性"判断。之后这些判断可用于训练个性化推荐系统，该系统可学习如何结合知识图谱结构中获得的特征与用户特征和行为相结合（Zhao et al.，2016；Guo et al.，2020），这样的系统可以通过人机协作的良性循环不断改进。

未来的 LBD 系统可能还需要考虑全新的方法来综合信息，以评估不同来源的多个细微发现。例如，在不同的背景下，多个医疗病例报告有时会发布非常相似的发现（Smalheiser et al.，2015）。在这种情况下，我们无法展开传统的元分析。然而，从直观上看，多份独立报告的存在应该指向个体病例"噪声"中的真实的信号。在材料科学中，科学文献通常报告了有限的材料样品，这些材料样品是通过非可比实验合成和表征的。同样，传统的元分析是不恰当的。相反，需要跨越不同上下文组合信息的新方法（Tshitoyan et al.，2019；Szczypińsk et al.，2021）。

LBD 可以有效地与其他 AI 方法（如神经网络）集成，进行解释。Zhang 等（2021）使用了几种基于神经网络的知识图谱补全（链接预测）方法，用于 COVID-19 的药物再利用。对负责评估的医生来说，直接解释拟议药物再利用背后的理由可能并不容易。在这些情况下，LBD 的双节点搜索（如 Arrowsmith 系统提供的搜索）可用于为药物和 COVID-19 之间的知识图谱中的路径提供解释。

2.5.4　信息科学家如何才能更好地与实验室科学家进行合作，特别是在生物学和医学领域？

许多通过 LBD 分析得出的生物医学假设已经发表。最早的例子表明，镁补充剂可以预防或治疗偏头痛，鱼油可以治疗雷诺氏病。事实上，整个药物再利用领域的基本策略几乎都归功于 LBD。例如，人们可以依据药物是否能引起与特定疾病相反的基因表达变化对其进行排序。LBD 或生物信息学从业者自己进行了大部分已发表的分析。斯旺森-斯莫海瑟小组，赫里斯托夫斯基-林德弗莱斯小组，雷恩-加纳小组和其他小组提出了大约 25 个具体的假设。这些假设中部分已得到了实验测试和证实。此外，一些独立的生物医学研究人员使用 Arrowsmith 软件来生成和评估与他们的实验室研究相关的假设（Kell，2009；Manev and Manev，2010）。

LBD 工具正在解决的问题（产生潜在的新假设）本质上比搜索研究文献（如 PubMed 和 Google Scholar）更困难，专业化程度更高。这可能是迄今为止生物医学界对其使用有限的部分原因。同样，LBD 工具可能需要向用户友好型转变，并快速响应和更好地交互。也许它们只能展示由这些系统产生的、少数几个最优的、需要被研究和评估的假设。这些工具还应该能够解释为什么提出的新假设是有吸引力的。换句话说，可解释性对于更广泛的采用也至关重要。最后，LBD 工具需要作为基于 Web 的工具（不仅仅是在 Github 上存档的代码）对公众开放访问，并在持续更新的文档集合上运行。

生物医学界要广泛采用 LBD，还存在着社会和组织方面的障碍。大多数 LBD 研究都是在生物医学信息学家参加的会议上发表和展示的，它们不是真正的最终用户。然而，生物医学课程并没有训练学生如何系统性地寻找新的假设。此外，一般来说，许多调查人员在计算机编程、数据来源问题等方面缺乏专业知识或正规培训。研究人员多与统计学家合作设计和进行实验（或应该进行的实验）。同样，LBD 分析应该在生物医学最终用户和信息学顾问之间的对话或合作中进行，以解决具体的研究问题。例如，什么样的分子途径最有希望在阿尔茨海默病中进行研究？

2.5.5 在文本之外拓展 LBD 分析

除了链接文章和其他文档中的论断或结论，下一代 LBD 系统还可能使用非自然语言形式的信息，如数字表格、图表和图形、编程代码、微阵列、下一代测序结果、表型、临床数据等。与此同时，人们越来越意识到不同的科学领域以不同的方式进行交流，这意味着对不同形式的信息有不同的挖掘重点（National Academies of Sciences，Engineering，and Medicine，2017）。事实上，在这个方向上取得的进展使非文本化信息更适合文本挖掘（Pyarelal et al.，2020；Suadaa et al.，2021）。

2.5.6 LBD 加速生物医学以外科学进步的前景展望

据报道，LBD 正日益被应用在生物医学领域之外的领域。在材料科学方面，劳伦斯伯克利国家实验室的一个小组（Tshitoyan et al.，2019），展示了一种 LBD 式、用于发现新材料的计算机算法。通过使用静态词嵌入，该算法可以发现现有材料（如晶体结构）与其先前未开发的热电应用之间的潜在关联。词嵌入是从数百万材料科学出版物中构建的词的矢量表示。这些矢量表示能够捕捉材料概念之间的复杂关系，而不需要先验指定明确的化学知识（如元素周期表）。利用这种方法，计算机可以在新材料或现有材料被发现之前，自动为其推荐新的应用领域。考虑到传统材料工程方法通常依赖缓慢而艰巨的实验来发现或重新利用新材料，这种方法可以节省资金和时间（Szczypiñsk et al.，2021）。例如，麻省理工学院的研究人员最近证明，在人工神经网络的帮助下，新材料的发现时间可以从传统分析方法的 50 年急剧降低到仅仅 5 周（Janet et al.，2020）。

图 2-6 说明了 LBD 在联合国可持续发展目标（Sustainable Development Goals）方面的巨大潜力。LBD 的研究人员此前曾尝试对 17 个目标中的 11 个进行分析。然而，图 2-6 也指出了一个问题：所有 LBD 出版物中只有不到 6%（1928 个中的 108 个）可以与至少一种可持续发展目标相对应。撇开文献索引的局限性不谈，这可能表明新的 LBD 方法和算法的实用性需要更好地与现实世界的问题联系起来（Mejia and Kajikawa，2021）。这样做有助于增加科学界和非科学界对 LBD 的了解。

人工智能驱动的知识创造工具在未来必然会增加开放性研究数据的可用性。Figshare、Dryad（https://datadryad.org/stash）和 Zenodo 等平台提供了对研究数据的开放访问，包括图形、数据集、图像或视频。在云上的文献管理解决方案（Mendeley，Zotero）和学术社交网站（ResearchGate，Academia.edu）也可以

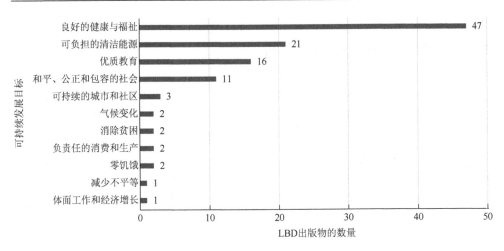

图 2-6　根据与选定的联合国可持续发展目标的一致性，LBD 研究出版物的分布情况（1989～2021 年）

条形图是指 1989 年至 2021 年间发表的包含关键词 LBD 的出版物数量

资料来源：www.dimensions.ai（accessed on 9 October 2021）

为更多以作者和社区为中心的图书馆文献数据库提供令人兴奋的可能性。最后，如澳大利亚研究数据共享（https://researchdata.edu.au）、美国政府开放数据（https://www.data.gov）以及欧盟难民署试点项目（https://data.europa.eu）等公共数据计划也能起到催化剂的作用。

2.5.7　结论

UPK 和 LBD 是简单直观的概念，对哲学和科学实践有着深远的影响。研究人员如今逐渐意识到，出版物不仅仅是先前研究的档案，它们也可以成为创造新的、可检验的假设的丰富原材料，这些假设代表着潜在的发现。LBD 技术与人工智能方法在机器学习、本体论、知识图谱和计算语言学等方面展开合作，促使这些方法自身也取得重大进展。因此，LBD 分析应该扩展至生物医学、物理和社会科学，甚至人文科学领域。

如何将 LBD 分析整合到现实生活中的科学工作流程中是最大的挑战。没有一个类似于谷歌学术的"杀手级应用"被广义上的科学界每天使用。相反，工具更加专业化且需要一些相关培训，这与使用统计软件包或计算机编程环境所需的培训一致。也许最好的方法不是要求基层和临床研究人员自己成为 LBD 专家，而是与熟练使用 LBD 工具的信息学顾问建立伙伴关系和合作。人们还可以设想举办研讨会和会议，解决如气候变化等具体问题，并在 LBD 分析的协助下与领域专家一起进行头脑风暴。也许，在不久的将来，人工智能软件代理可以充当 LBD 工具与其预期用户之间的中介。

参 考 文 献

Barbosa G.C.G. et al.（2019），"Enabling search and collaborative assembly of causal interactions extracted from multilingual and multi-domain free text"，in *Proceedings of the 2019 Conference of the North American Chapter of the Association for Computational Linguistics（Demonstrations）*，Minneapolis，https://doi.org/10.18653/v1/N19-4003.

Davies，R.（1989），"The creation of new knowledge by information retrieval and classification"，*Journal of Documentation*，Vol. 45/4，pp. 273-301，https://doi.org/10.1108/eb026846.

Guo，Q. et al.（2020），"A survey on knowledge graph-based recommender systems"，*arXiv*，abs/2003.00911，https://doi.org/10.48550/arXiv.2003.00911.

Hahn-Powell，G.（2018），"Machine reading for scientific discovery"，PhD dissertation，University of Arizona，Tucson，https://repository.arizona.edu/handle/10150/630562.

Hahn-Powell，G.，M.A. Valenzuela-Escárcega and M. Surdeanu.（2017），"Swanson linking revisited：Accelerating literature-based discovery across domains using a conceptual influence graph"，in *Proceedings of ACL 2017*，*System Demonstrations*，Association for Computational Linguistics，Vancouver，https://doi.org/10.18653/v1/P17-4018.

Hristovski，D. et al.（2005），"Using literature-based discovery to identify disease candidate genes"，*International Journal of Medical Informatics*，Vol. 74/2-4，pp. 289-298，https://doi.org/10.1016/j.ijmedinf.2004.04.024.

Hristovski，D. et al.（2009），"Semantic relations for interpreting DNA microarray data" in *AMIA Annual Symposium Proceedings*，Vol. 255/9，American Medical Informatics Association，Rockville.

Hristovski，D. et al.（2013），"Using literature-based discovery to identify novel therapeutic approaches"，*Cardiovascular & Hematological Agents in Medicinal Chemistry*，Vol. 11/1，pp. 14-24，https://doi.org/10.2174/1871525711311010005.

Hristovski，D. et al.（2015），"Semantics-based cross-domain collaboration recommendation in the life sciences：Preliminary results"，in *Proceedings of the 2015 IEEE/ACM International Conference on Advances in Social Networks Analysis and Mining 2015*，Calgary，https://doi.org/10.1145/2808797.2809300.

Hristovski，D. et al.（2016），"Implementing semantics-based cross-domain collaboration recommendation in biomedicine with a graph database"，in *Proceedings of the Eighth International Conference on Advances in Databases，Knowledge，and Data Applications*，Lisbon，https://www.iaria.org/conferences2016/DBKDA16.html.

Janet，J.P. et al.（2020），"Accurate multiobjective design in a space of millions of transition metal complexes with neural-network-driven efficient global optimization"，*ACS Central Science*，Vol. 6/4，pp. 513-524，https://doi.org/10.1021/acscentsci.0c00026.

Kell D.B.（2009），"Iron behaving badly：Inappropriate iron chelation as a major contributor to the aetiology of vascular and other progressive inflammatory and degenerative diseases"，*BMC Medical Genomics* Vol. 2/2，https://doi.org/10.1186/1755-8794-2-2.

Manev，H. and R. Manev.（2010），"Benefits of neuropsychiatric phenomics：Example of the 5-lipoxygenase-leptin-Alzheimer connection"，*Cardiovascular Psychiatry and Neurology* 2010：838164，https://doi.org/10.1155/2010/838164.

Mejia，C. and Y. Kajikawa.（2021），"Exploration of shared themes between food security and Internet of Things research through literature-based discovery"，*Frontiers in Research Metrics and Analytics*，Vol. 6/25，https://doi.org/10.3389/frma.2021.652285.

National Academies of Sciences，Engineering，and Medicine.（2017），*Communicating Science Effectively：A Research*

Agenda，National Academies Press，Washington，DC，https://doi.org/10.17226/23674.

Peng，Y.，G. Bonifield and N.R. Smalheiser.（2017），"Gaps within the biomedical literature: Initial characterization and assessment of strategies for discovery"，22 May，*Frontiers in Research Metrics and Analytics*，https://doi.org/10.3389/frma.2017.00003.

Pyarelal，A. et al.（2020），"Automates: Automated model assembly from text，equations，and software"，*arXiv*，arXiv: 2001.07295，https://arxiv.org/abs/2001.07295v1.

Sebastian，Y.，E.G. Siew and S.O. Orimaye.（2017），"Emerging approaches in literature-based discovery: Techniques and performance review"，*The Knowledge Engineering Review*，Vol. 32，p. e12，https://doi.org/10.1017/S0269888917000042.

Smalheiser，N.R（2012），"Literature-based discovery: Beyond the ABCs"，*Journal of the American Society for Information Science and Technology*，Vol. 63/2，pp. 218-224，https://doi.org/10.1002/asi.21599.

Smalheiser，N.R.（2013），"How many scientists does it take to change a paradigm? New ideas to explain scientific observations are everywhere – we just need to learn how to see them"，*EMBO Reports*，Vol. 14/10，pp. 861-865，https://doi.org/10.1038/embor.2013.125.

Smalheiser，N.R.（2017），"Rediscovering Don Swanson: The past，present and future of literature-based discovery"，*Journal of Data and Information Science*，Vol. 2/4，pp. 43-64，https://doi.org/10.1515/jdis-2017-0019.

Smalheiser N.R. and O.L. Gomes.（2014），"Mammalian Argonaute-DNA binding? "，*Biology Direct*，Vol. 10/27，https://doi.org/10.1186/s13062-014-0027-4.

Smalheiser，N.R.，W. Shao and P.S. Yu.（2015），"Nuggets: Findings shared in multiple clinical case reports"，*Journal of the Medical Library Association*，Vol. 103/4，pp. 171-176，https://doi.org/10.3163/1536-5050.103.4.002.

Suadaa，L.H. et al.（2021），"Towards table-to-text generation with numerical reasoning"，in *Proceedings of the 59th Annual Meeting of the Association for Computational Linguistics*，Association for Computational Linguistics，on line，https://doi.org/10.18653/v1/2021.acl-long.115.

Swanson，D.R.（1986），"Undiscovered public knowledge"，*The Library Quarterly: Information，Community，Policy*，Vol. 56/2，p. 103118，https://doi.org/10.1086/601720.

Swanson，D.R.（2011），"Literature-based resurrection of neglected medical discoveries"，*Journal of Biomedical Discovery and Collaboration*，Vol. 6，pp. 34-47，https://doi.org/10.5210/disco.v6i0.3515.

Swanson，D.R. and N.R. Smalheiser.（1997），"An interactive system for finding complementary literatures: A stimulus to scientific discovery"，*Artificial Intelligence*，Vol. 91/2，pp. 183-203，https://doi.org/10.1016/S0004-3702（97）00008-8.

Szczypińsk，F.T. et al.（2021），"Can we predict materials that can be synthesised? "，*Chemical Science*，Vol. 12/3，pp. 830-840，https://doi.org/10.1039/D0SC04321D.

Torvik，V.I. and N.R. Smalheiser.（2007），"A quantitative model for linking two disparate sets of articles in MEDLINE"，*Bioinformatics*，1 July，Vol. 23/13，pp.1658-1665，https://doi.org/10.1093/bioinformatics/btm161.

Tshitoyan，V. et al.（2019），"Unsupervised word embeddings capture latent knowledge from materials science literature"，*Nature*，Vol. 571/7763，pp. 95-98，https://doi.org/10.1038/s41586-019-1335-8.

Zhang，R. et al.（2021），"Drug repurposing for COVID-19 via knowledge graph completion"，*Journal of Biomedical Informatics*，Vol. 115，p. 103696，https://doi.org/10.1016/j.jbi.2021.103696.

Zhao，W.，R. Wu and H. Liu.（2016），"Paper recommendation based on the knowledge gap between a researcher's background knowledge and research target"，*Information Processing and Management*，Vol. 52/5，pp. 976-988，https://dl.acm.org/doi/abs/10.1016/j.ipm.2016.04.004.

2.6 通过公民科学和人工智能提高科学生产力

路易吉·切卡罗尼，Earthwatch 公司，英国
杰西卡·奥利弗，悉尼大学，澳大利亚
艾琳·罗杰，联邦科学与工业研究组织，澳大利亚
詹姆斯·毕比，工业与环境，澳大利亚
保罗·弗莱蒙斯，澳大利亚博物馆，澳大利亚
卡蒂娜·迈克尔，亚利桑那州立大学，美国
亚历克西斯·乔利，国家数字科学与技术研究所，法国

2.6.1 介绍

公民科学是公众参与科学探究的一种调查形式，他们通常与专业科学家和科学机构合作，或在其指导下参与科学研究，并通过广泛的活动和不同的主题支持科学研究和应用科学。随着通信和计算技术的进步，公众可以以新的方式合作参与公民科学项目，例如，参与者通过 eBird、iNaturalist 或 EchidnaCSI 项目等平台提交有关环境的观察结果和样本，也可以通过 DigiVol 或 Zooniverse 等平台转录历史文献或对照片、音频和视频进行分类，此外，参与者还能通过 Polymath Project 协作解决数学问题，通过 Foldit 玩在线游戏，或为医学研究提供信息。公众也能传播项目成果。

迄今为止，公民科学对加速科学发现的重大影响与数据收集和处理活动有关联（Bonney et al.，2016）。公民科学不断获得支持和接纳，产生积极的社会、经济和环境影响，许多项目积极支持学习特定主题、深化对科学的理解并为决策提供信息（Bonney et al.，2014）。公民科学家参与的项目涉及各个科学领域，如天文学、化学、计算机科学、环境科学、数学、医学和社会科学。然而，绝大多数公民科学项目是来支撑对生物多样性、野生动物、植物和环境过程的理解的（Kullenberg and Kasperowski，2016）。

机器展现的智能被称为人工智能，已被广泛应用于各个科学领域，公民科学也不例外，并且通过人工智能的整合而逐渐变强（Ceccaroni et al.，2019）。本文探讨了人工智能和公民科学的协同作用，以提高科学生产力，最后探讨了这一新兴领域的未来机遇和考虑因素，包括政策影响。

2.6.2 公民科学与人工智能相结合如何提高科学生产力

在过去的十年中，人工智能在公民科学领域的能力和应用取得了巨大的进展。

人工智能应用程序可以采用无监督或监督机器学习方法。在前者中，数据不必由人们先进行准确注释；后者发生得更频繁，需要人类已经标记的数据来训练人工智能算法。目前，运用人工智能的公民科学系统正在通过多种机制推动科学发展：

- 提升数据处理的速度和规模。
- 扩大项目的时间和地理范围。
- 提高收集和处理数据的质量。
- 支持人类和机器之间的学习。
- 利用新的数据源。
- 多样化参与机会。

下文将详细介绍这些机制，并提供当前的示例。

2.6.3　提升数据处理的速度和规模

通常来说，运动所触发的摄像头能够捕捉到许多移动植被的照片，而非目标动物经过时的照片。音频、视频和其他媒体通常可以使用类似的机器学习技术进行过滤，这样，人工智能算法就可以减少需要人类处理的数据量。人工智能用于过滤图像中的误报，以便公民科学家更有可能看到需要识别的动物照片（Willi et al.，2018）。将人工智能和公民科学更强有力地整合到生态研究中不断增加的措施中，将带来更具有概括性的对大规模环境的深刻见解（Tuia et al.，2022）。在线公民科学项目 Galaxy Zoo 应用了类似的过滤技术，在该项目中，参与者根据卫星照片中的可见特征对星系类型进行分类。人工智能执行的图像预处理有助于大量数据的分析，人机结合（通常称为人机协作）提高了数据处理速度（Beck et al.，2018）。

2.6.4　扩大项目的时间和地理范围

人们日益认识到公民科学（与人工智能相结合）在扩大环境监测计划方面的潜力。这些项目包括解决方案依赖于大量跨时空观测的项目（McClure et al.，2020）。例如，Pl@ntNet 公民科学平台包括自动识别植物的工具，可以使公民科学家向全球存储库和监测项目提供更准确的数据（Bonnet et al.，2020）。同样，iNaturalist 项目包括自动识别大多数物种的工具，这使得公民科学家们能够收集到传统科学无法实现的时间和空间尺度的观测结果。

2.6.5　提高收集和处理数据的质量

目前，有几个利用人工智能提升数据收集和处理质量的非常成功的项目。通过全球平台 eBird，观鸟者提交了大量鸟类观察结果，为物种分布模型的开发提供了信息（Sullivan et al.，2014），这些模型随后被用于提高数据质量，自动过滤掉观鸟者所在地以外的鸟类观测数据（Kelling et al.，2012）。

2.6.6 支持人类和机器之间的学习

公民科学家可以帮助训练人工智能，来解决通常由专家执行的复杂分析任务。人机参与流程是在项目周期的不同阶段由人工监督构建的系统。例如，人类创建并标记数据集，然后用于训练人工智能算法和模型，由人类监督模型并对其进行微调。人类还可以测试和验证这些模型，从而产生高质量的人工智能系统。通过采用"人机交互"方法，诸如 iNaturalist、Pl@ntNet 和 BirdNet 等一些专注于识别物种的大型公民科学项目得到了极大发展。在某些情况下，这些类型的人类与人工智能交互系统可以训练人工智能算法来识别物种，几乎与具有物种专业知识的人类一样准确（Bonnet et al.，2018）。在在线引力间谍项目中，参与者识别干涉仪数据视觉表示中的异常现象，以协助科学家寻找引力波；人工智能用于培训新人更快地学习（Jackson et al.，2020）。凭借这种人工智能集成，项目变得更加高效。

另一个例子是名为"企鹅观察"（Penguin Watch）的监测项目，其中人类先分析企鹅群的延时图像（Jones et al.，2020）。志愿者们的分析对评估用于识别物种的人工智能算法的可靠性大有裨益，它还有助于在不同条件下（白天和黑夜）针对不同物种完善算法。

在 iNaturalist 中，人工智能为参与者提供通过计算机模型及时反馈所提交照片中的生物体（植物、动物或真菌）。这种反馈为公民科学家提供了更多了解生物多样性的机会，且有可能使他们继续参与该项目（van Horn et al.，2018）。社区中其他更专业的成员可以更具体地识别物种，或验证人工智能识别，这些可用于完善计算机视觉算法（van Horn et al.，2018）。

2.6.7 利用新的数据源

在人工智能（数据过滤）的支持下，利用社交媒体等非传统数据源，可以极大地增强数据的时间和地理可用性，并收集实时信息（MacDonald et al.，2015）。在极光项目（Aurorasaurus project）中，参与者提交对极光目击事件的观察和验证，该项目在通过项目网站和社交媒体直接提交的观察结果汇总方面相对新颖。其他几个项目（特别是天气观测项目）也开始从 Twitter 等社交媒体平台收集数据，以增加可用于分析的数据量（MacDonald et al.，2015）。

2.6.8　多元化的参与机会

人工智能的使用为参与者提供了更多的参与方式，而参与度的提高为科学研究提供了更多信息。有些人喜欢通过搜索大量数据来寻找罕见事物。例如，参与者可能希望看到照片中捕捉到野生动物运动轨迹（Bowyer et al.，2015）或聆听到稀有鸟类的叫声（Oliver et al.，2019）。在某些情况下，经过训练，人工智能可以快速执行一些参与者可能认为耗时或无趣的任务（Ceccaroni et al.，2019）。在一些相机陷阱项目中，人工智能可用于消除图像中的错误反馈，这使得公民科学家能够专注于识别动物，即只需关注那些有动物出现的图片，从而节省时间。在iNaturalist 应用程序中，人工智能可协助进行物种识别，并增加使用该平台的参与者的生物多样性知识（Unger et al.，2021）。

2.6.9　未来的应用

人工智能支持的公民科学还有进一步发展空间，这包括：开发新的人工智能应用程序；使非专业人员更易于使用人工智能技术；增加对人工智能的私人投资——类似于微软现有的"AI for Earth"投资（Joppa，2017）。抓住这些机遇可以使更多人开始使用人工智能辅助的公民科学应用程序（Rzanny et al.，2022），还可以将更多的公民科学数据纳入国际数据存储库，从而使公众、研究人员和政策制定者更容易获得这些数据。未来，人工智能将越来越多地应用于公民科学领域，包括所有类型的自主系统，如无人机、自动驾驶汽车以及其他与人工智能集成的机器人和遥感仪器；还可能包括移动应用程序和硬件以及无线宽带网络和云计算等通信技术的改进。所有这些新兴应用都将产生新的功能，特别是在数据收集以及自动检测和识别图像、录音或视频中的物品方面。

在人工智能与公民科学的融合中，必须仔细考虑人工智能算法和人工智能辅助信息系统的风险、可追溯性、透明度和可升级性（Ceccaroni et al.，2019；Ponti et al.，2021）。可追溯性对于复现、验证和修订人工智能算法生成的数据必不可少（例如通过版本控制和人工智能模型的可访问性）；透明度对于理解和纠正人工智能模型中的偏差至关重要（例如，通过训练使数据完全可访问），如果没有适当的透明度，人工智能算法的错误就无法被理解，在某些情况下甚至无法被检测到；可升级性——人工智能算法随时间升级的能力，对于适应专家和公民科学家的新输入和修正是必要的。

此外，有必要量化不确定性。就公民科学而言，不确定性源于数据收集、分类或处理中由人工智能算法（如结果、预测）或参与者所致的错误或偏差，以及自然数据差异。在数据的整个生命周期中，维护有关如何处理数据的元信息至关重要。跟踪不确定性可以确保相关变量和偏差（如观察图中可能影响后续决策的错误）是可查找、可访问、可兼容以及可重复使用的（Wilkinson et al.，2016）。就生物多样性领域而言，实现该目标的第一步是将与物种识别相关的不确定性纳入达尔文核心（Darwin Core，即广泛接受的生物多样性数据标准），然后在生物多样性数据应用程序中搜索该信息。数据中允许的不确定性应该最终取决于数据的使用方式，数据质量不能简化为二元属性（可用与不可用）。例如，在构建物种分布模型时可以容忍输入数据中一定比例的误差（Botella et al.，2018），但是一次错误的观测结果可能会严重影响基于某些物种早期检测的预警系统（Botella et al.，2018）。

2.6.10　政策考虑

随着技术的进步，机器将承担更多公民科学项目中繁重的数据处理和耗时的工作。然而，几个问题随之而来：如何激励公民科学家继续参与项目？如何让他们参与学习？如何对他们进行教育？他们的贡献如何得到适当的归属和认可？他们的时间和努力如何得到回报？最后，如何管理数据利用与所有权？（Franzen et al.，2021；Ponti et al.，2021）。如果不解决这些问题，人们对于公民科学的兴趣和参与度可能会下降。确保这些问题充分考虑将是一个长期的挑战。与此同时，这些问题不应阻碍或限制公民科学，也不应降低其吸引力。事实上，人工智能可以吸引更多的人参与公民科学，因为有些人（如年轻人）对人工智能特别好奇，可能会被吸引到这个领域。

政策制定者应该投入资源，就人工智能如何通过公民科学帮助提高科学生产力提出创造性的想法：

● 扩大可利用公民科学的科学项目类型的范围。迄今为止，公民科学的研究领域主要以生物多样性、野生动物、植物和环境过程项目为主。通常来说，这些研究领域有更长久的历史，更容易吸引公众参与，人工智能对这些领域的贡献也最为突出。

● 为科学家、技术人员和更广泛的群体提供最佳实践指南，以便他们能够采用公民科学的方法。尤其需要指导如何将复杂的研究项目分解为公民科学家可以承担的独立任务，人工智能可以帮助完成这样的任务划分。

● 通过量化输出的准确性来验证公民科学的贡献。人工智能有助于确保遵守科学方法，并协助进行质量和影响评估，但公民科学项目在报告这些指标方面仍然面临挑战（Wehn et al.，2021）。改进的反馈方法可以帮助缓解长期以来对数据质量的担忧，这种担忧在公民科学和更广泛的科学领域仍然普遍存在。

● 人工智能的正确使用。Joppa（2017）建议，对于每个问题，都应提出两个问题："人工智能如何帮助解决该问题？"以及"我们如何促进人工智能在这个问题上的应用？"还可以再提出一个额外的问题："我们如何确保人工智能在公民科学中的每次使用都仔细考虑风险、可追溯性、透明度和可升级性？"

2.6.11　结论

地区、国家和全球范围内，公民科学为世人呈现了一个改变科学探究、丰富生活和推动不同社区参与科学的能力转变的机会。随着公民科学的发展，新技术可能会激增，用以支持人们学习、交换信息和协作解决问题。有了这些新技术，数据更容易获取和解释，公民科学和人工智能之间可能会出现新的相互协同促进的机会。本文描述了人工智能如何与公民科学相结合，提高科学生产力。

尽管这些新技术将人工智能融入公民科学并促进自动化，但也存在一些潜在风险。项目负责人需要考虑这些风险以及如何降低风险，以确保透明度和积极成果。就增加科学和公共利益以及提高科学生产力而言，人类与人工智能成功融合将需要持续的投资，还需要考虑不同参与者群体的伦理、动机和归因、系统开发、系统优化、数据质量和影响评估等领域的问题。

参 考 文 献

Beck，M.R. et al.（2018），"Integrating human and machine intelligence in galaxy morphology classification tasks"，*Monthly Notices of the Royal Astronomical Society*，Vol. 476/4，pp. 5516-5534，https://doi.org/10.1093/mnras/sty503.

Bonnet，P. et al.（2018），"Plant identification: Experts vs. machines in the era of deep learning"，in *Multimedia Tools and Applications for Environmental & Biodiversity Informatics*，Springer，Cham.

Bonnet，P. et al.（2020），"How citizen scientists contribute to monitor protected areas thanks to automatic plant identification tools"，*Ecological Solutions and Evidence*，Vol.1/2，p. e12023，https://doi.org/10.1002/2688-8319.12023.

Bonney，R. et al.（2014），"Next steps for citizen science"，*Science*，Vol. 343/6178，pp. 1436-1437，https://doi.org/10.1126/science.125155.

Bonney，R. et al.（2016），"Can citizen science enhance public understanding of science？"，*Public Understanding of Science*，Vol. 25/1，pp. 2-16，https://doi.org/10.1177/0963662515607406.

Botella，C. et al.（2018），"Species distribution modeling based on the automated identification of citizen observations"，*Applications in Plant Sciences*，Vol. 6/2，p. e1029，https://doi.org/10.1002/aps3.1029.

Bowyer，A. et al.（2015），"Mundane images increase citizen science participation"，presentation to 2015 Conference on Human Computation & Crowdsourcing，San Diego，https://doi.org/10.13140/RG.2.2.35844.53121.

Ceccaroni，L. et al.（2019），"Opportunities and risks for citizen science in the age of artificial intelligence"，*Citizen Science: Theory and Practice*，Vol. 4/1，p. 29，http://doi.org/10.5334/cstp.241.

Franzen，M. et al.（2021），"Machine learning in citizen science: Promises and implications" in *The Science of Citizen*

Science，Springer，Cham.

Jackson，C. et al.（2020），"Teaching citizen scientists to categorize glitches using machine learning guided training"，*Computers in Human Behavior*，Vol. 105/106198，https://doi.org/10.1016/j.chb.2019.106198.

Jones，F.M. et al.（2020），"Processing citizen science-and machine-annotated time-lapse imagery for biologically meaningful metrics"，*Scientific Data*，Vol. 7/102，https://doi.org/10.1038/s41597-020-0442-6.

Joppa，L.N.（2017），"The case for technology investments in the environment"，19 December，*Nature*，www.nature.com/articles/d41586-017-08675-7.

Kelling，S. et al.（2012），"eBird: A human/computer learning network for biodiversity conservation and research"，in *Proceedings of the Twenty-Fourth Innovative Applications of Artificial Intelligence Conference*，Vol. 26/2，AAAI Press，Palo Alto，https://doi.org/10.1609/aaai.v26i2.18963.

Kullenberg，C. and D. Kasperowski.（2016），"What is citizen science? A scientometric meta-analysis"，*PLOS ONE*，Vol. 11/1，p. e0147152，https://doi.org/10.1371/journal.pone.0147152.

MacDonald，E.A. et al.（2015），"Aurorasaurus: A citizen science platform for viewing and reporting the aurora"，*Space Weather*，Vol. 13/9，pp. 548-559，https://doi.org/10.1002/2015SW001214.

McClure，E.C. et al.（2020），"Artificial intelligence meets citizen science to supercharge ecological monitoring"，*Patterns*，Vol. 1/7，p. 100109，https://doi.org/10.3389/fmars.2022.918104.

Oliver，J.L. et al.（2019），"Listening to save wildlife: Lessons learnt from use of acoustic technology by a species recovery team"，in *Proceedings of the 2019 Designing Interactive Systems Conference (DIS'19)*，23-28 June，San Diego，pp. 1335-1348，https://doi.org/10.1145/3322276.3322360.

Perry，T. et al.（2022），"EchidnaCSI: Engaging the public in research and conservation of the short beaked echidna"，*Proceedings of the National Academy of Sciences*，Vol. 119/5，p. e2108826119，https://doi.org/10.1073/pnas.2108826119.

Ponti，M. et al.（2021），"Can't we all just get along? Citizen scientists interacting with algorithms"，*Human Computation*，Vol. 8/2，pp. 5-14，https://doi.org/10.15346/hc.v8i2.128.

Rzanny，M. et al.（2022），"Image-based automated recognition of 31 Poaceae species: The most relevant perspectives"，*Frontiers in Plant Science*，Vol. 12，26 January，https://doi.org/10.3389/fpls.2021.804140.

Sullivan，B.L. et al.（2014），"The eBird enterprise: An integrated approach to development and application of citizen science"，*Biological Conservation*，Vol. 169，pp. 31-40，https://doi.org/10.1016/j.biocon.2013.11.003.

Tuia，D. et al.（2022），"Perspectives in machine learning for wildlife conservation"，*Nature Communications*，Vol. 13/1，pp. 1-15，https://doi.org/10.1038/s41467-022-27980-y.

Unger，S. et al.（2021），"iNaturalist as an engaging tool for identifying organisms in outdoor activities"，*Journal of Biological Education*，Vol. 55/5，pp. 537-547，https://doi.org/10.1080/00219266.2020.1739114.

van Horn，G. et al.（2018），"The iNaturalist species classification and detection dataset"，in *Proceedings of the IEEE Conference on Computer Vision and Pattern Recognition*，Institute of Electrical and Electronic Engineers，Piscataway，https://authors.library.caltech.edu/87114/.

Wehn，U. et al.（2021），"Impact assessment of citizen science: State of the art and guiding principles for a consolidated approach"，*Sustainability Science*，Vol. 16/5，pp. 1683-1699，https://doi.org/10.1007/s11625-021-00959-2.

Wilkinson，M.D. et al.（2016），"The FAIR Guiding Principles for scientific data management and stewardship"，*Scientific Data*，Vol. 3/1，pp. 1-9，https://doi.org/10.1038/sdata.2016.18.

Willi，M. et al.（2018），"Identifying animal species in camera trap images using deep learning and citizen science"，*Methods in Ecology and Evolution*，Vol. 10/1，pp. 80-91，https://doi.org/10.1111/2041-210X.13099.

2.7　人工智能能为物理学做什么？

萨宾·霍森费尔德，法兰克福高等研究院，德国

2.7.1　引言

近年来，世界各国政府纷纷推出人工智能研究计划，如澳大利亚、加拿大、美国、中国、丹麦、法国、德国和英国等，区域组织欧盟也推出了其人工智能研究计划。每个国家都突然有了"人工智能制造"战略，无论它们处于地球的哪个区域。未来几十年，数百亿美元、欧元和人民币的公共和私人资金很可能会涌入这一领域。然而，如果问物理学家如何看待人工智能，他们可能会大吃一惊。对他们来说，人工智能是 20 世纪 80 年代的潮流。他们更愿意称之为"机器学习"，并为几十年来一直使用这一术语而自豪。本文总结了人工智能物理学家对人工智能的不同应用，主要包括数据分析、建模和模型分析。

2.7.2　机器学习在物理学中的发展

早在 20 世纪 80 年代中期，从事统计力学研究的研究人员就开始着手深入了解机器是如何学习的。统计力学是一个研究大量粒子相互作用的领域。他们发现，磁化无序的磁铁（即所谓的"自旋玻璃"）在物理上实现了机器学习中某些数学规则。这反过来意味着，这些磁体的物理行为揭示了机器学习的某些特性，比如它们的存储能力（Peretto，1984）。当时，物理学家还利用统计力学的技术对算法的学习能力进行了分类。

粒子物理学家也走在了机器学习的前沿。早在 1990 年就举办了第一届高能物理和核物理人工智能研讨会。该系列研讨会目前仍在举办，但已更名为"高级计算与分析技术"（Advanced Computing and Analysis Techniques，ACAT）研讨会。这可能是因为新的缩写"ACAT"更加朗朗上口。不过，这也说明"人工智能"一词在物理学研究人员中已不再通用。

物理学家之所以避免使用"人工智能"一词，是因为它充满了炒作的味道，而且与自然智能的类比往好里说是肤浅的，往坏里说则是充满误导性的。事实上，目前的人工智能模型在某种程度上是受到了人脑结构的启发或参考。"神经网络"一词指的不是神经元等实际结构，而是基于"神经元"通过"突触"连接的数学表示的算法。利用对其性能的反馈（即"训练"），算法可以"学习"优化可量化的目标，如识别图像或预测数据趋势。

这种迭代学习当然是智能的一个方面,但还远远不够。目前的算法在很大程度上依赖于人类提供的合适的输入数据,它们并不能制定自己的目标。

人工智能模型不能提出理论模型。在物理学家看来,它们只是简单提供了拟合和外推数据的方法。

那么,人工智能能给物理学带来哪些新的变化呢?事实证明有很多方面。这些技术并不新鲜,即使是深度学习(一种有三层或更多层的神经网络),也可以追溯到21世纪初。然而,如今的易用性和强大的计算能力意味着计算机可以完成以前只有人类才能完成的任务。

人工智能的发展也使科学家们能够探索全新的研究方向。直到几年前,其他计算方法的性能还常常优于机器学习,但现在机器学习在许多不同领域都处于领先地位。这就是为什么近年来,人们对机器学习的兴趣似乎已延伸到物理学的各个领域。

人工智能在物理学中的大多数应用大致可分为三大类:数据分析、建模和模型分析。

1. 数据分析

数据分析是机器学习最广为人知的应用。神经网络可以被训练来识别特定的规律,也可以让它学会自己寻找新规律。在物理学中,神经网络被用于图像分析,例如天体物理学家搜索引力透镜信号时会使用神经网络技术。当物体周围的时空发生严重变形,以至于来自物体背后的光线发生明显扭曲时,就会发生引力透镜现象。最近成为头条新闻的黑洞图像就是一个极端的例子。不过,大多数引力透镜事件都比较微妙,会造成光的模糊或部分弧线。人工智能可以通过学习来识别它们。

粒子物理学家还利用神经网络来寻找特定和非特定的规律。高能粒子对撞(如在大型强子对撞机上进行的对撞)会产生大量数据。可以训练神经网络来标记有趣的事件。类似的技术已被用于识别某些类型的伽马射线暴(Chen and Ma,2021)。神经网络也可能有助于探测引力波(George and Huerta,2018)。

数据分析不仅仅是回顾和解释已经收集的数据,也可以是一个主动的、预测性的过程。实现聚变功率需要解决将过热的等离子体悬浮在一个强大的磁体环中这一挑战。使用人工智能来分析等离子体的动力学和预测不稳定性,可以帮助控制一个潜在的混沌系统(Degrave et al.,2022)。

2. 建模

机器学习通过加速现有的计算速度和启用新类型的计算方式来辅助物理系统建模。例如,即使在目前的超级计算机上,对星系形成的模拟也需要花费很长的时间。然而，神经网络可以从现有的模拟中学习外推，而不需要每次重新运行完整的模拟。该技术被成功用于匹配星系中暗物质的量与可见物质的量（Moster et al.，2021）。神经网络也被用来重建宇宙射线撞击大气的完整过程（Erdmann et al.，2018），或者基本粒子如何分布在复合粒子中（Forte et al.，2002）。

3. 模型分析

机器学习被应用于深入理解那些过于复杂的无法通过传统的数学分析方法来完全理解的理论和模型，或者用于加速计算。例如，许多量子粒子的相互作用可以产生多种物相，超出了通常所知的气体、液体、固体和超流体范围。然而，现有的数学方法不足以支持物理学家计算这些物相。神经网络可以对多个量子粒子进行编码，然后对不同类型的行为进行分类。

类似的想法也适用于利用神经网络对材料属性进行分类，比如导电性或可压缩性。原则上，材料的原子结构理论是已知的。然而，为了使理论具有可操作性，计算量是如此庞大，以至于超出了计算能力的范围。机器学习正在开始改变这种状况。很多人希望有一天能让物理学家发现在室温下具有超导性的材料。这项研究的成功将对从医学到计算的各个领域产生重大的实际应用。神经网络应用的另一个富有成果的领域是"量子断层摄影"，即通过执行一系列测量来重建量子态，这是与量子计算高度相关的问题。

机器学习促进了物理学发展，但物理学反过来也可以促进机器学习进步。目前，物理学家还不能很好地理解神经网络为什么能像物理学家一样发挥作用。由于一些神经网络可以表示为物理系统，因此来自物理学的知识可以揭示它们是如何运作的。

2.7.3　结论

人工智能在物理学中的运用并不是新鲜事物。然而，今天的易用性、技术进步和巨大的计算能力意味着机器学习可以让物理学家突然解决许多以前难以解决的问题。这对物理学的未来意味着什么？我们是否将看到克里斯·安德森在其备受关注的论文中所预言的"理论的终结"（Anderson，2008）？

我们不太可能看到这一局面。神经网络有许多不同的类型，它们的结构和学习方案各不相同。物理学家必须了解哪种算法适用于何种情境，以及它们的表现如何，这与他们在理论方面的研究过程相似。机器学习不会取代理论，而是会将其推向一个新的高度。

参 考 文 献

Anderson，C.（2008），"The end of theory: The data deluge makes the scientific method obsolete"，*Wired*，Vol. 16/7，www.wired.com/2008/06/pb-theory.

Chen，Y. and Ma，B.（2021），"Novel pre-burst stage of gamma-ray bursts from machine learning"，*Journal of High Energy Astrophysics*，Vol. 32，pp. 78-86，https://doi.org/10.1016/j.jheap.2021.09.002.

Degrave，J. et al.（2022），"Magnetic control of tokamak plasmas through deep reinforcement learning"，*Nature*，Vol. 602/7897，pp. 414-419，https://doi.org/10.1038/s41586-021-04301-9.

Erdmann，M. et al.（2018），"A deep learning-based reconstruction of cosmic ray-induced air showers"，*Astroparticle Physics*，Vol. 97，pp. 46-53，https://doi.org/10.1016/j.astropartphys.2017.10.006.

Forte，S. et al.（2002），"Neural network parametrization of deep-inelastic structure functions"，*Journal of High Energy Physics*，Vol. 5/062，http://doi.org/10.1088/1126-6708/2002/05/062.

George，D. and E.A. Huerta.（2018），"Deep learning for real-time gravitational wave detection and parameter estimation: Results with advanced LIGO data"，*Physics Letters B* 778，pp. 64-70，https://doi.org/10.1016/j.physletb.2017.12.053.

Moster，B.P. et al.（2021），"GalaxyNet: Connecting galaxies and dark matter haloes with deep neural networks and reinforcement learning in large volumes"，*Monthly Notices of the Royal Astronomical Society*，Vol. 507/2，pp. 2115-2136，https://doi.org/10.1093/mnras/stab1449.

Peretto，P.（1984），"Collective properties of neural networks: A statistical physics approach"，*Biological Cybernetics*，Vol. 50/1，pp. 51-62，https://doi.org/10.1007/bf00317939.

2.8　药物发现中的人工智能

克里斯托夫·绍洛伊，Turbine AI 公司，匈牙利

2.8.1　引言

　　人工智能有望降低新药发现过程的风险。本节探讨了制药行业如何采用新的商业模式来降低药物发现早期的风险。本节主要着眼于人工智能如何通过节省成本和时间来加速药物发现过程，以及"可解释的人工智能"在弥合制药和软件行业之间差距方面的作用。最后，随着药物发现的早期阶段逐渐从学术界和大型制药公司转向小型初创企业和生物技术衍生企业，本节进而关注其对专用基础设施所产生的需求。

　　人工智能将改变药物发现过程。将一种新药推向市场面临的主要挑战是在通过患者测试揭示药物疗效之前需要花费大量时间和金钱。随着人工智能渗透到药物发现的各个环节中，其带来的主要影响是选择最有可能成功的实验，从而降低药物发现过程的风险。即便是效率的小幅度提升，也可以在药物上市时节省大量成本。

　　人工智能系统促进药物发现的能力取决于其涉及的具体环节。可解释的人工智能可能会对当前人工智能尚未广泛应用的药物发现环节产生重大影响。然而，目前设计出可解释的人工智能方法还不够出色。对于"黑箱"形式的人工智能，无论其应用领域如何，仍需要在可解释性上取得技术进步。

　　制药行业采用人工智能的速度之快令人惊讶。人工智能解决方案以提供快速但不可靠的预测而闻名。在某种程度上，这与制药行业对安全的关注存在矛盾。事实上，将人工智能直接应用于临床的效果并不理想（Herper，2017）。只要在研发过程中使用人工智能，实验就能在患者参与之前验证其预测结果。

　　始终需要通过精细化实验来确保患者的安全。人工智能的潜在影响并不会消除临床试验的必要性。相反地，它可能会使得新药最终进入临床试验时失败的情况有所减少。

　　从 20 世纪 90 年代后期开始，制药行业的生产力大幅下降（具体参见本书中杰克·斯坎内尔的文章）。这种生产力下降的趋势一直持续到 2010 年代。

　　幸运的是，新的技术，特别是基因编辑技术和更好的药物安全性预测技术，有助于避免药物发现可能面临的失败。在过去的十年中，新药审批的成本已经趋于稳定（图 2-7）①。然而，将新药推向市场仍然存在风险；即使是达到临床试验阶段的药物，失败率也远高于 60%（Wong et al.，2019）。

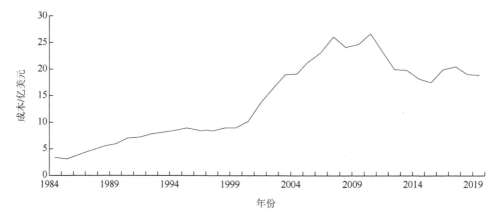

图 2-7　1984～2019 年每项新药批准的平均实际成本

据美国药品研究制造商协会会员公司每年在美国食品药品监督管理局批准的新分子实体的研发支出计算得出（使用的是五年移动平均值）

资料来源：国会预算办公室（Congressional Budget Office，CBO，2021）

---

　　① 诸如 AstraZeneca 的 5R（right target，正确的靶点；right tissue，正确的组织；right safety，正确的安全性；right patient，正确的病人；right commercial potential，正确的商业潜力）框架（Morgan et al.，2018）等方法论的进步，以及美国食品药品监督管理局对审批流程的改变，也在增加获批机会方面发挥了作用。

各大制药公司找到了一种新的商业模式来降低药物发现早期阶段的风险：从较小的生物技术公司获取具有潜在研究价值或治疗潜力的化合物许可权。制药公司为这些化合物支付了溢价，以换取小公司承担药物发现早期阶段面临的风险。大公司则做了它们最擅长的事情，即资本密集型的临床试验和商业化。这种趋势在过去十年中加速发展。

大公司的药物发现流程十分复杂，这意味着改变对个人和组织来说都是困难的。因此，在具有灵活性的小型生物技术公司中，人工智能技术的使用出现了爆炸式增长。人工智能解决方案可能已经为药物发现提供了重要价值。然而，许多应用程序尚未达到可以在大型制药公司的复杂、优化（因而必然更加严格）流程中所要求达到的成熟程度。

2.8.2 人工智能在药物发现中的前景

1. 更有创意、速度更快的实验

人工智能对药物发现的影响有多大？大多数实验是在实验室中进行的，使用专门的化验方法①测量细胞培养物或药物结合情况（通常称为湿实验室，与在计算机上进行实验的"干实验室"工作形成鲜明对比）。即使是高通量的湿实验室实验，其实验速度也相对缓慢，成本也相对昂贵，因而始终需要专业人员根据最先进的科学知识挑选有意义的实验。由于人工智能预测不需要进行这样的预选，因此机器学习系统可以帮助提出新颖的想法，而人类药物研发者一般不会设想这些想法能够奏效。虽然这种新颖想法的价值难以量化，但人工智能生成的实验清单可以在实验室中进行实验以节省成本。这种实验方法与没有人工智能系统指导的实验方法相比，时间更短，也更有可能取得成功。

2. 在药物发现的每个阶段减少与失败相关的成本和时间

除了发现新的药物，人工智能的另一个主要影响是减少药物发现各个阶段失败所带来的成本和时间。这些成本和时间的减少是可以量化的。只要在药物发现过程的每个步骤中将失败率降低20%，就意味着项目的总成本可能减半。

总体而言，数据还显示降低药物发现各个阶段的失败率是最佳选择。然而，在药物发现的最初阶段，通过减少实验来节约成本比降低失败率更为重要。图2-8显示了在药物发现的所有步骤中，通过最先进的人工智能指导实验所估计出的成本节省规模。该分析以假定人工智能工具开发人员专注于能产生最大影响的应用

---

① 化验是对物质进行测试，以确定其质量或成分。

程序开发为前提。结果显示，每种新药节省的费用总计略高于 10 亿美元（Bender and Cortés-Ciriano，2021）。

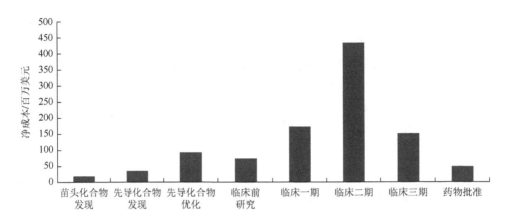

图 2-8　典型药物发现项目在药物研发的每个阶段将失败率或成本降低 20%（以影响最大者为准）所节省的净成本

资料来源：基于 Bender 和 Cortés-Ciriano（2021）

3. 发现药物所需的最小患者群体规模更小

降低研发成本可以降低新药的价格，这对于那些因高昂价格而望而却步的患者来说无疑是个好消息，同时也能显著减轻给公共预算带来的沉重负担。此外，还可以开始尝试为较小的患者群体开发药物，使罕见疾病的药物发现以及需要个性化治疗方法的常见疾病的药物发现成为可能。例如，DeSantis 等（2017）强调，20%的癌症属于罕见病，因此针对最常见癌症的药物无法覆盖这类疾病。可以说，随着时间的推移，缩小新药开发所需的最小患者群体规模将是基于人工智能进行药物发现的最大好处。

4. 如今人工智能如何应用于药物发现的不同阶段

1）理解蛋白质如何折叠

最近使人工智能应用登上新闻头条的具体内容是：更加深入地了解潜在药物靶点的结构和动态。DeepMind 的 AlphaFold2 作为一个人工智能系统，可以帮助研究人员了解蛋白质的三维结构。这是生物学中一项非常重要的问题，因为在蛋白质的世界里，结构决定功能。事实上，大多数药物发现过程都是从找到针对特定疾病的靶向蛋白质开始的。关于人类蛋白质组（构成人类的全部蛋白质）中一小部分蛋白质的形状，目前已经有了很好的实验数据。然而，科学界对大多数人类蛋白质的工作原理和折叠形态仍然一无所知。

经过对大量实验数据的深度训练并采用智能 AI 架构[①]，AlphaFold2 在胱天蛋白酶 14（recombinant caspase 14，CASP14）挑战赛中针对一组以前从未公布的蛋白质结构得到了近似于实验结果的预测（Jumper et al.，2021）。这为科学家自信地预测以前未知的蛋白质结构铺平了道路。

在 AlphaFold2 系统发布几个月后，包含 AlphaFold 预测的所有人类蛋白质结构的数据库就向科学家们开放了（Varadi et al.，2022）。这极大地帮助了制药业的研究人员找到他们感兴趣的靶向蛋白质分子，因为现在可以更好地了解靶向蛋白质的实际外观。

2）找到正确的蛋白质（靶点发现）

药物发现的下一阶段是找到针对特定疾病的靶向蛋白质。要在实验室中找到好的药物靶点，并没有最佳方法。不同的实验方法存在不同的优缺点，人工智能方法在药物发现方面也是如此。不同的机器学习系统（取决于它们所训练的数据）擅长解决不同的分析问题。因此，从事靶点发现的人工智能公司如雨后春笋般涌现，每家公司都在开发自己的药物发现平台。这些公司利用从细胞显微镜、电子病历、基因数据库和科学文献等收集到的各种数据，创建自己的药物靶点平台。虽然其中一些方法可能会进入药物发现领域，但目前还没有一种基于人工智能发现的靶向药物获得美国食品药品监督管理局的批准。第一批此类药物才刚刚进入人体临床试验阶段（Jayatunga et al.，2022）。这使得靶点发现成为人工智能药物发现中一个令人兴奋、发展迅速但仍处于起步阶段的领域。

3）寻找合适的分子（苗头化合物的筛选）

有了确定的蛋白质靶点后，化学家们都在寻找合适的分子来抑制感兴趣的蛋白质，该分子最好能对除了靶向蛋白质之外的其他生物过程或分子不产生过多影响。虽然现有的湿实验室方法可以在短短几天内筛选出数十万到数百万个小分子，但要找到好的靶点（能选择性地与特定靶点蛋白质结合的分子）仍然是一项艰巨的任务。这是因为，类药化合物的数量可能达到 10^{60} 种，是地球上原子数量的一百万倍（Bohacek et al.，1996）。

事实上，寻找好的靶点是机器学习在药物发现领域的前沿应用之一。虚拟筛选方法涉及使用计算方法来发现与感兴趣的特定靶点相结合的分子。例如，"分子对接"试图找到候选分子与目标蛋白质的结合模式。

虚拟筛选可搜索的空间比湿实验室筛选要大得多，包括商用虚拟筛选平台中的 10^9 个分子到专有制药库中的 10^{15} 个分子，甚至更多。这与湿实验室筛选的 10^6 个分子相比，相差 4 到 9 个数量级（Hoffmann and Marcus，2019）。

---

① 人工智能架构是人工智能内部使用的一组可训练转换，它将人工智能系统的输入（如药物和目标蛋白质的特征）映射到输出（预测的结合强度）。

过去 20 年来，虚拟筛选工具变得越来越复杂（Goodsell et al.，2021），深度学习算法最近也应用到了这一领域（Wallach et al.，2015）。虽然虚拟筛选可能是人工智能帮助药物发现最成熟的应用子领域，但该领域仍未能充分利用类药化合物的化学空间。总的来说，人工智能技术在预测那些已经被研究和熟知的化合物分子的新组合方面表现优异。然而，它们无法预测尚未被完全理解或充分研究的化合物特质和反应方式。

4）生成更精细的分子（先导化合物优化）

在药物发现过程中，在找到第一批有前景的分子之后，会经历一个漫长的化学迭代过程。这一过程的目的是生成更加精细的分子（称为先导化合物），这种分子具有更好的选择性、吸收性和分布特性。这样做的目的是获得一种最终可在体内给药的分子[①]。人工智能也可以协助先导化合物的优化过程，但后续产生量变的阶段是科学家们开始计划在动物身上进行实验。其中，首要的两项关键研究任务是确保化合物没有毒性，并且对改善疾病状态有效。

评估药物的毒性和代谢特性一直以来也是计算药物发现的主要工作。近几十年来，得益于人们为大规模公共数据生成付出的努力（Kleinstreuer et al.，2014）以及人工智能的进步，既有模型得到了显著改善。虽然仍有意外发生，但大多数制药公司已经将一些代谢和毒性建模的解决方案整合到药物发现的主要流程中。

5）通过药物再利用来识别生物标志物（临床前和临床阶段）

最后一步，也是最难的一步，是在给动物和人类使用分子之前预测其体内疗效。这样做的目的是利用"生物标志物"的效力，在一定程度上准确地判断哪些病人会对药物产生足够好的反应。传统的生物标志物是通过血液化验或活检的显微镜检查结果得出的，但分子基因测试的使用也越来越频繁，这说明医学正日趋个性化。然而，好的生物标志物却很难找到。

任何资深的药物研发者都会称，生物标志物对临床成功至关重要，在人工智能的支持下为药物找到一个好的生物标志物也很困难（Wong et al.，2019）。寻找可靠的生物标志物并不是大多数人工智能方法所擅长应对的。每位患者都是独一无二的，其生化指标也略有不同。此外，每位患者只能用药一次。如果他们再次回到诊所，无论药物是否已经起效，他们的肿瘤成分很可能已经发生了变化。从本质上讲，这使得他们在实验意义上变成了不同的病人。考虑到这两点事实，如果事先没有特定药物的患者数据，就很难生成用于训练人工智能系统的数据，从而找到强有力的生物标志物。

药物发现团队规避寻找良好生物标志物这一问题的方法是药物再利用。这涉

---

① 具体过程并不像这里描述的那样简单和线性；事实上，在药物准备进入临床试验之前，体外生物学和化学研究与动物模型研究之间会有多次反复。

及服用一种药物（要么是批准的药物，要么是失败了但被证明是安全的药物），并使用相应的实验数据来训练人工智能。其目标是识别出新的生物标志物，而这些生物标志物是被原有研究团队遗漏或剔除的。然而，在实践中，基于人工智能再利用的方法并没有大获成功。人工智能最终能在这方面贡献多少还有待进一步考察。

5. 可解释人工智能是连接制药和软件产业的关键

1）弥合制药与软件之间的鸿沟

将新的人工智能方法引入药物发现的一个困难是巨大的文化鸿沟。一方面，人工智能来自软件世界，在软件世界里"快进快出"的做法是可行的，而且大多是运作有效的。另一方面，正如上述讨论所表明的那样，安全性深深地嵌入在药物发现的文化之中。将任何一种新药推向市场都是风险极大的事情。因此，对于那些新颖的、未经证实的有关药物方面的想法，当公司需要投入数年和数亿美元来证明其疗效时，这些理念通常难以获得足够的支持和资金①。

发展"可解释人工智能"是弥合软件开发的动态性与药品行业安全需求之间鸿沟的方法之一。可解释人工智能是针对表现最好的人工智能系统（比如神经网络）产生的结果通常是不可解释的这一现实情况而引入的。

为了帮助理解可解释人工智能，视觉识别是一个形象的类比。视觉识别比它看上去更加复杂、不透明，也不太需要有意识。例如，人们无法定义究竟是什么因素触发了猫内在的、瞬时的视觉识别。人工智能可能会解释它们看到了尖尖的耳朵、明显的胡须等。然而，其他符合这些标准的动物也很容易找到。这正是不可解释人工智能系统（比如人工神经网络）的工作原理。

在其他的机器学习架构中，如决策树②，决策过程和学习到的规则是清晰、可理解的，即使对于一个未经训练的人类观察者也是如此。遗憾的是，这些可解释的架构被普遍认为提供了更差的预测性能（Gunning and Aha，2019）。从理论上讲，可解释的人工智能系统并不一定比不可解释的黑箱系统表现更糟糕。然而，深度学习系统作为当前领先的模型是不可解释的。因此，为任何问题选择一个可解释的人工智能架构都是不容易的。

---

① 用于药物发现训练的数据集也与计算机视觉或自然语言处理等大多数熟知的人工智能问题有很大不同。例如，在图像处理中标签是无条件的，无论方向或光线如何，猫就是猫。而在药物发现中，大多数数据都是有条件的。例如，蛋白质 X 的存在是药物 Y 疗效的良好标记，但仅适用于某些特定形式的乳腺癌。这使得药物发现中的数据再利用变得更加困难。

② 决策树是一种类似流程图的人工智能架构，其中每个内部节点代表一个属性的"测试"（例如，掷硬币的结果是正面还是反面），每个分支代表测试的结果，每个叶子节点代表类别标签（计算所有属性后做出的决定）（来自维基百科）。从根节点到叶节点的路径代表分类规则。

2）药物发现中的可解释性

以下两个论点强调了可解释性在药物发现中的重要性。

首先，科学家在药物发现中已经使用了统计经验规则，如 Lipinski（利平斯基）的五倍率法则（这是一组简单的四条规则，用于描述一个具有良好生物学活性的候选药物分子应该具备的特征）。科学界普遍认可这些规则并不是百分之百准确的。然而，每一条规则都在科学上有其合理性（如分子不能过大或带有过多的正电荷或负电荷）。

其次，在候选药物分子获得监管部门批准之前，药物发现工作还尚未完成。候选药物分子通常会出现意想不到的副作用或不良代谢特性，这就需要不断调整分子结构或目标患者人群。除非研发团队充分了解药物分子的作用方式、结合位置以及药物应该抑制的生物机制，否则就很难对候选药物分子进行必要调整，以解决可能出现的副作用或不良代谢特性问题。

通过使用额外的外部解释算法，可以从黑盒人工智能模型中获得一些"为什么"的答案。然而，简单地列出一些指示性的靶点（例如，1.结肠癌，2.非小细胞肺癌）对于药物发现来说是不够的。人工智能团队总是需要提供一种解释，以确保顺利地采纳他们的结果。

可解释性也很重要，因为它能在数据中发现"少数群体偏差"。由于已发布数据库中的大部分基因组数据都来自白种人，学习算法往往很难找出其他一些种族群体特有的疾病模式。例如，非裔美国人代谢某些药物的方式存在细微但显著的差异，因此需要不同的用药计划。

鉴于这一紧迫需求，美国食品药品监督管理局已经在努力制定医学人工智能的良好监管框架（FDA，2021）。在行动计划中特别提到了：①对用户的透明度；②识别和最小化数据中的少数群体偏差；③遵守所谓的"良好机器学习实践"。选择一个从设计上可以解释的人工智能模型，很可能会比使用黑匣子模型更快地达到合规要求。

6. 现代人工智能依赖专用基础设施

如前所述，药物发现的早期阶段正从学术界和大型制药公司向小型初创企业和生物技术衍生公司转移。这种转变背后的一个原因可能是现代人工智能对基础设施的需求。AlphaFold2 和 GPT-3 等广为人知的突破性模型包含数十亿个参数，需要在数百个专用处理器上进行长达数周的训练（Jumper et al.，2021）。在如此庞大的人工智能系统中，每次训练都要花费数万美元，而且必须持续进行训练以不断改进模型。这给规模较小的学术团体带来了巨大的经济负担。

大型现代人工智能系统面临的另一个挑战是如何在如此大规模的情况下将所有数据和代码整合在一起。人工智能公司拥有一支专门的工程师团队，负责搭建必要的基础设施和工具（数据处理管道、计算资源协调、数据库分区等）。通过这种方式，能够保证每一段代码和数据都会在正确的时间出现在训练人工智能的机器上。

为了应对这些挑战，学术团体需要像美国国家人工智能研究资源工作组（NAIRR Task Force，2022）这样的组织机构来提供更强大的人工智能支持。欧盟最近也成立了类似的联盟，如欧洲开放科学云（EOSC）或 ELIXIR 以促进该领域的合作。然而，它们大多侧重于共享数据和工具，而不是解决在学术界推广人工智能的问题。

2.8.3　结论

人工智能在药物发现中的应用并非新现象。近几十年来，机器学习一直是生成小分子靶点不可或缺的一部分。最近，人工智能不断改进，使其能够进入药物发现过程的其他环节，以降低成本和提高效率。分子对接和毒性预测已经是最先进的药物发现工作流程的主要内容。除此之外，小型生物技术公司正在试用许多使用人工智能的新方法，这加速了大型制药公司商业模式的转变。这些公司不再在内部进行所有研究，而是可以从外部购买可用于试验的化合物。尽管存在一些关键的挑战和问题（如数据的质量和可用性、算法的准确性和可解释性、药物开发过程中的伦理和法律问题），但在整个药物发现流程中成功地采用人工智能可以大幅降低药物发现成本。这将使制药业能够为那些以前由于市场规模较小、药物开发成本难以回收而被认为不具备经济可行性的患者群体生产药物。

参 考 文 献

Bender, A and I. Cortés-Ciriano. （2021），"Artificial intelligence in drug discovery: What is realistic, what are illusions? Part 1: Ways to make an impact, and why we are not there yet", *Drug Discovery Today*, Vol. 26/2, pp. 511-524, https://doi.org/10.1016/j.drudis.2020.11.037.

Bohacek, R.S., C. McMartin C and W.C. Guida. （1996），"The art and practice of structure-based drug design: A molecular modeling perspective", *Medicinal Research Reviews*, Vol. 16/1, pp. 3-50, https://doi.org/10.1002/(sici) 1098-1128(199601)16:1%3C3::aid-med1%3E3.0.co;2-6.

CASP14. （n.d.），*14th Community Wide Experiment on the Critical Assessment of Techniques for Protein Structure Prediction* website, https://predictioncenter.org/casp14/（accessed 12 January 2023）.

CBO. （2021），*Research and Development in the Pharmaceutical Industry*, 8 April, Congressional Budget Office, Washington, DC, www.cbo.gov/publication/57025.

DeSantis, C.E., J.L. Kramer and A. Jemal. （2017），"The burden of rare cancers in the United States", *CA: A Cancer Journal for Clinicians*, Vol. 67/4, pp. 261-272, https://doi.org/10.3322/caac.21400.

EC. （n.d.），"European Open Science Cloud", webpage, https://research-andinnovation.ec.europa.eu/strategy/strategy-2020-2024/our-digital-future/open-science_en（accessed 12 January 2023）.

ELIXIR. （n.d.），ELIXIR website, https://elixir-europe.org/（accessed 12 January 2023）.

FDA. （2021），*Artificial Intelligence/Machine Learning（AI/ML）-Based Software as a Medical Device（SaMD）Action Plan*, US Food and Drug Administration, Washington, DC, www.fda.gov/media/145022/download.

Goodsell, D.S. et al. （2021），"The AutoDock suite at 30", *Protein Science*, Vol. 30/1, pp. 31-43, https://doi.org/

10.1002/pro.3934.

Guida.（1996），"The art and practice of structure-based drug design：A molecular modeling perspective"，*Medicinal Research Reviews*，Vol. 16/1，pp. 3-50，https://doi.org/10.1002/（sici）1098-1128（199601）16：1%3C3：：aid-med1%3E3.0.co；2-6.

Gunning，D. and D.W. Aha.（2019），"DARPA's explainable artificial intelligence（XAI）program"，*AI Magazine*，Vol. 40/2，pp. 44-58，https://doi.org/10.1609/aimag.v40i2.2850.

Herper，M.（2017），"MD Anderson benches IBM Watson in setback for artificial intelligence in medicine"，19 February，Forbes，www.forbes.com/sites/matthewherper/2017/02/19/md-anderson-benches-ibmwatson-in-setback-for-artificial-intelligence-in-medicine/.

Hoffmann，T. and G. Marcus.（2019），"The next level in chemical space navigation：Going far beyond enumerable compound libraries"，*Drug Discovery Today*，Vol. 24/5，pp. 1148-1156，https://doi.org/10.1016/j.drudis.2019.02.01.

Jayatunga，K.P. et al.（2022），"AI in small-molecule drug discovery：A coming wave？"，*Nature Reviews Drug Discovery*，Vol 21/3，pp. 175-176，https://doi.org/10.1038/d41573-022-00025-1.

Jumper，J. et al.（2021），"Highly accurate protein structure prediction with AlphaFold"，*Nature 2*，Vol. 596，pp. 583-589，https://doi.org/10.1038/s41586-021-03819-2.

Kleinstreuer N.C. et al.（2014），"Phenotypic screening of the ToxCast chemical library to classify toxic and therapeutic mechanisms"，*Nature Biotechnology*，Vol. 32，pp. 583-591，https://doi.org/10.1038/nbt.2914.

Morgan，P. et al.（2018），"Impact of a five-dimensional framework on R&D productivity at AstraZeneca"，*Nature Reviews Drug Discovery*，Vol. 17，pp. 167-181，https://doi.org/10.1038/nrd.2017.244.

NAIRR Task Force.（2022），*Envisioning a National Artificial Intelligence Research Resource（NAIRR）：Preliminary Findings and Recommendations*，National Artificial Intelligence Research Resource Task Force，Washington，DC，www.ai.gov/wp-content/uploads/2022/05/NAIRR-TF-Interim-Report2022.pdf.

Varadi，M. et al.（2022）"AlphaFold protein structure database：Massively expanding the structural coverage of protein-sequence space with high-accuracy models"，*Nucleic Acids Research*，Vol.7/50（D1），pp. D439-D444，https://doi.org/10.1093/nar/gkab1061.

Wallach，I.，M. Dzamba and A. Heifets.（2015），"AtomNet：A deep convolutional neural network for bioactivity prediction in structure-based drug discovery"，*arXiv*，arXiv：1510.02855v，https://doi.org/10.48550/arXiv.1510.02855.

Wikipedia.（n.d.），"Flowchart"，webpage，https://en.wikipedia.org/wiki/Flowchart（accessed 10 September 2022）.

Wong，C.H. et al.（2019），"Estimation of clinical trial success rates and related parameters"，*Biostatistics*，Vol. 20/2，pp.273-286，https://doi.org/10.1093/biostatistics/kxx069.

2.9　数据驱动的临床药物研究创新

约书亚·纽，数据创新中心，美国

2.9.1　引言

从筛选化合物到优化临床试验，再到改善药品上市后的监测，更多地使用数据分析和人工智能工具将改善药物开发过程。这将带来新的治疗方法、改善疗效并降低成本。本节探讨了数据驱动的创新,特别是人工智能驱动的创新正在改变药物开发的生命周期,并提出了加快这一转变的政策建议。

新近的几项发展已经开始改变整个药物开发的生命周期。这些新近的发展包括电子健康档案的广泛采用,基因测序和智能技术等技术带来的新数据源的可用性,以及更多地采用那些成熟的人工智能技术。这种转变在药物开发的临床研究阶段尤为明显[本文节选自 2019 年白皮书《数据驱动的药物开发前景》,该白皮书探讨了数据驱动的创新(尤其是人工智能)正在改变药物开发的生命周期,并提出了加快这种转变的政策建议(New,2019)]。

美国食品药品监督管理局(FDA)将药物开发生命周期划分为识别与开发、临床前研究、临床研究、FDA 审评和 FDA 上市后安全性监测五个阶段。本节摘自 New(2019),强调了数据驱动的创新在改善临床研究阶段中的作用。临床研究阶段的重点是通过研究和临床试验来验证药物如何与人体相互作用。

2.9.2 利用人工智能和智能技术改变临床研究

开发新疗法的一个主要障碍是评估候选药物安全性和有效性的成本过高。截至 2018 年,单项临床试验的平均成本为 1900 万美元(JHSPH,2018)。这与美国卫生与公众服务部 2014 年的一项研究结果一致。该研究估计,一种药物的Ⅰ、Ⅱ、Ⅲ和Ⅳ期试验总成本为 4400 万美元至 1.153 亿美元(Setkaya et al.,2014)。更好地利用数据和分析技术可以大大降低临床试验的成本。

1. 更好地利用数据和人工智能提高患者招募和参与度

降低成本最有前景的方法之一是在临床试验设计中更好地利用数据和人工智能,尤其是提高患者招募和参与度。在选择进行临床试验的地点时,因为无法百分之百保证会有足够数量的患者前来参与临床试验,因而这是一项涉及大量资金和资源投入的不确定性较大的财务决策。为了将这种风险降到最低,Trials.ai 和 Vitrana 等公司开发了人工智能系统来指导选址决策。这些系统会分析历史选址的性能数据和研究要求等因素(Kaufman,2018;Brown,2019)。

一些公司正在利用人工智能直接改善患者招募工作。例如,Deep 6 AI 通过对结构化和非结构化临床数据进行分析,以更好地识别符合试验标准的患者,使试验组织者能够进行更有针对性的招募(Kaufman,2018;Brown,2019)。总部位于伦敦的 Antidote 公司也将机器学习用于类似目的。事实上,该公司声称,在不到两个月的时间里,机器学习为一项与阿尔茨海默病有关的临床试验推荐了 8000 名患者。此外,与其他来源的病人相比,这些被推荐的病人完成招募过程的可能性要高出七倍(Sennaar,2019)。

2. 利用机器学习维持患者对试验的参与度

即使试验招募到了足够的参与者，他们也必须全程参与试验才能取得成功。然而，如果不能让参与者遵守试验协议，就会导致他们退出或不遵守试验规则，从而降低试验的有效性。美国帕洛阿托的初创公司 Brite Health 开发了一款智能手机应用，利用人工智能提高和维持患者的参与度，以降低上述风险。该应用能够为用户提供通知，并提示他们执行必要的任务和进行实地参与。它还使用了一个聊天机器人，使患者更容易获得试验信息，同时通过算法为试验组织者识别和标记代表患者未参与的指标（Sennaar，2019）。

在某些情况下，患者可能会因为治疗的副作用而停止参与试验。在这方面，人工智能也能提供帮助。研究人员开发的机器学习算法可以确定化疗方案中能缩小脑肿瘤的最小剂量，从而降低治疗的副作用（Yuaney and Shah，2018）。在一项模拟试验中，研究人员开发的机器学习模型成功地将化疗药物的剂量降低了 25%～50%，同时治疗效果并未降低（Yuaney and Shah，2018）。通过最大限度地降低副作用风险，研究人员可以更可靠地确保患者坚持参与临床试验（Harrer et al.，2019）。

新技术还使分散化的和虚拟的临床试验成为可能。这既能更容易地从更大范围招募患者，又能降低管理成本。2017 年 10 月，生命科学公司 AOBiome Therapeutics 完成了一项为期 12 周的痤疮药物临床试验，试验结果证明该药物安全有效（Mantel-Undark，2018）。但与传统临床试验不同的是，参与者是在家中完成试验的。AOBiome 公司向参与者邮寄了药物或安慰剂，同时还邮寄了一部 iPhone 手机，手机上预装了一个应用程序，参与者可以定期拍摄和分享自己的痤疮自拍照，并在整个试验过程中与研究组织者进行交流（Mantel-Undark，2018）。这种方法使有效的临床试验成为可能，无须亲自筛查或实地访问，大大降低了患者参与的成本和障碍。

制药公司一直在积极探索用数据技术取代或增强传统的面对面试验的可能性。例如，法国赛诺菲（Sanofi）公司推出了一项临床试验，要求参与者定期前往试验地点。这样，组织者就可以收集有关参与者体重、血压和血糖的数据。随后，他们扩大了试验范围，为参与者提供了连接传感器和无线技术，以便他们在家中记录和共享这些数据（Mantel-Undark，2018）。葛兰素史克（GlaxoSmithKline）公司赞助了一项研究，以证明使用智能手机和应用程序记录类风湿性关节炎患者调查数据的可行性。研究还使用手机的加速度计来记录手腕运动。研究发现，加速度计数据比医生亲自进行的运动评估练习要准确得多（Mantel-Undark，2018）。最后，诺华（Novartis）公司与苹果（Apple）公司合作，使用苹果公司的 ResearchKit 应用来改善临床试验的招募和管理。这种合作关系有助于研究人员为智能设备开发应用程序，以收集和共享医学相关数据，如生物识别传感器数据和用户输入的信息（McConaghie，2018）。

每位患者的实地参与成本在 3000～7000 美元，研究可能涉及数十次访问和数百位患者。因此，远程数据采集的潜力可以大大降低临床试验的成本（McConaghie，2018）。

物联网等新技术提供了在传统医疗环境之外收集大量数据的机会，这些数据被称为真实世界数据（real-world data）。这些数据可能会提供有价值的证据来帮助进行药物评估，即真实世界证据（FDA，2018）。2018 年 12 月，美国食品药品监督管理局发布了真实世界证据计划（Real-World Evidence Program）框架。它为如何将真实世界数据纳入临床试验以形成有意义的真实世界证据提供了指导（FDA，2018）。

3. 建议

政策制定者应该在加快数据驱动的临床药物研究创新方面发挥重要作用，既要最大限度地发挥这些新技术的优势，又要降低其潜在的风险。

1）扩大机构数据和非传统数据的获取途径

政策制定者应扩大机构数据和非传统数据的访问获取途径。例如，他们可以减少数据共享的监管障碍，更好地促进临床试验结果的发布，并推动与国际合作伙伴的数据共享。

2）使用现代化手段改善监管流程

政策制定者应使用现代化的手段改善监管流程，包括通过扩大并充分支持那些用于评估和共享国外临床试验数据的项目。

3）提升药物开发的公平性

在临床试验中，种族、少数族裔以及妇女的代表性历来不足。这导致药物评估所依据的数据无法代表更广泛的一般人群（Castro，2014；ACC，2018）。政策制定者应投资于促进药物开发公平的计划。

4）投资人力资源

政策制定者应投入大量资金，培养一支具备必要人工智能技能的人才队伍，以大规模开发和实施数据驱动的创新。

2.9.3 结论

与许多其他行业相比，数据驱动的创新有望在医学领域带来更大的变革。这些技术的优势可以带来更安全的新疗法，改善患者的治疗效果并降低成本。药物开发的临床研究阶段尤其适合进行这种颠覆性创新。人工智能和其他数据驱动技术的使用正在改变这一领域。

参 考 文 献

ACC.（2018），"Study explores representation of women in clinical trials"，30 April，American College of Cardiology，Washington，

DC，www.acc.org/latest-in-cardiology/articles/2018/04/30/16/43/studyexplores-representation-of-women- in-clinical-trials.

Brown，C.（2019），"The next step: Using AI to formulate clinical trial research questions"，8 January，Anju Life Sciences Software，Phoenix，https://anjusoftware.com/about/all-news/insights/ai-trial-researchquestions.

Castro，D.（2014），"The rise of data poverty in America"，10 September，Center for Data Innovation，Washington，DC，www2.datainnovation.org/2014-data-poverty.pdf.

FDA.（2018），*Framework for FDA's Real-World Evidence Program*，December，US Food and Drug Administration，Washington，DC，www.fda.gov/media/120060/download.

Harrer，S. et al.（2019），"Artificial intelligence for clinical trial design"，*Trends in Pharmacological Sciences*，Vol. 40/8，pp. 577-591，https://doi.org/10.1016/j.tips.2019.05.005.

JHSPH.（2018），"Cost of clinical trials for new drug FDA approval are fraction of total tab"，24 September，Press Release，John Hopkins Bloomberg School of Public Health，Baltimore，www.jhsph.edu/news/news-releases/2018/cost-of-clinical-trials-for-new-drug-FDA-approval-arefraction-of-total-tab.html.

Kaufman，J.（2018），"The innovative startups improving clinical trial recruitment，enrollment，retention，and design"，30 November，*MobiHealthNews*，www.mobihealthnews.com/content/innovative-startupsimproving-clinical-trial-recruitment-enrollment-retention-and-design.

Mantel-Undark，B.（2018），"The search for new drugs is coming to your house"，30 August，Fast Company，www.fastcompany.com/90229910/virtual-clinical-trials-are-bringing-drug-developmenthome.

McConaghie，A.（2018），"Novartis and Apple to scale up clinical trial collaboration"，24 January，Pharma Phorum，https://pharmaphorum.com/news/researchkit-novartis-apple-scale-clinical-trial-collaboration.

New，J.（2019），"The promise of data-driven drug development"，18 September，Center for Data Innovation，Washington，DC，www2.datainnovation.org/2019-data-driven-drug-development.pdf.

Sennaar，K.（2019），"AI and machine learning for clinical trials-examining 3 current approaches，" 5 March，Emerj，Boston，https://emerj.com/ai-sector-overviews/ai-machine-learning-clinical-trialsexamining-x-current-applications.

Setkaya，A. et al.（2014），"Examination of clinical trial costs and barriers for drug development"，submitted to the US Department of Health and Human Services Office of the Assistant Secretary for Planning and Evaluation，July，https://aspe.hhs.gov/system/files/pdf/77166/rpt_erg.pdf.

Yuaney，G. and P. Shah.（2018），"Reinforcement learning with action-derived rewards for chemotherapy and clinical trial dosing regimen selection"，in *Proceedings of the 3rd Machine Learning for Health Care Conference*，Vol. 85，pp. 161-226，http://proceedings.mlr.press/v85/yauney18a.html.

2.10　将人工智能应用于现实世界的医疗保健实践和生命科学：通过联邦学习解决数据隐私、安全和政策挑战

马蒂厄·加尔捷，Owkin 公司，法国
达赖厄斯·米登，Owkin 公司，英国

2.10.1　引言

每天我们都从各种来源收集数百万个患者的数据点。以安全、可靠和合乎道

德的方式利用这些日益增长的数据所蕴含的洞察力，是为人类带来更高健康水平的关键。通过识别人类无法发现的规律，机器学习模型可以推动这些见解的发现。然而，在医疗保健领域，将大数据转化为实用见解的过程充满了挑战。健康数据十分敏感，需要通过严格的监管来谨慎处理。本节探讨了如何通过联邦学习这一新型机器学习技术来克服这一挑战。在模型训练的过程中，联邦学习技术可将患者数据安全地存储在本地，从而大大降低了对隐私泄露的担忧。本节还探讨了如何利用联邦学习技术最大化其对患者、医疗保健系统以及生命科学公司的潜在益处，并讨论了相关政策的影响（Huang et al.，2019）。

2.10.2　数据挑战

基于人工智能技术，特别是机器学习方法，能够以前所未有的速度和规模为科学突破提供动力。这项技术可以帮助我们回答医学研究中的重要问题：哪些患者应该被纳入临床试验？哪些分子是药物开发最有希望的靶点？从各种各样的医学图像（如胸部 X 光片和扫描）中提取信息以检测癌症或 COVID-19 的早期发病症状的最佳方法是什么？

然而，机器学习方法需要海量数据来进行训练；模型需要访问大型和多样化的数据集来学习，以提高精度并消除偏差（Cahan et al.，2019）。考虑一个旨在预测英国人群心脏病发作症状的模型，如果这个模型仅仅是根据某一地区，如伦敦郊区一个人口以年轻白人为主的地区所收集的数据进行训练的话，那么这个模型不太可能被广泛应用。如果没有大量、多样化和多模式的数据（即组学、数字病理学、放射学、空间生物学和临床学），机器学习将无法成功地从研究环境过渡到日常临床实践（Rieke et al.，2020）。

2.10.3　为什么在医疗保健中很难收集数据？

大多数的病人数据存储在不同的医院和研究中心，并分布在不同的服务器和数据库中。这些数据"孤岛"使得研究人员和模型很难获得足够的数据来训练准确和稳健的预测模型。其他有价值的数据类型，如用于药物发现和开发的化合物，通常由制药公司保存在内部。由于医疗保健行业的竞争性质，这些"化合物知识库"不太可能轻易共享。

数据科学家需要处理来自多个来源、不同格式的异构数据集。资料来源包括电子健康档案、国家或国际数据库、临床试验结果等。同时，数据格式和形态可以包括病史、实验室检查结果和放射学图像。这种异质性会使数据收集和分析准备工作变得烦琐、冗长和成本高昂。

通过匿名数据在医学研究中保护一个人的身份是可以理解的，但这对研究人员提出了挑战。完全去除可识别信息或者更常见的使用"假名"数据（如用代码替换病人的名字）会降低算法的性能（Rieke et al.，2020）。

考虑训练模型来预测心脏病发作症状的例子。如果在训练数据集中没有患者的出生日期或性别，这在临床上将是无用的。最终，无论是否匿名，这些数据都归属于患者，患者可以同意或不同意将其出售或转让给第三方。

2.10.4　联邦学习是如何运作的？

联邦学习出现于 2015 年，它是通过在不交换数据的情况下使用协同训练算法来解决数据治理和隐私问题（图 2-9）。算法被分派到不同的数据中心，在那里进行本地训练。一旦经过改进，它们又回到了中央单元，而数据则保存在本地。然后将相同的算法发送到其他本地数据集进行重新训练和改进。

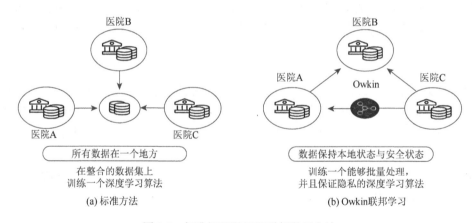

(a) 标准方法　　　　　　　　　　(b) Owkin联邦学习

图 2-9　标准机器学习和联邦学习方法

研究人员将能够利用联邦学习建立的去中心化但统一的真实数据源来构建模型。

2.10.5　为什么联邦学习是医疗保健的未来？

联邦学习的有效应用为实现精准医疗的大规模应用开辟了广阔前景。通过在来自多源、庞大异构的数据集上训练算法，能够得到产生更少偏见并更加精确的决策模型。这些模型能够敏感地捕捉个体的生理特征，同时遵守相关治理规定并充分尊重个人隐私。尽管联邦学习在技术上仍需谨慎处理，以确保在不牺牲安全或隐私的前提下优化算法，但它被看作是一种构建强大、精确、安全、稳健且无偏模型的极具潜力的途径。

联邦学习在保障安全和隐私的同时，为最大限度地发挥人工智能在健康研究中的潜力提供了解决方案。因此，它有望在未来几十年内推动医学研究的发展，可以加速治疗方案的研发并降低诊断成本，同时还能改善现有治疗的靶向性和个性化。

在未来几年内，联邦学习有望解决数据孤岛难题。它将使来自整个医疗行业的多样化数据集，包括来自医疗保健机构和临床试验的数据集，能够被快速、安全地分析。随着基础模型的开发，医学领域的机器学习将不再需要从零开始，而是通过这些模型解决更专业的问题。AlphaFold 在蛋白质结构领域的突破性进展将在治疗策略、蛋白质研究和病毒基因组学等多个领域得到应用和推广。

从患者的角度来看，这些联邦学习驱动的基础模型将催生可以由美国食品药品监督管理局和其他机构进行系统审查的临床模型。这些模型将自动更新、不断整合和验证，可在其他医疗器械或临床试验中应用。

随着患者对自己的数据拥有越来越多的控制权，监管机构也在实施更严格的数据和隐私保护政策。在未来的几十年中，很可能需要一个协作过程来发布临床机器学习模型。美国食品药品监督管理局将筛选和验证数据集，并系统地去除任何偏倚。研究人员将能够利用联邦学习建立的去中心化但统一的真实数据源来构建模型。

2.10.6 联邦学习领域正在发生什么？

近年来，联邦学习在医疗保健中的实际应用正在激增。COVID-19 要求科学、学术和医疗合作达到前所未有的规模。这加速了必要的数据共享进程，以加快对患者护理有直接影响的关键研究。在一项研究中，科学家利用 NVIDIA Clara 联邦学习平台，在来自 20 个研究机构的异构、非协调数据集上训练电子病历胸部 X 线联邦学习模型 [electronic medical record（EMR）chest X-ray AI model]。这使他们能够预测有症状的 COVID-19 患者未来的氧气需求。这反过来又可以帮助医生确定适当的护理级别（Dayan et al.，2021）。NVIDIA Clara 在医学成像、基因分析等领域也得到了广泛的应用。

随着全球研究界致力于挖掘联邦学习的潜力，新的技术不断涌现。包括 IBM 在内的大型公司已经推出了自己的联邦学习框架，利用电子健康数据建立药物不良反应预测模型，以及其他应用程序（Choudhury et al.，2019）。在这一领域，大量初创企业提供了自己的潜在平台和解决方案，但很少有企业能够将这些平台和解决方案大规模地应用于现实世界。

公共部门也越来越积极。例如，英国政府提出了一项计划，即建立一个管理英国基因组学数据的联合基础设施。这将把它们与收集的其他常规健康数据结合起来，以支持癌症和罕见病方面的研究工作（UK Government，2021）。

Owkin Connect 是一款联邦学习软件，旨在推动医院、研究中心、技术合作伙伴和生命科学公司之间的合作（Owkin，2022）。它被用于 HealthChain 联盟的临床研究和 MELLODDY①联盟的药物开发（MELLODDY，2022）。MELLODDY 项目获得了《创新药物倡议 2 联合承诺》（Innovative Medicines Initiative 2 Joint Undertaking）的资助，而后者又得到了《欧盟地平线 2020 研究和创新计划》以及欧洲制药工业和联合会（European Federation of Pharmaceutical Industries and Associations）的支持。HealthChain 项目获得了法国公共投资银行（Banque Publique d'Investissement）的资助。

2.10.7　生命科学

在不断扩大的模型系统、分析方法、化合物库和其他因素（如生物制剂）的支持下，药物发现项目产生的数据量正在以前所未有的速度增长。然而，许多疾病在生物学上的复杂性仍然无法通过药物治疗来解决。再加上监管部门的期望值不断提高，这种日益增长的复杂性增加了一般研发项目的研究强度和相关成本。因此，当务之急是尽可能地从这些数据投资中获得最大价值。

Owkin 是 MELLODDY 项目的协调者，MELLODDY 是一个由 10 家制药公司和 7 家技术合作伙伴组成的联合体，由创新药物计划资助（IMI，2022）。合作伙伴包括杨森（Janssen）、阿斯利康（AstraZeneca）、诺华（Novartis）、葛兰素史克（GlaxoSmithKline）、拜耳（Bayer）、安进（Amgen）、安斯泰来（Astellas）、Kubermatic 平台、英伟达（NVIDIA）和鲁汶（KU Leuven）等。这一具有里程碑意义的项目表明，在产业界层面开展人工智能药物发现的合作是可行的。

MELLODDY 项目于 2019 年启动，并在 2020 年宣布成功开发并运行了一个安全的联邦学习平台，但不共享每个合作伙伴的专有数据和模型，也不损害其安全性和保密性。2021 年，MELLODDY 项目首次展示了联邦学习在药物发现中的预测性能优势。2022 年公布的最终结果表明，与单个合作伙伴的模型相比，其规模化运作使所有制药合作伙伴的合作训练模型的预测性能都得到了提升。这些模型能更准确地预测分子药理和毒理活性，也能更好地支持制造和测试候选药物分子的决策过程。

① Machine Learning Ledger Orchestration for Drug Discovery，机器学习分类账编排的药物发现。

2.10.8 临床研究

通过像 HealthChain 这类的合作项目，Owkin 已成功地在不同临床中心孤立的组织学图像上训练出机器学习模型，以预测乳腺癌的治疗反应。利用 Owkin Connect 训练的模型现在可以帮助肿瘤学家根据单次活检结果为每位患者选择最有效的乳腺癌治疗方法，并为临床药物试验识别高风险患者。

2.10.9 联邦学习和数据隐私

确保个人数据的隐私和安全已成为人工智能和机器学习兴起所带来的重大挑战。将来自多个中心的数据集中化的标准方法要求数据集驻留在一台服务器上。这通常意味着将私人数据上传到云端，与其他方共享数据，并将大量数据传输到数据中心进行处理。由于联邦学习在设计上是去中心化的，而且能保护隐私，因此它符合《通用数据保护条例》的要求。表 2-2 强调了集中式机器学习和联邦学习对数据隐私影响的主要区别。

表 2-2　集中式机器学习与联邦学习对数据隐私的影响

集中式机器学习	联邦学习
● 伴随着数据合并，第三方入侵对个人数据的侵犯会影响整个数据集，使研究陷入瘫痪，直到入侵行为终止 ● 将数据集中到一个数据集的能力可能会影响个人数据处理，因为这需要系统地进行数据影响评估 ● 各个机构被认定为数据共同控制者：需要在不同机构之间起草和协商共同控制者合同	● 在联邦学习系统中，当某个参与方（网站）违反了系统的规定，系统能够识别并采取措施，阻止该网站上的研究活动继续进行。这种措施旨在确保研究不会因为个别违规行为而受到影响，同时限制违规行为的影响范围，因为违规行为通常只涉及一组有限的数据集 ● 由于数据本地化和分散的存储方式，且机构之间的数据交流没有形成一个标准化的体系，因此可能不需要进行频繁的数据影响评估 ● 数据处理是在各个站点（如医疗机构、研究实验室等）与数据处理者（Owkin）之间独立进行的。由于每个站点都是独立处理数据，因此这些站点不被视为数据协同控制者。这种独立的数据处理方式使得数据处理变得更加便捷，因为不需要所有站点之间达成一致意见或制定复杂的共同控制人合同

注：联邦学习系统中参与方之间交换的机器学习模型参数仍然隐藏着敏感信息，这些敏感信息可能会被隐私攻击所利用。因此，为了确保达到最高级别的隐私保护标准，必须加强联邦学习系统的安全性。Owkin 的软件栈包括安全聚合。这种将多方计算和同态加密相结合的分布式加密方法（一种加密形式，允许用户对其加密数据进行计算而不必先解密），使得加密后的模型可以在不解密的情况下进行平均计算。由于只有聚合模型在网络合作伙伴之间共享，而平台操作员（Owkin）无法解密模型，因此，模型的敏感信息得到了额外的保护，减少了隐私泄露的风险

2.10.10 利用联邦学习解决政策挑战

联邦学习可以在保护患者隐私的同时利用医疗数据的价值。这一改进的数据安全保护措施在欧洲至关重要，因为欧盟的《通用数据保护条例》将个人隐私置于数据治理方法的核心地位。不仅如此，欧盟还将通过《电子隐私条例》进一步强化其数据保护规则。该条例将对数据保密性提出严格的要求，并要求在处理元数据之前征得用户同意。

这种隐私保护措施并非仅限于欧洲。全球范围内，各国司法管辖区都在效仿欧盟的做法，退出新的隐私保护框架。例如，2021 年，中国颁布了《个人信息保护法》。该法规类似于欧盟的《通用数据保护条例》，对数据收集、传输和分析施加了限制（Xu et al., 2021），要求在中国境内和境外的公司遵守。在美国，许多州都通过了自己的隐私权法。同时，联邦规制的引入越来越成为"何时引入"而非"是否引入"的问题。换句话说，无论如何运作，数据创新和对个人隐私的尊重都将越来越紧密地联系在一起。通过采用联邦学习，组织能够准确地定位自身，以符合当前和未来的隐私法规。

联邦学习还与政策制定者日益关注的优先事项相契合：确保数据在本地存储和处理，即所谓的数据本地化或"数据主权"。虽然数据本地化需求在中国和俄罗斯联邦等伙伴经济体更为常见，但数据本地化需求在欧美政策制定中也日益凸显（Svantesson, 2020）。

这种需求背后的原因多种多样，包括维护国家安全、对外国数据保护标准的信任缺失，以及认为本地存储和处理数据将成为增强数据安全性和保持经济竞争力的关键。

联邦学习技术回应了这些挑战。它允许数据在其存储位置通过加密算法进行处理，而不是要求数据集中转移到其他地方进行汇总。这种方法既解决了政策上的顾虑，又保护了创新，确保了数据的机密性和安全性。

联邦学习在帮助决策者充分释放数据的经济价值和社会价值方面也发挥着至关重要的作用。COVID-19 大流行的经历前所未有地表明，数据有能力帮助人类解决复杂的集体挑战。这些挑战可能包括跟踪新变种的出现和传播，也可能包括监测疫苗对数十亿人的副作用。

为了增强联邦学习的这些能力，政府可以采取措施，利用数据在不同领域的力量——从治疗疾病、减少碳排放到打击金融欺诈。例如，2022 年 5 月，欧盟委员会提出了备受期待的《欧洲健康数据空间》（EC, 2022）。这个针对健康的生态系统由规则、通用标准和实践、基础设施和治理框架组成。其目的是通过增加对个人电子健康数据的数字化访问和控制，来对个人赋能。与此同时，它还为电子健康记录系统、相关医疗设备和高风险人工智能系统建立了一个统一的、跨机构的平台。

《欧洲健康数据空间》还旨在为研究、创新、政策制定和监管活动（数据的二次利用）提供一致、可靠和有效的健康数据使用环境。其目标是促进企业、研究人员和公共机构之间更大程度的数据共享，从而推动创新和经济增长。联邦学习作为一种机制，为实现这些愿景提供了可能性。通过联邦学习，可以从多个数据集中获取见解，同时避免了在合并数据集时不可避免的技术挑战、机密性问题以及隐私风险。

也许最重要的是，通过对数据隐私和安全的强调，联邦学习有助于重建公众对技术的社会利益的信任。这种信任在最近几年受到损害，因为人们普遍认为科技公司滥用了消费者授予它们的数据访问权。这些公司要么未能保护这些数据的机密性，要么在未经用户同意的情况下将其用于盈利。联邦学习的广泛采用可以解决这些合理的担忧，并提高公众分享数据的意愿，从而推动医疗保健和其他许多领域的创新。

2.10.11　结论

联邦学习使多方能够在无须交换或集中数据集的情况下进行协作训练，从而解决了与敏感医疗数据传输有关的问题。因此，它为研究和商业领域开辟了新的途径，并在全球范围内提升了患者护理水平。联邦学习已经对医疗保健生态系统产生了深远影响。它通过改进医学影像和其他临床数据的分析，为临床医生提供更先进的诊断工具。它通过帮助识别患者亚群和加速临床试验从而推动精准医疗发展。这种加速降低了制药公司的成本，缩短了药物上市时间，确保更多患者能够更快地接受正确适当的治疗。

作为一种新兴技术，联邦学习无疑将成为未来十年中一个活跃的研究领域。它通过克服基本隐私问题，为研究突破提供了令人兴奋的新机遇。随着医疗保健领域涌现出更多有价值的应用案例，更多的医疗保健合作伙伴将选择采用联邦学习技术进行安全可靠的合作。这将引发真正的范式转变，使精准医疗成为现实，并最终提升患者护理水平。通过安全、合乎道德地利用存储在患者数据中的宝贵价值，联邦学习将在确保每位患者获得适当治疗方面发挥越来越重要的作用。

不过，这种情况可能需要公共领域的一些支持。在那些对患者数据使用有严格要求的地区，联邦学习可能对促进数据的二次使用以及基因组学等敏感数据的获取至关重要。作为传统"中心化"数据存储方法的一种替代方案，联邦学习的去中心化方法和加密功能为政治决策者和公共当局提供了一个有效的网络安全解决方案。

　　公众领域的支持可能首先来自公共财政，特别是在帮助研究中心采用去中心化方法和创建共享基础设施方面。也可以通过监管的方式，特别是欧盟层面的监管来实现。从这个角度看，《欧洲健康数据空间》为进一步提高决策者对联邦学习的认识和采取去中心化战略提供了一个良好的机会。

参 考 文 献

Cahan，E.M. et al.（2019），"Putting the data before the algorithm in big data addressing personalized healthcare"，*npj Digital Medicine*，Vol. 2/78，https://doi.org/10.1038/s41746-019-0157-2.

Choudhury，O. et al.（2019），"Predicting adverse drug reactions on distributed health data using federated learning"，presentation to AMIA Symposium，https://research.ibm.com/publications/predicting-adverse-drug-reactions-on-distributed-health-datausing-federated-learning.

Dayan，I. et al.（2021），"Federated learning for predicting clinical outcomes in patients with COVID-19"，*Nature Medicine*，Vol. 27，pp. 1735-1743，https://doi.org/10.1038/s41591-021-01506-3.

EC.（2022），"European Health Data Space"，webpage，https://health.ec.europa.eu/ehealth-digital-healthand-care/european-health-data-space_en（accessed 25 November 2022）.

Huang，L. et al.（2019），"Patient clustering improves efficiency of federated machine learning to predict mortality and hospital stay time using distributed electronic medical records"，*Journal of Biomedical Informatics*，Vol. 99/103291，https://doi.org/10.1016/j.jbi.2019.103291.

IMI.（2022），Innovative Medicines Initiative website，www.imi.europa.eu/（accessed 25 November 2022）.

MELLODDY.（2022），MELLODDY website，www.melloddy.eu/（accessed 25 November 2022）.

Owkin.（2022），"Owkin Connect"，webpage，www.owkin.com/connect（accessed 25 November 2022）.

Rieke，N. et al.（2020），"The future of digital health with federated learning"，*npj Digital Medicine*，Vol. 3/119，https://doi.org/10.1038/s41746-020-00323-1.

Svantesson，D.（2020），"Data localisation trends and challenges: Considerations for the review of the Privacy Guidelines"，OECD Digital Economy Papers，No. 301，OECD Publishing，Paris，https://doi.org/10.1787/7fbaed62-en.

UK Government.（2021），"Genome UK: 2021 to 2022 Implementation Plan"，www.gov.uk/government/publications/genome-uk-2021-to-2022-implementation-plan/genome-uk2021-to-2022-implementation-plan.

Wang，P. et al.（2020），"Automated pancreas segmentation using multi-institutional collaborative deep learning"，*arXiv*，arXiv: 2009.13148 [eess.IV]，https://arxiv.org/abs/2009.13148.

Xu，K. et al.（2021），"Analysing China's PIPL and how it compares to the EU's GDPR"，International Association of Privacy Professionals，24 August，https://iapp.org/news/a/analyzing-chinas-pipl-andhow-it-compares-to-the-eus-gdpr.

3 不久的将来：挑战和前进之路

3.1 科学发现中的人工智能：挑战和机遇

罗斯·金，剑桥大学，英国

赫克托·泽尼尔，剑桥大学，英国

3.1.1 引言

关于人工智能对科学（科学发现）的贡献，人们已经进行了一轮又一轮的探讨。然而，过去十年间人工智能进步的速度明显加快，使得机器学习成为最令人兴奋的技术之一。实际上，全球最大的科技公司，如谷歌、Facebook、微软和亚马逊，都将机器学习作为其技术发展的核心。本节探讨了与各种形式机器学习相关的挑战和机遇。

机器学习主要有两种主要形式：统计驱动和模型驱动。其中，统计机器学习是最常用和最成功的形式，它依赖于复杂模式学习，从数据中挖掘规律，进而对这些规律进行深入的解释或研究。

统计机器学习，包括深度学习（深度学习是一种基于多层神经网络的统计机器学习方法），目前仍处于主导地位。即使统计机器学习在处理代数和因果关系等数学运算和逻辑操作等方面存在局限性，统计机器学习也依然表现出一定优势。

模型驱动方法使用与原始数据集相似或相同的数据来构建机理模型，这些模型可以对新生成的数据进行测试。这些机理模型能够按照因果关系，像在动态系统（如化学反应或物理过程）中那样，理解不同变量之间的因果关系，并预测这些关系如何影响未来的状态。

模型驱动方法和统计机器学习方法之间的区别在文献中并不总是明确的。事实上，一些统计机器学习模型被贴上"因果的"或"模型驱动的"标签。本节基于两种方法在抽象和泛化能力上的差异，以及它们像科学家那样从第一性原理出发构建机理模型的能力差异来区分它们。

3.1.2　局限与挑战

把握人工智能在科学领域应用前景的一种方法是了解其当前的局限和挑战。

1. 可扩展性

科学的发展往往受到可用数据规模的限制。当前的统计机器学习方法通常需要大量数据来进行训练和分析，但在某些科学领域，特别是那些远离社会和经济科学、理论性较强或具有强烈描述性特征的领域（如天体物理学或遗传学），获取足够的数据可能是一个挑战。

2. 注释和标记

许多数据源必须经过注释和标记才能变得有用，这是与数据规模相关的另一个挑战。这很难做到，原因主要有两个。首先，手工标记大型数据库需要耗费大量的时间和资源。其次，不同科学领域之间的数据可能存在差异，难以将一个领域的数据转换成另一个领域可以理解和使用的形式。

例如，银河系中的恒星大小不一，这就需要一个庞大的数据集，然后才能得出具有统计意义的分析结果。医疗保健领域也是如此，数据可能只涉及健康人群（如健身或保健应用中的用户）或只涉及不健康人群（如医院中的患者），但很少同时涉及健康人群和不健康人群。由于不同情境（或领域）之间的数据存在差异，不太可能直接将研究结论从一个情境迁移和应用到另一个情境。相比之下，机器学习在工业领域的应用通常使用的是更加稳定和可预测的数据，如来自装配线上传感器的数据。

3. 数据的表示

对于专业的科学数据库来说，一个主要的挑战是如何使用符号表示来有效地记录和描述数据的结构和内容，使得数据能够被计算机系统识别和处理，进而进行计算和分析。许多机器学习的算法依赖于对矩阵等数据数组的运算。因此，文字、图像和声音等符号可以被转换为计算机可以处理的矩阵或向量。

用符号表示数据之所以重要，是因为它们对计算机具有"实际意义"。符号可以通过可预测的方式进行操作和处理。例如，它们可以用来计算数据特征之间的距离来构建相似度指标。同样地，符号可以帮助改进图像来生成更大的训练集，比如显示图像中的物体在不同光线下的着色方式。

互联网为企业提供了数以百万计的日常物品和人脸图片，但提供的科学数据却少得多。以蛋白质折叠的挑战为例，这项研究工作不仅需要大量数据，还需要使用模型来处理庞大的数据矩阵，比如可以代表分子之间距离的数据矩阵。

仅仅通过学习数据的基本规律来了解蛋白质中的分子距离是非常低效的。这是因为，蛋白质会受到热力学定律等外力的影响，这些外力会增加"噪声"从而使规律难以发现。要更有效地理解蛋白质中分子距离的规律，需要能够对因果关系进行符号化的表述和理解。然而，目前的统计机器学习方法很难做到这一点。在这种情况下，模型驱动的方法可能更加有用，使得科学家能够更高效地理解和预测复杂的生物系统。

模型驱动方法可以用较少的训练数据解释更多的观测结果，就像人类科学家从稀疏数据中推导出模型一样（Zenil et al.，2019）。例如，牛顿从相对较少的观测数据中推导出了经典的万有引力理论。科学发现中的机器学习方法通常将统计方法和符号方法结合起来。符号方法通常需要人工干预，特别是添加那些表征归纳和抽象的符号。

4. 在科学发现中采用模型驱动的人工智能方法的必要性

人类科学家的理性推理、抽象建模和逻辑推理（演绎和归纳）能力是科学的核心。然而，最流行的人工智能方法（统计机器学习和深度学习）却无法很好地拥有这些能力。当前的人工智能主要被视为"黑箱"技术：它能够提供完成任务的方法，但对任务的执行过程几乎没有提供任何见解或解释。

5. 黑箱困境

大多数神经网络算法都具有这种黑箱特性。它们能够揭示海量数据间的相关性，但这些相关性并不直接映射到现实世界中动态系统的抽象或物理状态（如天气模式）。神经网络模型的内部参数并不直接对应于它们试图模拟的现象（如描述猫的特征）的具体特征。训练后的神经网络的底层数学和计算表征（即模型处理数据时所采用的数学运算和结构）也不直接对应任何学习对象物理状态的转变行为（在这个例子中是猫）。这也是为什么基于模拟的方法（Kulkarni et al.，2020；Piprek，2021；Lavin et al.，2021）引起了更多的关注：它们正在促使人工智能模型能够以更加一致和准确的方式反映真实世界的物理状态。

人工智能的"黑箱性质"对科学研究构成了一个重大挑战。科学解释的本质通常涉及第一性原理，即基础知识、公理和科学定律等，以及可以被计算机或机械过程执行的分步模型（King et al.，2018）。

当前在科学研究中使用的人工智能方法，特别是统计机器学习，能够揭示研究现象的某些特征、规律和模式，但仍需要领域专家进行更加深入的理解和解释（Pinheiro et al.，2021）。例如，在药物发现领域，研究人员可能会使用人工智能方法来分析大量的化合物数据，以预测哪些化合物可能具有治疗效果。尽管统计机器学习模型能够识别出与治疗效果相关的化合物特征，但领域专家可能需要进一步的解释来理解这些特征如何导致药物的作用机制，以及为什么这些化合物可能有效。

科学研究的重点在于理解世界和寻找因果解释，而不是寻求分类。例如，分类任务在工业等领域非常有用（如电影或歌曲推荐等），目前的人工智能算法在这方面表现出色。尽管分类是科学研究的重要步骤，但对于包括深度学习在内的统计机器学习方法来说，发现有意义的规律性或不规则性是更具挑战性的。

6. 偏差

人类认知和行为的偏差也影响着科学发展。事实上，人工智能中的偏差是人类科学的遗产，因为传统意义上人工智能是在人类标注的一系列示例基础上进行训练的。例如，在使用人工智能对不同类型的天文图像进行分类时，人类可能需要向系统提供一系列已经分类好和标记过的图像。这样，系统就能学习图像之间的差异。不过，进行标注的人可能能力不同，也可能会犯错。人工智能可以用来检测并在一定程度上纠正这些偏差。

7. 分类

尽管机器学习（尤其是深度学习）在图像分类方面表现出色，能够正确地对大量图像进行分类，但这种方法也存在一个显著的弱点，即对图像的微小变化非常敏感。即使只改变一个像素，原本正确分类的图像中的一部分也可能会被错误地分类，而且这些错误的分类往往具有很高的置信度（Wang et al.，2021）。

生成对抗网络（generative adversarial network，GAN）（Cai et al.，2021）也被用于解决分类问题。生成对抗网络可以利用一种神经网络来弥补机器学习统计方法的不足。例如，生成对抗网络可以从原始数据集（像素）中提取特征，基于这些特征生成新的图像示例。

然而，生成对抗网络也有其局限性。虽然在训练数据中生成大量的图像修改示例确实可以提高图像识别系统的性能，但这主要是因为系统在训练数据中接触到了太多相关的图像示例。换句话说，生成对抗网络可以用于生成新的训练数据（如新的图像），但它并不能消除或减少像素翻转效应带来的问题。

生成对抗网络能够生成看起来非常真实但实际是虚构的图像数据，这些数据在像素模式的分布上与真实图像相似。通过生成这种逼真的虚假图像，可以扩大训练集，使得生成对抗网络能够学习到更多的模式和特征，从而提高其分类图像的能力。但这种能力可能会受到生成图像数量增长的限制，因为随着像素组合的增加（不仅仅改变一个像素，而是两个像素的组合、三个像素的组合，依此类推），生成的图像数量会变得非常庞大。

8. 当前的统计人工智能不同于人类智能

统计机器学习的运作方式与人类的思维方式存在差异。例如，生成对抗网络通过生成大量的假图像来减少误差。这种方法虽然能够产生逼真的图像，但效率不高，且难以扩展。相比之下，人类在解决问题时不需要依赖大量具有微小差异的假图像来减少误差。首先，人类无法像生成对抗网络那样通过改变所有可能的像素组合来生成所有可能的图像，因为人类的大脑无法处理如此巨大的计算量。其次，人类的思维方式与生成对抗网络存在根本的不同。人类有能力构建一个抽象的、概念化的世界模型，并在头脑中模拟物体在不同环境中的行为变化。这意味着即使人们没有遇到过完全相同的情况，他们也能理解和预测物体在不同情境下的行为，并进行归纳总结。人们不需要行驶数百万英里才能通过驾驶考试，也不需要目睹数百万个反例才能知道在路上撞人是个坏主意。

以校车为例来说明，人类对校车的形状和功能有直观的认识。在通过校车的抽象属性来识别校车时，人类比机器更加可靠。例如，人类知道校车是专门用于运输儿童的工具，这与其颜色、形状等特征无关。然而，这些特征是统计机器学习在识别校车时所关注的。

9. 算术运算

算术运算提供了另一个例子，说明了为什么统计机器学习方法无法拥有像人类一样的推理能力。如果计算机没有真正理解数字和算术的概念，那么它就不能学会加法。这是因为我们无法给计算机提供所有可能的数字相加的结果。

最近有人声称，一些系统（如 GPT-3）可以通过从实例中学习来合成加法、减法和乘法的过程（Brown，2020）。GPT-3 是一种在单词向量上运行的神经网络。GPT-3 已经被用来测试考察从非结构化文本中学习是否会导致其对基本算术更为深入的学习。大多数测试都使用了两到三位数的数字，并取得了良好的效果。

然而，人们很快发现，GPT-3 只是依赖于以前见过的简单运算例子来解决问题，而这些例子即使是小孩子也能做。这表明，GPT-3 并没有真正"理解"算术的深层含义或归纳能力。因此，尽管神经网络（比如生成对抗网络）是机器学习的重要进步，但它们也展示了人工智能在模拟世界、像人类一样学习和归纳方面的根本局限性和挑战。基于 GPT-3 的系统（比如 ChatGPT）更像是一个巨大的查询表，它从互联网上抓取内容，并结合已有的信息来生成新的内容。它使用了一种不断扩展的单词（或句子）向量来更好地找到与输入查询相匹配的输出内容，从而生成更自然的语言文本，这种能力有时会让人误以为它们很聪明。

10. 过度拟合

GPT-3 是一个基于 1750 亿个参数进行训练的系统，这意味着它可能会出现过度拟合的问题（例如，人工智能解决问题只是因为它见到过所有相关问题）。这与人类智能是如何工作的原理是不同的。没有明显的证据表明像 GPT-3 这样的自然语言处理模型（非结构化数据模型）应该擅长于学习算术这类的符号化任务。

11. 符号系统

统计机器学习（特别是卷积神经网络）在处理符号系统（如数学符号和算术）方面的能力是有限的。卷积网络是用于图像分类的一种流行的神经网络，但在处理数字和算术问题时，它面临着两个主要挑战。首先，它必须学会识别任意两个数字之间的某个数字（或执行任何简单的算术问题）。其次，它必须能够处理诸如十进制的数字定位系统。

解决这两个挑战都需要大量的示例训练集，这些示例可能包括数字、数值或者简单的加减法等。然而，这样的例子有无穷多个（如所有可能的算术运算组合就有无限多种）。换句话说，无论训练集有多大，都无法包含所有可能的数字和算术运算组合，因为这样的组合是无限的。

由于算术运算的可能性是无限的，没有一个神经网络能够被训练来处理所有可能的算术运算，因此，一个神经网络不能仅仅通过学习大量加法实例来学会加法。它需要能够识别数字，并将其与相关的算术符号区分开来。换句话说，试图使用传统的统计架构来训练神经网络从数值例子中学习符号运算（如加法、减法等）不太可能成功。

即使提供了大量的数据，神经网络也需要一个"符号引擎"来处理基本算术运算。这个"符号引擎"就像计算器中的核心部分，能够理解和执行基本的算术运算规则。这表明，仅仅依赖大数据可能不足以解决神经网络在学习符号运算方面的挑战，需要额外的"符号引擎"来提供必要的逻辑和推理能力。因此，一个好的机器学习模型应该能够理解并识别事物的本质特征，而不仅仅是它们的外观或特定的表示方式。然而，正如前面所提到的，统计机器学习模型对数据中的微小变化非常敏感。即使是在图像处理中，几个像素的变化也可能导致模型无法正确识别对象。

对于计算机科学家来说，"损失函数"是指人工智能的预测与事实真相之间的差距。Zenil 等（2017）的研究表明，那些基于统计测度的损失函数，如深度学习中广泛使用的损失函数，总是有其局限性，这些局限性的根源在于缺乏"不变性结果"。

这里的不变性是指一个物体的本质特征不应该因为它们的外观变化（如旋转、缩放、平移等）而改变。例如，在几何学中，任何物体在旋转、平移或反射等"线性"变换后都保持不变。因此，一个好的机器学习模型应该能够理解并识别事物的本质特征，而不仅仅是它们的外观或特定的表示方式。然而，正如前面所提到的，统计机器学习模型对数据中的微小变化非常敏感。即使是在图像处理中，几个像素的变化也可能导致模型无法正确识别对象。

神经网络（特别是深度学习模型）的一个主要成就是，在适应新情况、识别新模式和处理新数据方面的能力比以前的方法更强。例如，尽管模型之前可能只见过金毛、拉布拉多和其他品种的狗，但它仍然能够识别出一只新的、之前未见过的品种的狗。然而，模型能够识别的新变化是有限度的。如果新数据与模型训练时见过的数据有太大的差异，模型可能就无法正确识别或分类。

神经网络经常被认为具有一定程度的不变性。然而，这种不变性通常是不稳定的，往往会受到那些与物体本质属性无关特征（如大小、角度、颜色等）的影响。这就类似于生成对抗网络生成的图像可能会受到像素翻转效应的影响，改变单个像素（通常被称为"攻击"，即使这种变化不是刻意的）可能会破坏神经网络对物体的识别能力。例如，如果校车的某个部分在特定光线条件下反射出类似消防车的颜色或图案，神经网络可能会将这辆校车错误地归类为消防车。

12. 不要只关注数据规模

面向科学的人工智能不应该仅仅关注数据的大小（或大数据），应当优先投入资源以开发与特定领域需求最为契合的人工智能方法论框架，帮助科学家更好地理解和利用人工智能技术，从而推动科学发现和进步。本节将提供两个具体的例子来进一步说明这一点。

Google DeepMind 使用它们的算法 AlphaFold 2 来研究蛋白质折叠这一科学问题，并在该领域取得了显著的预测进展。尽管如此，关于人工智能在这一成就中具体贡献了多少存在争议。具体而言，负责设计 AlphaFold 2 算法的人类专家决定了如何准确地表述蛋白质折叠这一科学问题，以及制定了机器学习算法在处理这个问题时所遵循的主要步骤。同时，领域专家团队通过提供专业的知识和经验，帮助 AlphaFold 2 算法更好地理解和预测蛋白质的折叠状态。

在自动驾驶汽车领域，公司之间的比拼往往是看它们的汽车能够自动驾驶多少百万英里。然而，它们应该关注的是需要多少里程来让自动驾驶汽车系统真正理解如何安全驾驶，比如避免撞到行人。

贡献归属（在项目或研究中如何准确地分配各个部分或参与者的贡献）和指

标错位（如何衡量这些贡献的大小和影响）的问题往往具有主观性，不仅仅局限于 AlphaFold 2 或自动驾驶汽车这两个例子中。在许多情况下，包括统计模型选择在内的机器学习任务往往与机器学习工程师对数据潜在结构的先验知识和他们对如何处理这类数据的个人看法紧密相关。因此，领域专家团队和统计机器学习算法的贡献往往是相互交织、相互依赖的。

13. 符号回归

"符号回归"是一种模型驱动的方法，它涉及使用符号数学来操作符号（变量和常数），而不是简单的统计回归方法，后者通常依赖于数值型数据的拟合。例如，Udrescu 和 Tegmark（2020）创建了一个包含多种数学方程的库，人工智能系统会在接收观测数据后使用这些库中的方程来拟合数据。然而，尽管这种方法在理论上非常有趣，但在实际应用中它可能无法提供真正解决问题的有效方法，而只是对数据的一种象征性解释。实际上，这种方法可能仍然包含很强的分类成分，从而会限制其灵活性和适应性。

符号回归系统中并不存在类似图书馆的系统；由于系统使用了一个现有的方程库，拟合观测数据的过程在很大程度上变成了一个匹配和分类问题，即系统需要确定哪个方程最符合给定的数据。一些研究小组正在尝试将统计机器学习和符号回归方法结合起来。这是因为，统计机器学习最擅长数值型数据的表示和分类，而符号计算在推理和基于规则的推理方面表现出色。

3.1.3　结论

目前对统计机器学习和深度学习以外的其他人工智能方法的关注和研究相对较少，相关的研究成果、学术交流、学术期刊和资金支持也相对不足。学术机构和企业在人工智能的研究和开发上扮演着越来越重要的角色，但两者之间的研究边界变得更加模糊，这导致了对其他人工智能方法的关注和研究相对较少。

在科学探索中，我们要重新审视和理解科学探索的本质，并找到一种方法，使得人工智能系统能够像人类一样从大量的数据中提取关键信息，以及建立一个能够解释这些信息的模型。这种能力对于科学探索和人工智能系统的发展至关重要。

参 考 文 献

Brown，T.B. et al.（2020），"Language models are few-shot learners"，*Advances in Neural Information Processing Systems*，Vol. 33/159，pp. 1877-1901，https://papers.nips.cc/paper/2020/hash/1457c0d6bfcb4967418bfb8ac142f64a-Abstract. html.

Cai，Z. et al.（2021），"Generative adversarial networks：A survey toward private and secure applications"，*ACM*

Computing Surveys（*CSUR*），Vol. 54/6，pp. 1-38，https://doi.org/10.1145/3459992.

King，R.D. et al.（2018），"Automating sciences：Philosophical and social dimensions"，*IEEE Technology and Society Magazine*，Vol. 37/1，pp. 40-46，https://doi.org/10.1109/MTS.2018.2795097.

Kulkarni，S. et al.（2020），"Accelerating simulation-based inference with emerging AI hardware"，in *2020 International Conference on Rebooting Computing*（*ICRC*），pp. 126-132，https://doi.org/10.1109/ICRC2020.2020.00003.

Lavin，A. et al.（2021），"Simulation intelligence：Towards a new generation of scientific methods"，arXiv，arXiv：2112.03235 [cs.AI]，https://arxiv.org/abs/2112.03235.

Pinheiro，F.，J. Santos and S. Ventura.（2021），"AlphaFold and the amyloid landscape"，*Journal of Molecular Biology*，Vol. 433/20：167059，https://doi.org/10.1016/j.jmb.2021.167059.

Piprek，J.（2021），"Simulation-based machine learning for optoelectronic device design：Perspectives，problems，and prospects"，*Optical and Quantum Electronics*，Vol. 53/4，pp. 1-9，https://doi.org/10.1007/s11082-021-02837-8.

Udrescu，S.M. and M. Tegmark.（2020），"AI Feynman：A physics-inspired method for symbolic regression"，*Science Advances*，Vol. 6/16，p. 4，https://doi.org/10.1126/sciadv.aay2631.

Wang，P. et al.（2021），"Detection mechanisms of one-pixel attack"，*Wireless Communications and Mobile Computing*，Vol. 2021，https://doi.org/10.1155/2021/8891204.

Zenil，H.（2020），"A review of methods for estimating algorithmic complexity：Options，challenges，and new directions"，*Entropy*，Vol. 22/6，p. 612，https://doi.org/10.3390/e22060612.

Zenil，H.（2017），"Algorithmic data analytics，small data matters and correlation versus causation"，in *Berechenbarkeit der Welt? Philosophie und Wissenschaft im Zeitalter von Big Data*（*Computability of the World? Philosophy and Science in the Age of Big Data*），Ott，M.，W. Pietsch and J. Wernecke（eds.），pp. 453-475，Springer Verlag.

Zenil，H.，N.A. Kiani and J. Tegnér.（2017），"Low-algorithmic-complexity entropy-deceiving graphs"，*Physical Review E*，Vol. 96/1：012308，https://doi.org/10.1103/PhysRevE.96.012308.

Zenil，H. et al.（2019），"Causal deconvolution by algorithmic generative models"，*Nature Machine Intelligence*，Vol. 1，pp. 58-66，http://dx.doi.org/10.1038/s42256-018-0005-0.

3.2 机器阅读：在科学中的成功实践、挑战和启示

杰西·达尼茨，美国科学促进会科技政策研究员，美国

3.2.1 引言

随着科学论文发表量的激增，许多研究人员提出了用人工智能阅读文献的建议。通过利用自然语言处理工具，研究人员希望实现部分论文阅读的自动化。本节列出了自然语言处理系统能够对科学文献执行的各种阅读理解行为或"任务"。本节以人类阅读理解模型为基础，将阅读任务划分为不同的难度级别。文章认为，随着这些阅读任务对理解能力的要求越来越高，当今的自然语言处理

技术也越来越难以胜任。例如，当前的自然语言处理系统在标记化学品名称方面表现出色。然而，自然语言处理技术在将化学物质的特性或信息转化为机器可以理解的形式方面，其可靠性并不高。而且，当需要解释为什么在多种化学物质中选择了一种特定的物质时，自然语言处理技术无法提供充分的理由或逻辑。文章还讨论了自然语言处理工具对研究人员工作流程的影响，并提出了一些与政策相关的建议。

本节的核心观点是，阅读是一个复杂的过程。一个只进行表面理解而没有深入思考的读者（无论是人类还是机器），对文章的理解和处理能力都远远不如一个深入阅读和理解的读者。因此，是否可以实现让机器阅读论文并从中获取有用信息，取决于人们对自然语言处理技术的理解。如果科学家和研究人员对自然语言处理系统在"阅读"文章之后能够做什么没有一个清晰和准确的概念，那么他们可能会错过发现新知识的机会，或者将他们的希望寄托在那些目前还没有开发出来或无法实现的技术上[①]。

3.2.2　人类的阅读理解能力展示了阅读理解的技能层次结构

在关于人类阅读理解的众多理论模型中，"建构-整合"（construction-integration）模型（Kintsch，1988）是最具影响力的模型之一（McNamara and Magliano，2009）。该模型认为，读者首先需要激活与文本内容相关的概念和命题，即在记忆中查找与文本内容相关的信息，再通过迭代的过程逐渐构建和整合，最终形成一个对文本内容的整体连贯的解释。

对于本文研究而言，这些具体的认知加工机制并不是重点，其所采用的阐释形式更为关键和重要。"建构-整合"模型认为，读者的心理表征包括三个相互关联的信息层次，每个层次的构建都依赖于其他层次。

1. 表层结构

这是指构成文本的最小语言元素，包括词汇和短语，以及将这些词汇和短语组合成句子的语法规则。

2. 文本库

文本库指的是文本中通过短语和句子表达的清晰、明确的陈述或命题的集合，包含了读者可以通过阅读文本获得的全部基本信息或观点。对于一篇科学论文来

---

① 本文仅代表作者个人观点，撰写于作者获得美国科学促进会研究员资格之前，它并不一定代表美国科学促进会或美国政府的观点。

说，这可能包括"样品 A 保持在 20℃""氯化镁抑制 PmrA（多黏菌素耐药 A 基因）激活基因的表达"和"反应曲线被模拟为 Sigmoid"等论断[①]。

3. 情境模型

情境模型[②]是一个理论框架，用于描述人们在阅读或经历某种情境时，不仅会关注明确陈述的命题和事实，还会考虑这些命题之间的关系，以及它们与未明确陈述的知识之间的联系。情境模型包括以下几个层次：命题及彼此间的关系（例如，一个生物体即使基因被敲除，也保留了一个性状）；与文本内容相关的背景知识（例如，2018 年的样本可以被认为是 COVID-19 的阴性样本）；个体潜在的动机或目标（例如，为什么实验者希望确保他们的样品是纯净的？）；以及心理上的反事实模拟（例如，如果溶液变成不同的颜色意味着什么？）。在"建构–整合"模型中（Zwaan and Radvansky，1998），情境模型特别关注空间、时间、因果和动机关系。

"建构–整合"模型是一个描述人类读者如何表征和理解文本信息的理论框架。这个模型可以被看作是定义了一系列与理解相关的任务。一些简单的理解任务，如确定论文的主题，可以通过对表层结构的理解来完成（如通过识别关键词）。对于一些更复杂的任务，比如理解论文的论点和论证过程，读者需要至少达到文本库层次的理解。而对于最复杂的理解任务，如理解文本的深层含义和作者的写作意图，读者则需要构建一个完整的情境模型。

从这个角度来看，该分类法既适用于自然语言处理系统，也适用于人类读者（Sugawara et al.，2021）。因此，下一小节将探讨科学活动中自然语言处理系统在阅读理解的各个层面可能需要满足的需求，以及目前的技术在这些层面上的表现情况。

3.2.3 自然语言处理系统在各个理解层次上能够为科学做出什么贡献

图 3-1 展示了不同表征级别的自然语言处理任务的示例。下文将更详细地讨论每项任务，包括如何将其应用于科学文本以及目前的最新进展。

在整个分析过程中应牢记以下几点。

● 在理解自然语言处理任务时，不应该将不同的表征级别视为三个完全独立的层次，而应该将它们视为一个相互关联和依赖的整体。例如，在理解句子"她

---

① 当然，表层结构表征中也包含了表达这些命题的单词。文本库表示法的与众不同之处在于，这些命题在读者的头脑中被抽象为一种更具概念性的形式，例如，模型化为（响应曲线-1，Sigmoid）。

② 情境模型有时也被称为"心智模型"（Johnson-Laird，1980）。

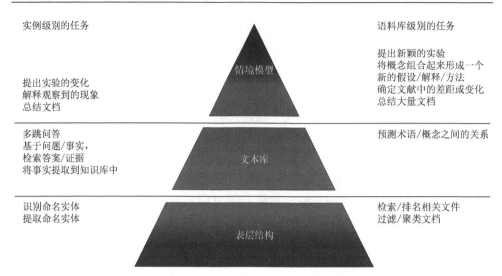

实例级别的任务　　　　　　　　　　　　　　　　　　语料库级别的任务

提出新颖的实验
将概念组合起来形成一个
新的假设/解释/方法

情境模型

提出实验的变化　　　　　　　　　　　　　　　　　确定文献中的差距或变化
解释观察到的现象　　　　　　　　　　　　　　　　总结大量文档
总结文档

多跳问答　　　　　　　　　　　　　　　　　　　　预测术语/概念之间的关系
基于问题/事实，
检索答案/证据　　　　　　　文本库
将事实提取到知识库中

识别命名实体　　　　　　　　　　　　　　　　　　检索/排名相关文件
提取命名实体　　　　　　　　　　　　　　　　　　过滤/聚类文档

表层结构

图 3-1　科学中的自然语言处理应用依赖于从表层结构到完整的情境模型的一系列
阅读理解层次

没有漏掉一个人"时，如果没有结合情境模型中的背景知识（如"她"指的是谁、她在做什么以及她可能漏掉了谁），就很难提取出文本库层面的命题。具有这些特性的自然语言处理任务，尽管它们被归类为文本库层，但实际上它们与情境模型层更接近[①]。

● 这些分类方法只是大致的分类，并不是精确的划分。那些看起来需要对文本进行深入理解才能完成的任务，如需要情境模型层知识的任务，实际上可能只需要使用更表层结构的技术。如果研究人员试图回答"哪些生物标记能指示腺瘤？"这个问题，他们可能会运用他们的情境模型级别知识来锁定一段关于"垂体肿瘤"的"生物标志物"的内容。然后，他们将从该段的文本库命题中提取生物标志物列表。然而，自然语言工具可能仅使用表层结构技术就能实现这项任务，例如，通过查找含有经常与"生物标志物"和"腺瘤"同时出现的词语和句子。

● "建构-整合"模型假定读者阅读的是一个独立的段落或文档。在实际应用中，许多自然语言处理系统需要阅读整个科学文献语料库，而不是单个文档。例如，按照主题对文档进行分类的这种做法，只有在处理多个文档的情况下才有实际意义。在处理单个文档时，这种分类方法可能并不实用或重要。因此，在本文中，这种需要处理和分析大量文档的任务被称为大规模语料库级别任务。这一术

----

① 情境模型层面尤其具有类似光谱般的特性：即使对于人类读者来说，情境模型的完整性也取决于读者能够从文本中推导出多少额外的信息，以及他们能够利用多少背景知识来补充文本的直接内容。

语与针对单个命题、句子或文档的实例级别任务形成了鲜明对比①。

● 这远不是一份关于自然语言处理应用的全面清单。不过，它应该能让读者对任何自然语言处理工具的预期有一个直观的认识。

1. 表层结构任务

表层自然语言处理任务是挖掘单词、短语和类别之间的关联。这类任务与通常意义上的"理解"任务（甚至可能是"阅读"任务）有很大不同。它们对于帮助人类读者定位和快速吸收信息最为有用，尤其是在研究人员确切知道要搜索哪些术语或概念的情况下。这些工具还可以简化研究人员的探索和发现过程②。由于自然语言处理系统主要负责处理文本的表面特征和初步分析，而将更深层次的阅读和理解工作留给人类读者，因此这些系统在执行任务时出现的偶然错误相对不那么重要。

2. 实例级别的表层结构任务

下面介绍命名实体识别（named entity recognition，NER）和命名实体标注（named entity identification，NEI）这两项实例级别的任务。

1）命名实体识别

这是一项经过大量研究的自然语言处理任务，并且适用于许多领域，其中涉及识别和标记那些"提及"预定义概念类型的文本片段。例如，该任务的一个常见形式是扫描段落中提及某个人、某个地点或某个组织的任何短语，并将每个此类短语归入这些预定义类别之一。直观地说，这项任务就是在单词或短语与类别之间建立联系。

科学文本通常需要专门的命名实体识别系统，这既是因为其文体与非科学文本不同，也是因为其类别通常是面向特定领域的。例如，CHEMDNER 挑战赛（Krallinger et al., 2015）——第一个在全社会范围内评估化学自然语言处理方法的尝试——包括一项任务，即在科学论文中自动标注化学名称。同样，许多生物医学命名实体识别系统在有关临床试验的论文中寻找描述人群、干预、比较和结果的短语（Kim et al., 2011）。

在合适的训练数据下，科学领域的命名实体识别系统可以表现得相当出色：

---

① 显然，我们可以针对更大语料库中的每个实例重复实例应用。例如，我们可以尝试从整个文档语料库中提取尽可能多的事实，而不是将文档中的少数事实提取到知识库中。这种基于大规模语料库的任务甚至可能与实例任务不同。例如，由于计算上的限制，可能无法对每个实例进行单独处理，但可以尝试通过考虑整个语料库中相互矛盾或相互加强的证据来改进知识库。

② 基于文献的知识发现任务虽然因篇幅原因在此略去，但一般也属于表层结构类别：基于文献的知识发现任务通常试图通过寻找与 A 和 C 都有联系的词组或短语集 B 来将 A 和 C 这两组术语联系起来。

最新的系统可以达到70%～90%的准确率[①]，这取决于所使用的数据集和评估指标（Beltagy et al.，2019）。

2）命名实体标注

命名实体识别仅仅标注了诸如"雷贝拉唑"属于"干预"的类别。命名实体标注，有时也被称为实体链接（entity linking）或命名实体标准化（named entity normalisation），它能更进一步地将每个标签短语与外部结构化知识库中的条目关联起来。例如，"雷贝拉唑"可以作为药物数据库中"雷贝拉唑.01"条目的参考。

利用文本库表征级别的信息，可以更容易地识别出有歧义的命名实体。尽管如此，与命名实体识别一样，命名实体标注在很大程度上是将单词和短语与概念相关联——这是一种表层结构的任务。它与命名实体识别相比准确率较低且差异较大，准确率为50%～85%（Arighi et al.，2017）。

命名实体识别和命名实体标注最常被用于支持其他自然语言处理任务，即所谓的"下游任务"，例如填充知识库或识别出包含特定化合物名称的论文并只将相关论文展示给这些对特定化合物感兴趣的研究人员。命名实体识别和命名实体标注也可以用于增加阅读体验，例如识别出的实体可以通过颜色编码来突出显示，或者实体名称可以通过超链接直接连接到相关的外部资源。

3）语料库级别的表层结构任务

语料库级别的核心表层结构任务包括检索和排序文档以及聚类文档。

4）文献检索和排序

这个经典的任务通常被称为信息检索（information retrieval），包括返回与用户查询相匹配的文档，并根据相关性对文档进行排序。信息检索工具通过比较查询的关键词与文档中的关键词来确定文档的相关性。以COVID-19挑战赛的所有参赛选手为例（Roberts et al.，2021）。在这一挑战中，系统收到了类似"SARS-CoV-2尖峰结构"的查询，并检索与COVID-19最相关的研究论文。与人们熟知的搜索引擎一样，科学信息检索系统表现良好，75%～90%的情况下，在前5名结果中返回符合用户查询要求的文档。

5）聚类文档

它可以帮助自动检测哪些文档是相似主题的，甚至可以将各类主题聚类成一个层次结构。这里的"主题"实际上是一组紧密相关的词或短语的集合。最近的科技论文聚类系统有COVID-19 Topic Explorer（MITRE，2021）和COVID Explorer（Penn State Applied Research Laboratory，2020）。聚类既可以作为探索语料库的手

---

① 本文报告的指标因任务而异，但通常会平衡精确率（系统输出的实例中正确的比例）和召回率（正确实例中由系统输出的比例）。这种度量被称为"F1分数"或"F-度量"，它确保了系统必须同时注意到相关的短语或答案，而忽略不相关的短语或答案。

段，也可以作为搜索结果的进一步的过滤器。尽管难以对聚类结果进行客观的评价，但它仍然是一个成熟的自然语言处理任务，被广泛研究和应用，并且在实践中通常能够产生有用的结果。

3. 文本库任务

令人惊讶的是，科学中的自然语言处理应用在很大程度上只关注表层结构任务。尽管如此，关于提取和处理论文文本级别命题的研究仍然较多，而这些任务更接近于传统的"阅读"。一般而言，完成这些任务的工具可靠性较低，但对于检验和生成假设仍然有用。

1) 实例级别的文本库任务

实例级别的文本库任务（针对个别短语、论文或文本进行操作）包括知识库构建、问答、证据检索和多跳问答。

2) 知识库的构建

知识库（如化学物质或基因）在科学和其他领域都有广泛的应用。为了从一个或多个文档中自动填充知识库，自然语言处理系统必须将自然语言命题转化为形式化的、机器容易识别的命题[1]。例如，ChemDataExtractor（Swain and Cole，2016）从化学文献中提取许多化学品的数值属性，通常具有超过 95%的准确率。Kahun（2020）和 COVID-KG（Wang et al.，2021）提取了类似的关系，如"条件-原因-症状"和"基因-化学-相互作用"，但其可靠性稍差一些。

由此产生的知识图谱可以用来查找基因、蛋白质或化学物质的特征，生成总结报告，支持问答，或者在结构化关系上实现进一步的机器学习（如预测新药可能产生的副作用等）。

3) 问答

目前已经有大量关于问答的自然语言处理文献（Zhang et al.，2019；Zhu et al.，2021）。这项任务通常被定义为用是/否或从文本中提取的句子或短语来回答用户的问题[2]。所有这些不同形式的任务也在科学研究中进行了尝试（Nentidis et al.，2020）。最近的例子包括 AWS CORD-19 Search（Bhatia et al.，2020）和 covidAsk（Lee et al.，2020）。

---

① 严格来讲，一些知识库的构建可以纯粹在表层结构的层次上完成：一个系统只需要实体识别就可以提取共现关系，从而作为未指定的"相关性"的标示。

② 在问答任务上还有很多其他的形式：回答关于一篇文章的多项选择题；当答案不存在时，拒绝回答；生成完整句子的答案（与检索非语境化的短语相反）；并在语境中回答多个问题，作为多轮对话的一部分。在科学语境中，这些更具特色的变化似乎不太可能比普通问答更有用。因此，它们在主要文本中被删除了。除了多项选择题，这些选择题在某种程度上对人而言是容易的（Dunietz et al.，2020）外，这些变化的形式通常比更常规的问答任务具有更差的系统性能。

在许多常见的基本问答上，自然语言处理系统能够与人类相媲美甚至超过人类。人们因此推断，这些系统至少对一些命题的内容有所理解，能够处理和回答这些基本问题。然而，面对问题或段落的微小变化（Jia and Liang，2017）或主题和内容的变化（Dunietz et al.，2020；Miller et al.，2020），系统的"理解"往往是脆弱的，就可能无法准确回答。因此，自然语言系统在基准测试中表现良好可能是因为这些测试被设计得相对简单，使得系统能够利用数据中的特定特征来获得高分，而这些特征可能并不适用于真实世界中的普遍情况（Kaushik and Lipton，2018）。

因此，对于科学问答系统，检索相关片段的准确率通常只有 25%～65%，检索相关答案短语的准确率只有 30%～50% 也就不足为奇了（Nentidis et al.，2020）。

4）证据检索

一个类似的任务是根据用户提供的观点，寻找支持或反驳该命题的证据。这通常被称为事实核查，尤其是当自然语言处理系统还被要求说明该证据是支持还是反驳该命题时。最近的自然语言处理系统从摘要中提取证据句子的准确率为 50%～65%（Wadden and Lo，2021）。

5）多跳问题回答

许多问题最终只能通过表层结构来回答。在所谓的多跳问答中，问题的设计依赖于来自多段文本的信息，理论上需要更高水平的理解和推理能力（Min et al.，2019）。目前已经构建了一些数据集来测试通用的多跳问答。这些数据集专注于特定的科学领域，但很少有专门设计来测试多跳推理能力的，尽管其中可能包含一些问题需要多步推理来回答。

4. 语料库级别的文本库任务：预测概念之间的关系

最令人兴奋的文本级任务[①]也许只有在语料库级别才能显示出真正的价值：基于大型语料库预测概念之间的关系。推动这一方向的一项研究发现了一种以前可能从未表现出热电特性的材料（Tshitoyan et al.，2019）。该研究利用材料科学文献来训练词向量，即将词汇含义视为高维数学空间中的点（向量）的表示方法。在这种方法中，词向量是从语料库中的共现模式中学习的。两个向量之间的距离[②]相当于单词使用模式的相似性，从而推测出它们的含义。这项研究的作者发现了一些化学公式的向量与"热电"的向量相近，从而发现了

---

① 鉴于词向量仅针对词与词序列之间的关联进行训练，因此词向量是否真正在文本库层面上运行还值得商榷。不过，它们似乎确实捕捉到了传统上被认为是命题的信息，如概念之间的关系，尽管这只是在语料库的范围内，而不是在单个训练句子的范围内。

② 更确切地说，余弦距离与向量之间的角度有关。向量空间中的方向通常与概念或意义要素（如性别）相对应。"大"和"巨大"这两个词的向量可能方向相同，但大小不同。

几种新的热电材料。这项工作已开始在分子生物学等其他领域激发类似的努力（Škrlj et al.，2021）。

词向量类比可能会产生一些过度生成的关系；研究人员必须进行梳理，以确定哪些假设值得进一步测试和检验。尽管存在这种局限性，这些结果仍然非常有价值。热电材料研究人员通过回溯性评估证实了词向量类比方法的有效性。他们通过截断语料库，比如只保留到 2009 年的数据，以了解哪些材料会被提出。这样得出的结果远比随机选择的材料更有可能被作为热电材料来进行后续的研究。

因此，文本库层面的自然语言处理是一套有用但不完全可靠的自然语言处理工具。如果存在一个明确的问题或假设，这些工具可以帮助研究人员找到相关的论文片段。只要研究人员提出正确的问题（例如，哪些材料可能具有尚未发现的热电特性？），自然语言处理系统还可以提取结构化数据，但通常而言必须谨慎对待由此产生的答案、证据片段、知识库条目或关系。如果自然语言处理系统产生的错误可能会导致危害，用户应该仔细检查这些结果，以确保它们是准确和可靠的。

5. 情境模型任务

在情境模型层面所做的工作相对于实例级别和语料库级别任务来说要少得多。在实例级别任务（即单篇论文或段落）上，自然语言处理或人工智能系统可以帮助完成以下任务：总结单篇文献；解释论文中报告的观察结果为何发生；对论文中描述的实验提出不同建议（按复杂程度递增的大致顺序排列）。语料库级别的任务可能包括总结多篇文献（即理解整篇文献并总结主要观点），找出文献中的空白，结合概念提出新的假设、解释或方法，以及提出全新的实验来填补知识空白。所有这些任务或多或少都依赖于对从文本或语料库中提取或推断出的大量信息进行详细、综合的表述。

在这些任务中，只有单文档和多文档摘要受到了极大关注。摘要在自然语言处理中得到了广泛研究（Hou et al.，2021）。目前的方法主要包括两种：各种提取方法（拼接源文本中的片段）和抽象方法（生成原始摘要）。科学论文摘要也采用了类似的技术（Altmami and Menai，2020），但根据科学论文的特殊性做了一些修改。

结果喜忧参半：评价分数差异巨大，甚至不清楚哪些评价分数是有意义的（Kryściński et al.，2019）。抽象方法尤其如此，因为抽象技术与许多形式的自然语言生成一样（Lin et al.，2021），难以确保输出结果符合事实（Maynez et al.，2020）；它们经常捏造信息或误报事实。

除了文本总结之外，完成上述其他任务所需的理解和推理水平还似乎遥不可及。根本问题在于，当前的自然语言处理技术缺乏丰富的描述现实世界模型作为语言理解的基础（Bender and Koller，2020；Bisk et al.，2020；Dunietz et al.，2020）。它们无法接触到文本所提及的实体、关系、事件、经历等。因此，即使是最复杂的模型，也往往会产生捏造或完全无稽的结果[①]。人们已经提出了一些引人入胜的方法论建议（Tamari et al.，2020），但面向情境模型的研究道路确实还很漫长[②]。

3.2.4　使机器具备理解能力：研究政策能够发挥的作用

尽管困难重重，但研究政策或许能推动机器在情境模型层面理解所读内容（包括科学论文）方面取得一些进展。要实现这一目标，可能需要激进的、跨学科的创造性思维。然而，自然语言处理研究的驱动力往往来源于多个方面，包括对标准化指标的追求、对快速发表论文的期望以及对过去十年相关领域所取得进展的渴望。这种环境下产生了许多高质量的研究成果，但却无法激励人们进行突破性研究所需的高风险、思辨性的构思。

政策制定者可以为研究人员提供宽松的研究环境和激励措施，让他们进行更大胆的思考。为此，下面提出了三种可能的途径。

1. 奖励方法创新

可以通过建立研究中心、改善资金流和（或）出版程序，以奖励那些打破现有模式的方法，即使这些方法可能会牺牲出版速度、性能指标和直接的商业适用性。这些计划甚至可以鼓励那些仍处于尚不成熟或难以进行实验评估的想法，只要它们提出了新颖、可信的方向。

2. 从其他学科寻求灵感

政策制定者可以推动自然语言处理研究人员向社会学家、哲学家和认知科学家学习更多知识，因为他们在语言方面的工作很可能蕴含着尚未开发的技术灵感[③]。

---

① 即使是那些认为现代大语言模型确实"理解我们"的研究人员（Aguera y Arcas，2021），通常也会承认，这些模型充其量也只是混淆视听，最坏的情况是给出"偏离目标、无意义或无序的［回应］"。当任务涉及生成文本时，这些不足之处最为明显。然而，即使是非生成任务——例如回答多项选择题——通常也使用相同的底层语言模型。即使没有编造的机会，只要有足够严格的评估程序，缺乏深度理解的问题也会变得非常明显（Dunietz et al.，2020）。对于任何给定的阅读理解系统，大多数具有自然语言处理经验的研究人员都能毫不费力地找到问答系统的问题，即使这些问题的答案对人类来说是显而易见的。关于理论上纯文本阅读理解系统能否学会构建和操作情境模型的讨论，请参见 Bender 和 Koller（2020）、Bisk 等（2020）和 Michael（2020）的研究。

② 这种水平的阅读甚至可能是"完全的人工智能"。换句话说，达到这一水平就等于解决了通用人工智能的所有问题（"强"人工智能或完全类人人工智能），包括规划、常识推理、社会交往，甚至是感知和物体操纵。

③ 一些技术含量较低的工作可以为自然语言处理和人工智能方法提供建议，例如认知语言学中的原型和径向类别（Langacker，1987）；哲学中的因果语言对比说明（Schaffer，2005；Miller，2021）；认知科学中的概念空间（Gärdenfors，2000）；以及心理学中的系统 1 和系统 2 的区别（Kahneman，2011；Nye et al.，2021）。

3. 支持研究尚不充分或尚未被充分探索的领域

最后，政策制定者可以资助研究尚不充分或尚未被充分探索的领域开展研究工作。笔者对一些学者提出的回归传统符号方法的方案持谨慎态度；形式化的符号在反映现实世界时可能过于僵化，不能很好地适应世界的多样性和复杂性。不过，也许可以创建一种新的自然语言处理系统，这种系统能够更灵活地处理语言信息，形成新的概念，也能够修改和应用现有的概念。无论如何，对任务的资助可能比单纯对技术的资助更为重要。情境模型最有可能在需要系统与人类用户进行交流和协作的任务中产生。在这类任务中，系统需要能够与人类用户进行有效的交流和互动，以理解用户的意图和需求，并据此在真实环境或模拟环境中执行任务（Abramson et al.，2022）。

3.2.5 结论

当今的自然语言处理具有许多功能，可以帮助科学家更加有效地利用文献。自然语言处理可以帮助研究人员从大量论文中筛选出与特定主题或问题相关的论文。它还能帮助研究人员快速找到特定的答案或证据。有时，它甚至可以假设以前未被发现的关系，不过人类仍然需要进行验证，提出正确的问题并验证系统给出的答案。随着自然语言处理技术的不断发展，用于上述应用的工具也将不断改进。例如，通过使用更少的训练数据来实现更好的性能。

自然语言处理技术在需要深入理解文本内容、推理和创造性思维的任务上，仍然存在局限性。在可预见的未来，从文献中提炼关键结论的能力仍然是人类的优势。即使在资助政策的支持下，自然语言处理技术在产生创造性见解的研究领域仍然无法与人类相媲美。

当然，在人工智能领域，许多表面上看起来非常复杂的问题实际上可以通过简单的方法解决。很多自然语言处理研究在处理复杂任务时，并不需要大量的信息，而是通过分析文本的表面特征或文本库中的少量信息来解决问题。情境模型层面的理解任务可能非常复杂，目前我们还无法完全理解其难度。因此，我们需要持续观察和研究。

参 考 文 献

Abramson，J. et al.（2022），"Creating multimodal interactive agents with imitation and self-supervised learning"，*arXiv*，arXiv：2112.03763 [cs]，http://arxiv.org/abs/2112.03763.

Agueray Arcas，B.（2021），"Do large language models understand us？"，16 December，*Medium*，https://medium.com/@blaisea/do-large-language-models-understand-us-6f881d6d8e75.

Altmami, N.I. and M.E.B. Menai. (2020), "Automatic summarization of scientific articles: A survey", *Journal of King Saud University-Computer and Information Sciences*, Vol. 34/4, pp. 1011-1028, https://doi.org/10.1016/J.JKSUCI. 2020.04.020.

Arighi, C. et al. (2017), "Bio-ID track overview", in *Proceedings of BioCreative VI Workshop*, BioCreative, Bethesda, https://doi.org/10.15252/embj.201694885.

Beltagy, I. et al. (2019), "SciBERT: A pretrained language model for scientific text", in Proceedings of the 2019 Conference on Empirical Methods in Natural Language Processing and the 9th International Joint Conference on Natural Language Processing (EMNLP-IJCNLP), Association for Computational Linguistics, Hong Kong, https://doi.org/10.18653/V1/D19-1371.

Bender, E.M. and A. Koller. (2020), "Climbing towards NLU: On meaning, form, and understanding in the age of data", in *Proceedings of the 58th Annual Meeting of the Association for Computational Linguistics*, Association for Computational Linguistics, on line, https://doi.org/10.18653/V1/2020.ACLMAIN.463.

Bhatia, P. et al. (2020), "AWS CORD-19 search: A neural search engine for COVID-19 literature", *arXiv*, arXiv: 2007.09186, https://doi.org/10.48550/arXiv.2007.09186.

Bisk, Y. et al. (2020), "Experience grounds language", in *Proceedings of the 2020 Conference on Empirical Methods in Natural Language Processing (EMNLP)*, Association for Computational Linguistic, on line, https://doi.org/10.18653/V1/2020.EMNLP-MAIN.703.

Dunietz, J. et al. (2020), "To test machine comprehension, start by defining comprehension", in *Proceedings of the 58th Annual Meeting of the Association for Computational Linguistics*, Association for Computational Linguistics, on line, https://doi.org/10.18653/V1/2020.ACL-MAIN.701.

Gärdenfors, P. (2000), *Conceptual Spaces: The Geometry of Thought*, The MIT Press, A Bradford Book, Cambridge, MA.

Hou, S.-L. et al. (2021), "A survey of text summarization approaches based on deep learning", *Journal of Computer Science and Technology*, Vol. 36/3, pp. 633-663, https://doi.org/10.1007/s11390-020-0207-x.

Jia, R. and P. Liang. (2017), "Adversarial examples for evaluating reading comprehension systems", in *Proceedings of the 2017 Conference on Empirical Methods in Natural Language Processing (EMNLP)*, Association for Computational Linguistics, Copenhagen, https://doi.org/10.18653/V1/D17-1215.

Johnson-Laird, P.N. (1980), "Mental models in cognitive science", *Cognitive Science*, Vol. 4/1, pp. 71-115, https://doi.org/10.1207/s15516709cog0401_4.

Kahneman, D. (2011), *Thinking, Fast and Slow*, Farrar, Straus and Giroux, New York.

Kahun. (2020), "Coronavirus Clinical Knowledge Search", webpage, https://coronavirus.kahun.com/ (accessed 28 October 2021).

Kaushik, D. and Z.C. Lipton. (2018), "How much reading does reading comprehension require? A critical investigation of popular benchmarks", in *Proceedings of the 2018 Conference on Empirical Methods in Natural Language Processing (EMNLP)*, Association for Computational Linguistics, Brussels, https://doi.org/10.18653/V1/D18-1546.

Kim, S.N. et al. (2011), "Automatic classification of sentences to support evidence based medicine", *BMC Bioinformatics*, Vol. 12/2, pp. 1-10, https://doi.org/10.1186/1471-2105-12-S2-S5.

Kintsch, W. (1988), "The role of knowledge in discourse comprehension: A construction-integration model", *Psychological Review*, Vol. 95/2, pp. 163-182, https://doi.org/10.1037/0033-295X.95.2.163.

Krallinger, M. et al. (2015), "CHEMDNER: The drugs and chemical names extraction challenge", *Journal of Cheminformatics*, Vol. 7/Suppl 1, p. S1, https://doi.org/10.1186/1758-2946-7-S1-S1.

Kryściński，W. et al.（2019），"Neural text summarization：A critical evaluation"，*in Proceedings of the 2019 Conference on Empirical Methods in Natural Language Processing and the 9th International Joint Conference on Natural Language Processing（EMNLP-IJCNLP）*，Association for Computational Linguistics，Hong Kong，https://doi.org/10.18653/v1/D19-1051.

Langacker，R.W.（1987），*Foundations of Cognitive Grammar：Theoretical Prerequisites*，Stanford University Press，Stanford.

Lee，J. et al.（2020），"Answering questions on COVID-19 in real-time"，in *Proceedings of the 1st Workshop on NLP for COVID-19（Part 2）at EMNLP 2020*，Association for Computational Linguistics，on line，https://doi.org/10.18653/V1/2020.NLPCOVID19-2.1.

Lin，S. et al.（2021），"TruthfulQA：Measuring how models mimic human falsehoods"，*arXiv*，arXiv：2109.07958 [cs]，http://arxiv.org/abs/2109.07958.

Maynez，J. et al.（2020），"On faithfulness and factuality in abstractive summarization"，in *Proceedings of the 58th Annual Meeting of the Association for Computational Linguistics*，Association for Computational Linguistics，on line，https://doi.org/10.18653/v1/2020.acl-main.173.

McNamara，D.S. and J. Magliano.（2009），"Toward a comprehensive model of comprehension"，in *Psychology of Learning and Motivation-Advances in Research and Theory*，Academic Press，Cambridge，MA，https://doi.org/10.1016/S0079-7421（09）51009-2.

Michael，J.（23 July 2020），"To dissect an octopus：Making sense of the form/meaning debate"，Julian Michael's blog，https://julianmichael.org/blog/2020/07/23/to-dissect-an-octopus.html#antithesis-an-aiperspective.

Miller，J. et al.（2020），"The effect of natural distribution shift on question answering models"，in *Proceedings of the 37th International Conference on Machine Learning（PMLR）*，Association for Computational Linguistics，on line，https://proceedings.mlr.press/v119/miller20a.html.

Miller，T.（2021），"Contrastive explanation：A structural-model approach"，*The Knowledge Engineering Review*，Vol. 36，https://doi.org/10.1017/S0269888921000102.

Min，S. et al.（2019），"Compositional questions do not necessitate multi-hop reasoning"，in *Proceedings of the 57th Annual Meeting of the Association for Computational Linguistics*，Association for Computational Linguistics，Florence，https://doi.org/10.18653/V1/P19-1416.

MITRE.（2021），"MITRE CORD-19 Topic Browser"，webpage，http://kde.mitre.org（accessed 28 October 2021）.

Nentidis, A. et al.（2020），"Overview of BioASQ 2020：The Eighth BioASQ challenge on large-scale biomedical semantic indexing and question answering"，in Arampatzis，A. et al.（eds.），*Experimental IR Meets Multilinguality，Multimodality，and Interaction*，Springer International Publishing，https://link.springer.com/chapter/10.1007/978-3-030-58219-7_16.

Nye, M. et al.（2021），"Improving coherence and consistency in neural sequence models with dualsystem，neuro-symbolic reasoning"，*arXiv*，abs/2107.02794，https://openreview.net/pdf? id = P7GUAXxS3ym.

Penn State Applied Research Laboratory.（2020），*COVID Explorer*（database），https://coronavirusai.psu.edu/database（accessed 28 October 2021）.

Roberts，K. et al.（2021），"Searching for scientific evidence in a pandemic：Anoverview of TRECCOVID"，*Journal of Biomedical Informatics*，Vol. 121，p. 103865，https://doi.org/10.1016/J.JBI.2021.103865.

Schaffer，J.（2005），"Contrastive causation"，*The Philosophical Review*，Vol. 114/3，pp. 327-358，https://doi.org/10.1215/00318108-114-3-327.

Škrlj，B. et al.（2021），"PubMed-scale chemical concept embeddings reconstruct physical protein interaction networks"，

Frontiers in Research Metrics and Analytics，Vol. 6，13 April，https://doi.org/10.3389/FRMA.2021.644614.

Sugawara，S. et al.（2021），"Benchmarking machine reading comprehension：A psychological perspective"，in *Proceedings of the 16th Conference of the European Chapter of the Association for Computational Linguistics*：*Main Volume*，Association for Computational Linguistics，on line，https://doi.org/10.18653/v1/2021.eacl-main.137.

Swain，M.C. and J.M. Cole.（2016），"ChemDataExtractor：A toolkit for automated extraction of chemical information from the scientific literature"，*Journal of Chemical Information and Modeling*，Vol. 56/10，pp. 1894-1904，https://doi.org/10.1021/ACS.JCIM.6B00207.

Tamari，R. et al.（2020），"Language（Re）modelling：Towards embodied language understanding"，*Proceedings of the 58th Annual Meeting of the Association for Computational Linguistics*，Association for Computational Linguistics，on line，https://doi.org/10.18653/v1/2020.acl-main.559.

Tshitoyan，V. et al.（2019），"Unsupervised word embeddings capture latent knowledge from materials science literature"，*Nature*，Vol. 571/7763，pp. 95-98，https://doi.org/10.1038/s41586-019-1335-8.

Wadden，D. and K. Lo.（2021），"Overview and Insights from the SCIVER shared task on scientific claim verification"，in *Proceedings of the Second Workshop on Scholarly Document Processing*，Association for Computational Linguistics，on line，https://aclanthology.org/2021.sdp-1.16.

Wang，Q. et al.（2021），"COVID-19 literature knowledge graph construction and drug repurposing report generation"，in *Proceedings of the 2021 Conference of the North American Chapter of the Association for Computational Linguistics*：*Human Language Technologies*：*Demonstrations*，Association for Computational Linguistics，on line，https://doi.org/10.18653/V1/2021.NAACL-DEMOS.8.

Zhang，X. et al.（2019），"Machine reading comprehension：A literature review"，*arXiv*，arXiv：1907.01686 [cs.CL]，https://arxiv.org/abs/1907.01686v1.

Zhu，F. et al.（2021），"Retrieving and reading：A comprehensive survey on open-domain question answering"，*arXiv*，arXiv：2101.00774 [cs.AI]，https://arxiv.org/abs/2101.00774v3.

Zwaan，R.A. and G.A. Radvansky.（1998），"Situation models in language comprehension and memory"，*Psychological Bulletin*，Vol. 123/2，pp. 162-185，https://doi.org/10.1037/0033-2909.123.2.162.

3.3　可解释性：我们应该并且能够理解机器学习系统的推理吗？

休·卡特赖特，牛津大学，英国

3.3.1　引言

　　只有很少的人工智能应用程序能够向非专家解释它们决策背后的学习或推理过程。解释是理解的基础，但并非所有解释都令人信服。如果一位医生将皮肤病描述为可能癌变，她的病人可能会在不向医生索要医学证明的情况下直接接受治疗，但同样是这个病人，又可能会对一名机械师估计的数千美元的汽车简单维修费表示怀疑。如果"解释者"不是人类，它所给出的解释可能更难使人接受。本文重点关注科学和医学领域的应用，探讨了"可解释性 AI"发展中面临的一些挑战。

3.3.2 为什么我们需要解释？

人工智能处理某些问题的能力已经超越人类，对于这些问题，人们自然而然地认为人工智能不必给出详细的解释。然而，人工智能也可能做出令人困惑或错误的决策。

逆合成（retrosynthesis）是通过计算将感兴趣的目标分子（如药物或催化剂）解构为许多更简单的分子的过程，这些简单的分子都很容易获得，或可以由更简单的化学物质合成，这样就可以找到一条可行的靶材制造路线。这是开发具有商业价值材料的一项关键任务。

合成规则（synthesis planning）需要检验数量呈爆炸式增长（combinatorial explosion，直译：组合爆炸）的路径，同时，对于合适的合成路径的识别仍然很大程度上依赖于人类的经验、直觉和猜测。一条拟议路径（a proposed route）的价值可能取决于许多因素：合适试剂和溶剂的可用性；反应物和储存中间体（intermediates in storage）的稳定性；合适的合成设备的可用性和成本；抑制不需要的竞争反应（competing reactions）的能力；试剂和中间体（intermediates）的毒性；合成过程中限制功耗的必要性等。

如果一个 AI 选择的合成路径令人感到意外，那么有必要进行进一步的研究。例如，它可能会选择一条每个低温反应之后都会发生高温反应的路径，从而增加了能源的消耗。在这种情况下，询问人工智能以了解其推理过程是有帮助的。这种询问很困难，并且，如果提议的路径包括不寻常的合成步骤，询问得到的答案也许难以判断真伪——这些步骤可能极少被研究，所以提供的数据不太可靠。

即使人工智能的推论是正确的，提供更多的信息也可能是有价值的。例如，平均而言，在学校度过更多时间的孩子的视力比不那么勤奋的同龄孩子要差。那么是长时间学习对眼睛造成的伤害吗？或者说，近视的孩子在学习上花的时间更多？人工智能可能会将出勤时长与近视联系起来，但二者的相关性既不能作为解释，也不构成因果关系。发现并解释某件事情发生的原因比识别到这件事情确实发生了更加困难，尤其对于人工智能来说。

因果之间的联系是理解的基础。但是如果联系复杂到科学家都无法理解怎么办？

科学变得越来越困难。大多数相对简单的科学领域都已经经过深入研究，剩下的则是更具挑战性的主题。图 3-2 所展示的方程（来自弦理论）证实了这些（通常是理论上的）领域看起来有多么复杂。数学、物理学和量子力学的部分内容只有少数从业者才能接触到。随着科学的不断发展，一些研究主题可能会对智力有极高要求，以至于没有人能理解它们。

$$E^{(0)}(\eta) = \frac{\hbar c}{2\pi^2 a^4(\eta)} \int_{mca(\eta)/\hbar}^{\infty} \frac{\lambda^2 d\lambda}{e^{2\pi\lambda}-1} \left[\lambda^2 - \frac{m^2 c^2 a^2(\eta)}{\hbar^2}\right]^{1/2} \approx \frac{(mca(\eta)\,/\,\hbar^{5/2}\hbar c)}{8\pi^3 a^4(\eta)} e^{-2\pi x ca(\eta)/\hbar} \Rightarrow$$

$$\Rightarrow -\int d^{26}x\sqrt{g}\left[-\frac{R}{16\pi G} - \frac{1}{8}g^{\mu\nu}g^{\nu\alpha}Tr(G_{\mu\nu}G_{\rho\sigma})f(\phi) - \frac{1}{2}g^{\mu\nu}\partial_\mu\phi\partial_\nu\phi\right] =$$

$$= \int_0^\infty \frac{1}{2k_{10}^2}\int d^{10}x(-G)^{1/2}e^{-2\Phi}\left[R + 4\partial_\mu\Phi\partial^\mu\Phi - \frac{1}{2}|\tilde{H}_3|^2 - \frac{k_{10}^2}{g_{10}^2}Tr_v(|F_2|^2)\right] \Rightarrow$$

$$\Rightarrow \frac{1}{3}\frac{4\left[\mathrm{antilog}\dfrac{\int_0^\infty \dfrac{\cos\,\pi txw'}{\cosh\,\pi x}e^{-\pi x^2 w'}dx}{e^{-\frac{\pi^2}{4}w'}\phi_{w'}(itw')}\right]\cdot\dfrac{\sqrt{142}}{t^2 w'}}{\log\left[\sqrt{\left(\dfrac{10+11\sqrt{2}}{4} + \dfrac{10+7\sqrt{2}}{4}\right)}\right]}$$

图 3-2 科学变得更加困难：部分弦理论中的数学

资料来源：Nardelli 和 Di Noto（2020）

一旦到达对理解提出如此极端要求的境地，人工智能就可以帮助科学进步。为了达到这个目的，它可以扫描科学数据库，寻找以前未被发现的关系，并将其转化为新定律，在科学上可能具有相当大的价值。然而，如果人工智能不能解释它们，甚至无法提供数学表达式来表示它们呢？科学家将不可能独立验证人工智能的结论。更严重的是，随着科学领域无人能理解的规律逐渐增多，人类科学的发展将受到抑制。

因此，给出解释是有必要的。决策树（decision trees）或逆向工程（reverse engineering）等工具能够给出一些人工智能逻辑的解释。然而，大多数软件因复杂性而导致较差的普适性，仅对专家有价值。本文重点关注非专家的需求，对他们来说，解释的范围和复杂程度都应适当，以避免他们还需要了解任何额外的细节。这个要求可能比较苛刻。人工智能的能力来源于其能对高维度数据进行处理，即使论证的各个部分是清晰的，将其转化为人类易于理解的形式时，也可能会产生难以理解的推理路线。

解释也必须准确。虽然这是一个显而易见的要求，但其意义深远。人工智能仅仅生成可靠的决策是不够的——正如上面的逆合成示例所示，其提供的解释模型必须同样有效。

3.3.3　可解释人工智能的挑战

可解释性，是指黑盒预测器（black-box predictor）提供清晰解释的能力。在考虑一些需要面临的挑战之前，思考一个基本问题：解释可以做到全面吗？

人工智能的能力和复杂性是紧密相连的。然而，即使可以检查底层代码的工作，人工智能推理过程也可能是不透明的。Dyson（2019）认为，"……任何简单到可以理解的系统都不会复杂到足以智能地运行，而任何复杂到足以智能地运行的系统将变得太复杂而难以理解。"①

这或许是一种悲观的观点，但人工智能的逻辑不太可能被直截了当地解释。在人脑和人工神经网络中，知识的呈现是分布式的。然而，不同的结构使得它们之间的任何直接转换都是不可能的（至少目前是这样）。人类使用符号语言进行交流，因此需要人工智能以兼容的格式提供信息，即使人工智能可以做到这一点，但仅靠这种能力可能还不够。AI 需要提供有意义的解释，并且有能力进行逻辑论证，这样的要求就苛刻多了。

如果原则上人工智能的推理是可以描述的，那么为什么从中提取解释很棘手呢？难道不能简单地"切开"它以揭示一些规则和推理吗？遗憾的是，事情并没有那么简单。人工智能的核心不是规则，而是数以万计的数字，即使对于程序员来说，理解这些数字也是很困难的。

这些数字对人工智能在训练期间积累的知识进行了编码。最先面临的挑战是确保这些训练数据具有足够的质量与可信度，可观察（可直接测量）的训练数据可能存在偏差或受到人类未知因素的影响。因此，必须得到合适的、高保真度的训练数据。

原始表格数据可以很容易地输入到人工智能系统中，但元数据（描述原始数据存储位置的信息）可能并不总是可用。人类或许知道各个部分数据之间存在某种关系，例如，平均腰围可能与居住国有关。然而，人工智能可能无法直接了解这些先验知识，它必须自己发现关系，这意味着需要访问更大的数据集。

通过将深度神经网络与基于规则的方法（rule-based methods）相结合，人工智能可以变得更加强大。这样的组合在安全型应用中可能很有价值（例如，当人与人工智能控制的机器人在汽车生产线上一起工作的时候）。然而，在人工智能系统中的基于规则的部分本身并不能增强解释能力。

有效的人工智能系统通常包含成千上万行代码，这些代码由程序员团队构建，

---

① 原文为："…[a]ny system simple enough to be understandable will not be complicated enough to behave intelligently，while any system complicated enough to behave intelligently will be too complicated to understand."

但没有人知道整个系统是如何工作的。据报道（也许是杜撰的），旧版本的 Windows 操作系统包含大量明显冗余的代码，但是软件工程师不敢删除这些代码，因为不知道它们具体的用途。人工智能软件虽然比完整的操作系统规模要小，但可能也需要好几年的时间才能开发出来。在此期间，软件和任何嵌入式解释系统的行为都可能会偏离原始规范，而程序员对此可能并不知情。

即使软件本身的开发已经完成，人工智能也可能在工作的同时继续在某些领域学习。例如，了解因果关系需要寻找能够与环境交互的事物，从而在此过程中创建自己的数据。在化学领域，人工智能辅助机器人可用于评估和优化新的合成路径，生成有关可行性、安全性和产量的知识库，并且知识库的内容会随着系统运行新的化学反应而增加。随着知识的积累，人工智能的理解能力可能会增强，但这个细节逐渐变多的世界可能会减弱人工智能的解释能力。

人们可能认为，向人工智能提出的典型问题是"你为什么得出这个结论？"，但实际上正相反，"异常分析"（或称错误分析，exception analysis）想要了解的是错误发生的原因，那么问题就会变成："你为什么会犯这个错误？"

了解决策错误的原因可以揭示训练有素的人工智能模型的局限性。然而，由于以下两个原因，异常分析在科学中很少见：首先，人们必须知道人工智能走错了方向；其次，有足够有效的解释系统来揭示错误的根源。

基于网络图像识别的应用程序的功能令人印象深刻，然而，生成一个可以被人工智能用于解释说明的图像具有一定的挑战性。它通常只会产生混合图像，其中训练数据的多个部分似乎混合成了一个混乱的新图像。

让人工智能提供可靠的合成图像作为解释的一部分是一项持续的挑战。时间图像流（或译"时变图像流"，temporal / time-varying image streams），如脑电图（electroencephalograph，EEG）扫描，会带来更多困难。除了提供文本解释之外，如果一个人工智能系统想要解释一系列脑电图，那么它可能需要用由视觉数据构建的清晰图像来进行文字说明，而这些视觉数据会随时间、患者和测量条件的变化而变化。

只要知识产权保护等问题不是障碍，人工智能就可以基于拥有相似算法的软件在不同领域工作。通过适当的再训练（通常是从头开始），人工智能可重新用于一个完全不同的领域。然而，移植解释系统可能会出现问题，因为无论人工智能被修改了多少，棋盘游戏设计的解释机制都不太可能适用于解释蛋白质如何折叠。在不同应用程序之间迁移人工智能也可能会产生可靠性问题，从而对预测软件故障模式的能力等功能产生潜在影响。

3.3.4　道德考虑

人工智能决策的道德规范（不仅仅是"使用人工智能"的道德规范）是人们

越来越感兴趣的领域，大家的兴趣集中在人工智能的决策可能对人类有直接影响的领域，特别是在医学领域。

分诊是评估进入医院急诊病房的患者需要什么治疗的过程。医务人员必须做出关键决定，包括"能否挽救该患者的生命？"大型急诊科的病人数量非常多，随着时间的推移，一个基于先前分诊决策的重要数据库会建立起来，成为训练人工智能自己做出决策的数据来源。这样的数据库中将包括一些与患者医疗状况相关的数据，以及其他在根本上符合道德的数据。如果一大群重症患者一起到达医院，可能会超过病房的容量，从而导致某些患者的治疗延迟，然后工作人员必须做出包含道德因素的判断："应该救这个病人吗？"

经过分诊数据训练的人工智能可能会很好地发展出既对新来患者做出医疗决策，又能在必要时做出道德决策的能力，两者之间的界限可能会变得模糊。因此，人工智能决策需要清晰而富有同情心，这对于让医务人员、亲属和患者相信决策是恰当的有至关重要的作用。

做出此类道德决策的人工智能已经接受过数据训练，其中包括从真实急诊部门运作中提取的大量示例。因此，人们可能期望这些决定能够简单地复制人类在类似情况下的决策。然而，人工智能工具可能会找到人类可能没有发现的意想不到的解决方案。例如，人类可能会在医疗和道德决策之间划清界限。对于人工智能来说，有关患者症状、治疗、预后和最终结果的信息都只是数据点，但是人工智能根据其所学到的全部知识得出的结论不一定符合人类道德。

透明度对于道德决策尤为重要，隐私问题可能会影响看似简单的决策。例如，药物试验的机密数据是否应该在试验完成之前向公众公布？如果药物试验的患者人数较少，即使数据显示其他参与者服用的药物有效，那些试用无效对照剂的患者是否应该继续服用无效对照剂，以使试验更具统计效力？

有限的透明度可能会助长欺骗行为。一个公平的人工智能可以创建一个决策树，采用一组"如果那么"的规则来支持推理，表明选择过程是不分性别的。然而，一个公平算法可以有区别地应用，这种技术被称为"公平清洗"（fair washing）。

在公平清洗中，不公平的程序（也许是在选择晋升候选人时）以一种看似公平的方式呈现。人工智能会被故意用来隐藏影响决策的关键因素，如性别和种族。如果有机会对人工智能进行质询，将为防止出现公平清洗行为提供一定的保障。

非专家使用人工智能也可能会产生不良的副作用。数百万人使用在线医疗进行自我诊断，其中一些"医生"就是人工智能聊天机器人。用户可能会感觉，或者甚至相信他们正在与另一个人类聊天。如果其给出的建议有错误或被误解，责任应当归咎何处？

由于无法对软件的专业知识进行评估，人工智能的医疗建议必须被信任。然而，人工智能可能是由商业机构提供的，这会影响其建议（如服用哪种药物）。通过互联网提供的非个性化诊断可以减少看人类医生的次数，这可能会导致更糟糕的结果，因为与计算机的交互可能不如与人类医生的交互那么有启发性。

3.3.5　讨论

人工智能的最好状态是用户确信其决策是合理正当的时候，人工智能将处于最佳状态。不完整的解释可能会使人怀疑人工智能的操作被有意或无意地模糊，他们还可能揣测享受了人工智能好处的是商业机构或政府机构，而不是用户。

在科学领域中，如果数据的发布受到商业利益的限制（如专利申请）时，不完整的解释会不可避免地出现。但科学因信息快速全面传播而蓬勃发展，因此，有意或无意地限制基于人工智能系统做出的解释可能会阻碍科学进步。

2018 年 5 月，欧盟颁布了《通用数据保护条例》，它要求了解人工智能"涉及的逻辑"，以免出现歧视或不公平的做法。虽然获得"解释权"值得称赞，但迄今为止这一目标尚未完全实现。实际上，人工智能的逻辑可能仅被解释为对其算法过程的引用，程序员可能会对软件如何运行的解释感兴趣，但对于大多数想要了解人工智能如何做出决定的人来说，这些解释几乎没有什么价值。

必须开发和增强解释系统，使其与其所包含系统的功能相匹配。然而即使如此，人工智能的决策方面仍将不断发展。正如英国上议院的一份报告（2018 年）所言："……如果我们只能利用我们理解的那些机制，我们将极大地减少人工智能的好处。"[①]

这段话的含义很明确：政府不会为了让解释系统赶上人工智能的发展而暂停人工智能决策系统的开发。但是，开发人员不应认为人工智能系统"能做什么"比"如何去做"更重要，他们应该重视开发解释系统的工作。

最后，随着人工智能变得更加强大，其预测未来的能力将变得更加重要。然而，人工智能在一个领域的使用可能会影响另一个明显不相关领域的活动，为了预测这种影响，必须严格审查人工智能操作系统的局限和功能。

3.3.6　结论

随着人工智能应用变得更加强大和广泛，对解释的需求将会增长。人工智能与其他数据分析方法似乎并没有太大不同，只是更高效，但这样的对比，既低估了人工智能的威力，也低估了人工智能推理的隐蔽程度。在提供详尽解释成为常规之前，停止软件开发是有害的，而且是不切实际的。但是我们不应该让人工智能的用户误

---

① 原文为："…if we could only make use of those mechanisms that we understand, we would reduce the benefits of artificial intelligence enormously."

以为提供完整的解释很难，从而导致他们盲目接受它的决定，而不去质疑。

"有用（即具有商业价值）的人工智能"的发展速度可能远高于"用户友好型（即能够自我解释）人工智能"。此外，如果不要求任何形式的解释，软件公司可能会认为解释系统的开发可以悄悄地搁置一边。如果这种情况发生，我们可能会丧失开发它们的机会，强大但不透明的人工智能可能会成为常态。此外，当前的软件在提供解释方面很大程度上回避了道德和实际挑战。用户通常意识不到他们正在与人工智能交互，或者人工智能正在处理他们的数据，由于不知道人工智能参与其中，用户就不会期望得到解释。

毫无疑问，政府可以在对解释问题的研究方面发挥促进作用，但尚不清楚如何最好地对社会产生重大影响。与谷歌、亚马逊等商业巨头在人工智能领域所投入的巨额资金相比，任何政府资金都相形见绌。政府可能会向美国国防部高级研究计划局等国家机构或其他公共组织投入资金，但这可能很难召集足够多的人才来在如此高要求的领域取得真正的进展。这些问题都需要得到更进一步的说明。

参 考 文 献

Dyson, G. (2019), "The third law", in *Possible Minds*: *25 Ways of Looking at AI*, Brockman J., (ed.), Penguin, New York.

House of Lords. (2018), "AI in the UK: Ready, willing and able？", Select Committee on Artificial Intelligence, Report of Session 2017-19, https://publications.parliament.uk/pa/ld201719/ldselect/ldai/100/100.pdf.

Nardelli, M. and F. Di Noto. (2020), "On some equations concerning the Casimir effect between World-Branes in Heterotic M-Theory and the Casimir effect in spaces with nontrivial topology. Mathematical connections with some sectors of Number Theory", https://vixra.org/pdf/2005.0121v1.pdf.

3.4 在知识的前沿集成集体智慧和机器智能

埃里尼·马利亚拉基，Nesta 集体智能设计中心，英国

亚历克斯·贝尔迪切夫斯卡亚，Nesta 集体智能设计中心，英国

3.4.1 引言

在过去十年中，机器学习和深度学习取得了显著的进步。现在它们可以参与研究，如进行大量数据分析；与此同时，人类仍拥有独一无二的能力，如直觉、情境化和抽象能力；展望未来，两者的结合必然是两全其美的选择。新颖的人工智能和人类合作可以探索复杂的事物并以新的方式推进科学进步，而不是仅使用人工智能

来探索科学知识。本文描述了用于发现、编码和综合知识的新兴工具和举措，可以帮助指导未来发展方向。这些建议概述了如何通过改变科学基础设施、激励措施和机构设置，来促进混合的人类-人工智科学蓬勃发展。

仅仅在生物医学领域，研究人员每天就能发表出 4000 多篇科学论文；迄今为止，估计已经有 20 万篇有关 COVID-19 大流行的文章被撰写。虽然出版物的数量呈指数级增长（Bornmann and Mutz，2015），但新颖的科学思想的数量仅呈线性增长（参见本书中斯塔莎·米洛耶维奇的文章）。从医学到农业再到计算机，各个领域的创新所需的努力和资金都在不断增长。

追赶和探索知识前沿的传统机制存在局限性，教科书的更新速度很慢。同时，文献综述往往是专为某个方向撰写的，可能会忽视其他学科的相关工作，或者会忽视颠覆性的想法而偏向更规范的作品（Chu et al.，2021）。

研究领域在发展过程中通常会被逐渐细分为子专业，每个子专业都有自己的文献，它们离散地形成知识簇（Foster et al.，2015），碎片化导致"未被发现的公共知识"（即存在于现有公共知识体系之间未揭示出联系的知识）呈现爆炸式增长（Swanson，1989）。此外，尽管相差较远的学科中那些较为陈旧的或被忽视的发现和假设可能成为新知识的来源，但它们很难被系统地"复活"（Swanson，2011），从而产生未发现的相关性、未得出的结论以及未能利用类似问题的见解（参见本书中斯莫海瑟等的文章）。

与此同时，科学研究逐渐由越来越大的团队和国际联盟开展①。科学比以往任何时候都更是一种集体努力。这一点，在多个成功案例中均有所体现，比如绘制人类基因组图、以人类大脑计划推动神经科学研究进步，以及证明爱因斯坦的引力波理论。从规模的优化（Wu et al.，2019）和团队多样性到利用众包和群体预测的新兴方法，人们开始领悟如何充分利用集体智慧进行科学发现。重新构想当前的方法和工具可以更好地利用集体智慧和机器智能，这将有助于科学家更好地了解科学知识的现状并优先考虑知识前沿的研究（Berditchevskaia and Baeck，2020）。

3.4.2　绘制知识前沿的蓝图

1. 编码和发现知识

科学知识由研究论文、专利、软件和其他学术制品中所体现的概念和关系组成。然而，现有科学传播的基础设施并不能帮助研究人员充分利用以文档为中心

---

① 科学政策界日益认识到大规模国际联盟的重要性。例如，请参阅美国文理科学院国际科学伙伴关系挑战倡议的《大胆的雄心：国际大规模科学》报告。全文可在 www.amacad.org/publication/international-large-scale-science 找到。

的学术成果。例如，从 PDF 文件中提取的文本、图形、参考书目和元数据在使用前通常需要进行大量清理。机器虽然可以进行单词和句子的搜索，但对于图像、引用、符号和其他语义目前大多无能为力。

近年来，以机器可处理的形式表达学术知识逐渐变得可行。到目前为止，表征、维护和链接有关文章、人员和其他相关实体的数据和元数据成为关注的重点。在元数据探索中，人类和机器的结合可以更好地检测这些利用科学数据的产出。例如，RePEc 项目（research papers in economics，经济学研究论文）使用人工智能来推断出版物中使用了哪些数据集，然后要求作者验证或否认这些数据集注释（Nathan，2019）。

一旦被编码，这些公共知识就能够在正确的表示层级上进行搜索和发现。自然语言处理、文本挖掘和信息检索方面的最新进展现在可以帮助研究人员查找和理解科学信息。例如，使用自然语言处理的引文分析可以帮助研究人员发现学术数据库中的交叉点和新兴趋势，以及新的或非主流的研究方向，此外，改进学术文档中的表征学习和对学术文献进行更高效的概括可以减轻信息过载。开放知识图谱是人类与人工智能协作的一个著名例子，它根据关键词、数据集和研究软件将相似子领域的论文聚集在一起，然后允许用户创建、编辑和更新属于自己的知识图谱（Matthews，2021）。

一些人提倡要以更加细化的视角关注、识别和提取论文中的科学信息单元。这些科学信息单元可以是问题（Lahav et al.，2021）、假设（Spangler et al.，2014）、方法（Fathalla et al.，2017）、发现（Sebastian et al.，2017）、因果关系，甚至是（机器）自动化的新假设（Liekens et al.，2011）。具体来说，语言模型（如 SciBERT、BioBERT[①]）[②]的进步为科学概念创建了更准确的语义表示（semantic representations），并允许对科学文档进行更多的上下文搜索。然而，这些模型通常是建立在领域专家预先训练的语言表示之上的，机器在其开发领域之外的通用性有限。

这种通用性有限的问题可以通过利用科学家和政策制定者互补的专业知识库来解决。一个著名的例子是 TREC-COVID（Text Retrieval Conference COVID-19 Open Research Dataset，新型冠状病毒信息检索与提取）项目，该项目从出版物、Twitter 对话和图书馆搜索中提取有用信息（Roberts et al.，2021）。然后，它收集医学领域专家发表的论文库中的排名和相关性判断，并使用它们来提高搜索算法的准确性。将这些方法扩展到整个科学领域的潜力是巨大的。

在相差较远的领域寻找类比往往能够推动科学发现。然而，学术出版物数量

---

① BERT 全称为 bidirectional encoder representations from Transformers，基于 Transformer（转换器）的双向编码器；SciBERT 表示科学领域的 BERT；BioBERT 表示生物领域的 BERT。

② 特别是，基于转换器的语言模型在该领域处于领先地位。这些是深度学习模型，使用注意力机制来提高训练速度。在 https://arxiv.org/abs/1706.03762 中首次描述了 Transformer 方法。

的不断增加使得确定单一学科主题变得困难，更不用说跨领域的类比了。Project Solvent（Chan et al.，2018）通过收集大量人员发表的论文中的问题和发现的注释来解决这个问题，然后，带注释的数据集将被用于训练识别研究论文之间语义相似性的算法。用于学习概念之间抽象关系的类似数据驱动方法可用于识别子问题和约束条件，并基于类比提出新颖的研发路径（Hope et al.，2021）。

2. 连接和构建知识体系

一旦相关公共知识被编码并发现，就需要对其进行系统的、综合的考虑。随着知识表示（knowledge representation）和人机交互技术的进步，学术信息可以表达为语义丰富的知识图谱（Auer et al.，2018）。知识图谱是一种通过映射不同概念之间的联系并集成从多个数据源提取的信息来组织世界上结构化知识的方法（Chaudhri et al.，2021）。当前创建这些图谱的自动化方法仅达到中等精度并且覆盖范围有限，这些方法通常用于描述特定领域的学术知识，如数学、化学和生命科学。

科学知识网络必须能够并行、同步地编码和扩充知识。在不久的将来，知识综合系统需要不断跟踪知识的发展，并整合来自理论和经验证据的新论文，包括定性和定量研究。智能界面可以帮助专家找到隐藏在旧学术语言中的概念和理论与新兴数据集和计算模型之间的联系（Chen and Hitt，2021）。自然语言处理已经可以自动处理概念或结构之间的某些映射和转换元素，从而对相似或互补的想法进行更加动态化的分组。未来，自然语言处理推理方法可能会发展到能够推测因果关系（Feder et al.，2021）。这可能是人机协作特别有成效的方面，因为领域专家可以使用生成的知识图谱来情境化、测试和探索各种知识实体（如方法和实验数据）之间的新兴关系。

为了完成这项复杂的任务，我们必须开发本体来为知识提供可靠的框架。本体可以被认为是组织信息的模式，例如，可以开发本体来定义研究领域和子领域。由科学网（Web of Science）开发的一种模式就定义了科学、社会科学以及艺术和人文领域共大约 250 个学科领域。许多其他类型的本体也可用于正式描述学术文献，例如，可以通过创建本体来指定谁是研究贡献者或标记研究的各个部分文件。

开放研究知识图谱（open research knowledge graph，ORKG）是将集体智慧和机器智能相结合而构建学术内容的一个很好的例子。它利用获取、策划、发布和处理这些知识的研究人员的群体贡献来组织和连接学术知识（Karras et al.，2021）。经过改进的机器可解释语义内容（machine-interpretable semantic content）将有助于支持更多像 ORKG 这样的系统，使人类专家更容易根据他们的领域知识和理解来找到联系并绘制联系图，同时，集体智慧也可以用来丰富文档和注释文章。

Dokie.li 项目①从科学家和微出版物中收集分散的语义注释，这本身就是一种通过语义表示科学论点的新模型。

3. 监督和质量控制

相关领域的专家、图书馆员和信息科学家的持续管理和对质量的保证使得知识综合基础设施变得完整。在新冠疫情期间，学术界聚集在一起，整合应对危机的相关资源。在新冠疫情暴发初期创建的 SciBeh 就是这样的社区之一。SciBeh 是一个由行为科学家组成的网络，旨在建立适合快速响应的危机知识管理基础设施，同时保持科学过程的严谨性②。由于许多社会科学领域已发表的发现难以复制，多方共同参与对于质量保证起到越来越重要的作用（Camerer et al.，2018）。这种情况出现的原因显而易见，包括糟糕的实验设计、小样本、不成熟的数据分析操作以及对发布积极结果的偏好。投资可以自动检查科学论文局限性的③、可以自动对科学不确定性进行分类的或预测学术交流中重复可能性④的新工具能够帮助解决部分问题。然而，这样的系统不太可能完全万无一失，它们需要通过高度分布式的同行评议或来自多个专家的集体智慧来增强，这些专家能够检测并指出出版物中包含证据的部分。

将这些新工具引入既定的科学实践需要时间。在知识探索的背景下，如果人工智能工具是根据社区需求开发的，并且可以根据社区的持续监督和反馈进行调整，那么它们就更有可能被使用（Halfaker and Geiger，2020），否则，它们可能会面临被用户忽视或拒绝的风险。如果这些工具不能根据用户需求进行适当调整，它们产生的结果比在使用传统方法下的结果质量更差或影响更小。

过去两年，Nesta 集体智慧资助计划的支持实验已经初步发现了成功实现人机协作的一些障碍⑤。在一项实验中，为了改进对新颖想法和信息的搜索而开发的一种偶然发现的推荐算法，不但没有帮助群体设计出应对社会挑战的新解决方案，反而让大家感到困惑（Gill et al.，2021）。这些实验强调了与已建立的用户社区一起开发工具的重要性，以确保它们能够成功融入现有工作流程中。

---

① 详见网站：https://dokie.li。

② SciBeh 项目成立于 2020 年，旨在管理行为科学家在 COVID-19 大流行期间产生的新信息、数据和资源，www.scibeh.org/（访问日期为 2022 年 2 月 24 日）。

③ AllenAI 研究所为 SciFact 项目举办了一场竞赛，以开发检查科学主张真实性的人工智能模型，https://leaderboard.allenai.org/scifact/submissions/public（访问日期为 2022 年 2 月 24 日）。

④ 美国国防部高级研究计划局的 SCORE（Systematizing Confidence in Open Research and Evidence，系统化开放研究与证据的可信度）项目旨在开发支持人工智能的工具，为行为科学和社会科学的结果和研究分配信度指标。www.darpa.mil/program/systematizingconfidence-in-open-research-and-evidence（2022 年 2 月 24 日访问）。

⑤ Collective Intelligence Grants 2.0 是一项 50 万英镑的基金，用于支持集体智慧设计的实验，重点是人与机器之间的交互。www.nesta.org.uk/project/collective-intelligence-grants/，（2022 年 2 月 24 日访问）。

3.4.3 人类与人工智能结合的系统如何融入主流科学

此处概述的新兴方法可以使学术交流和科学进步受益匪浅。下面提供了一些关于如何加快人类与人工智能结合的系统应用于主流科学中的未来方向，供学术界、科学机构和科学资助者考虑。

在投资新基础设施以探索知识前沿方面，我们需要更加细分的、能够被机器翻译的学术知识表述方式，以及支持人类和机器进行知识管理、出版和整合的基础设施。该基础设施能够支持文档和数据集的存储，并将这些内容同人员和机构联系起来。

学术成果对处理系统提出了特殊的挑战，因此需要开发针对该领域优化的自然语言处理方法。这需要更加广泛的研发计划、开发流程和工作流，以便在知识发现和整合过程中将人工智能和基于人工的处理组件联系起来。未来比较有希望的方向可能是新的工作流程，该工作流程组织一系列人机组合的方法来上传、注释并添加知识图谱。最后，来自非传统的数据源（如推文、药品标签、新闻文章和网络内容）的知识可能会被整合并拓展基于文献的知识发现。

1）开发增强人工智能和人类集体智慧相结合的工具

另一个创新的机会在于创造工具，通过大规模协作来优化科学团队的或更广泛群体的集体智慧的潜力。这需要对人工智能系统进行更多研究，以增强解决群体问题的能力和制定决策的能力，实现集体利益。人类与人工智能相结合系统本质上是复杂的，他们必须学会解决不同参与者和组织间的目标冲突，以及参与者共有的问题（Dafoe et al.，2021）。目前，该领域的研究在投资方面落后于人工智能的其他领域（Littman et al.，2021）[1]。

2）利用现有的社交网络进行人类-人工智能协作的实验

现有许多社交平台支持学者之间的知识交流，并为文献发现提供基础设施，如ResearchGate、Academia.edu 和 Frontiers 期刊组的 Loop 社区。其中一些平台已经使用人工智能推荐系统为用户定制内容（Matthews，2021）。未来，此类平台应该成为试验人类与人工智能相结合的试验台，用以知识探索、生成想法以及综合（synthesis）其他新形式。与 Twitter 和 Linkedln 等现有社交网络相比，类似的试验可以帮助这些平台开发独特的服务，研究人员越来越多地使用这些社交网络来交流工作。

3）重新思考知识测绘与整合的激励机制

一些制度、教育和社会条件抑制了知识整合方面的工作。现有的"可发表性"

---

① 有证据表明，人工智能领域的一些资助者和研究人员已经注意到了这一点。合作人工智能基金会成立于2021 年，初始捐款为 1500 万美元。见 www.cooperativeai.com/foundation。

衡量标准主要奖励对理解深度的渐进性进展，它们激励人们对单个学科的探索而不是整合知识的发现。编辑、审稿人和学术机构重视特定领域内理论的一致性及相关的传统分析方法，这些关注点对于科学进步是至关重要的，但仅仅关注这些知识创造方法将会错过其他可用的机会。为了拓宽视野，一些人主张为知识整合工作者开辟一个新市场（Chen and Hitt，2021）、开设综合型博士课程[①]以及基于知识整合进行创新的行业研究项目。

研究委员会和学术机构应该考虑这些建议并支持新型职位和职业发展道路。它支持"应用元科学家"（applied metascientists）——管理和维护信息基础设施的专家，它们还可以在公众、学术界和工业界之间建立重要的桥梁。其他举措还可能包括奖励或竞争机制，如 Science4Cast[②]，它激励参与者绘制并推动预测科学研究的进步。

4）加强机构间合作

学术界、政府和工业界必须在国家和国际两个维度共同努力，创造出让人类和机器更好地理解科学知识的工具。此类合作还可以推动前沿科学算法实现民主化，并为研究人员和非技术从业者维护一个共同的代码库，以共同探索知识前沿。美国已开始振兴其研究基础设施，还有人呼吁英国建立诸如"阿特拉斯研究所"等新的机构[③]，以全面绘制科学知识世界的地图并识别其中尚未涉足的领域。预印本存储库（如 arXiv）和数据集（如 Zenodo）等研究基础设施的成功使用表明研究界可以整合新的基础设施。然而，新的基础设施可能需要起到关键作用才能被广泛接受。这需要时间，也需要更广泛的研究界（包括资助者和其他机构）的认可。

3.4.4 结论

当今科学最难的挑战本质上是跨学科的，需要跨学科合作来解决。持续存在的知识孤岛可能会减缓科学进步。科学和政策网络需要工具、激励措施和制度结构来跟踪跨领域的新知识，确定优先挑战并跨学科地解决这些问题。健康、经济、社会和企业领域的广泛挑战已经从人机合作中受益。在目前的发展轨迹中，只有人工智能才能跟上并理解不断增加的科学文献。富有成效的人类与人工智能合作

---

① 创业科学博士项目旨在培养毕业生将研究与创业结合起来，从而激励学术研究商业化，www.dayoneproject.org/post/forging-1-000-venture-scientists-to-transform-the-innovation-economy（accessed 2022 年 2 月 24 日）。

② 这是一项公开竞赛，旨在开发能够捕捉科学概念演变的机器学习模型，并预测将出现哪些研究主题。见 www.iarai.ac.at/science4cast/（2022 年 2 月 24 日访问）。

③ 阿特拉斯研究所的概念是托尼·布莱尔研究所在一篇博客中提出的。www.tenentrepreneurs.org/the-l 未来之路（2022 年 2 月 24 日访问）。

可以充分利用人类和机器的优势，帮助科学家选择科学的优先事项并制定能够解决最紧迫问题的方案。

参 考 文 献

Auer，S. et al.（2018），"Towards a knowledge graph for science"，in *Proceedings of the 8th International Conference on Web Intelligence*，*Mining and Semantics*，pp. 1-6，https://doi.org/10.1145/3227609.3227689.

Berditchevskaia，A. and P. Baeck.（2020），"The future of minds and machines：How AI can scale and enhance collective intelligence"，10 February，Nesta，London，www.nesta.org.uk/mindsmachines.

Bornmann，L. and R. Mutz.（2015），"Growth rates of modern science：A bibliometric analysis based on the number of publications and cited references"，*Journal of the Association for Information Science and Technology*，Vol. 66/11，pp. 2215-2222，https://doi.org/10.1002/asi.23329.

Camerer，C. et al.（2018），"Evaluating the replicability of social science experiments in nature and science between 2010 and 2015"，*Nature Human Behaviour*，Vol. 2/9，pp. 637-644，https://doi.org/10.1038/s41562-018-0399-z.

Chan，J. et al.（2018），"Solvent：A mixed initiative system for finding analogies between research papers"，in *Proceedings of the ACM on Human-Computer Interaction*，2（CSCW），pp.1-21，https://doi.org/10.1145/3274300.

Chaudhri，V.K.，N. Chittar and M. Genesereth.（10 May 2021），"An introduction to knowledge graphs"，The Stanford AI Lab Blog，http://ai.stanford.edu/blog/introduction-toknowledge-graphs.

Chen，V.Z. and M.A. Hitt.（2021），"Knowledge synthesis for scientific management：Practical integration for complexity versus scientific fragmentation for simplicity"，*Journal of Management Inquiry*，Vol. 30/2，pp.177-192，https://doi.org/10.1177/1056492619862051.

Chu，J. et al.（2021），"Slowed canonical progress in large fields of science"，in *Proceedings of the National Academy of Sciences*，Vol 118/41，pp. e2021636118，https://doi.org/10.1073/pnas.2021636118.

Dafoe，A. et al.（2021），"Cooperative AI：Machines must learn to find common ground"，*Nature*，Vol. 593/7857，pp. 33-36，https://doi.org/10.1038/d41586-021-01170-0.

Fathalla，S. et al.（2017），"Towards a knowledge graph representing research findings by semantifying survey articles" in *International Conference on Theory and Practice of Digital Libraries*，pp. 315-327，Springer，Cham，https://doi.org/ 10.1007/978-3-319-67008-9 25.

Feder，A. et al.（2021），"Causal inference in natural language processing：Estimation，prediction，interpretation and beyond"，*arXiv*，arXiv：2109.00725 [cs.CL]，http://arxiv.org/abs/2109.00725.

Foster，J.G. et al. 2015.　"Tradition and innovation in scientists research strategies"，*American Sociological Review*，Vol. 80/5，pp. 875-908，https://doi.org/10.1177/0003122415601618.

Gill，L，K. Peach and I. Steadman.（2021），"Collective intelligence grants programme：Experiments in collective intelligence design for social impact"，14 October，Nesta，London，www.nesta.org.uk/report/experiments-collective- intelligence-design-20/.

Halfaker，A. and R.S. Geiger.（2020），"ORES：Lowering barriers with participatory machine learning in Wikipedia"，*Proceedings of the ACM on Human-Computer Interaction*，Vol. 4/CSCW2，Article 148，pp. 1-37，https://doi.org/10.1145/3415219.

Hope，T. et al.（2021），"Scaling creative inspiration with fine-grained functional facets of product ideas"，*arXiv*，arXiv：2102.09761 [cs.HC]，https://arxiv.org/abs/2102.09761.

Karras，O. et al.（2021），"Researcher or crowd member？Why not both！The Open Research Knowledge Graph for Applying and Communicating CrowdRE Research"，*arXiv*，arXiv：2108.05085 [cs.DL]. https://arxiv.org/abs/2108.05085.

Lahav，D. et al.（2021），"A search engine for discovery of scientific challenges and directions"，arXiv，arXiv：2108.13751 [cs.CL]，https://arxiv.org/abs/2108.13751.

Liekens，A.M. et al.（2011），"BioGraph：Unsupervised biomedical knowledge discovery via automated hypothesis generation"，*Genome Biology*，Vol. 12/6，pp.1-12，https://doi.org/10.1186/gb-2011-12-6r57.

Littman，M.L. et al.（2021），*Gathering Strength，Gathering Storms：The One Hundred Year Study on Artificial Intelligence （AI100） 2021 Study Panel Report*，Stanford University，Stanford，http://ai100.stanford.edu/2021-report.

Matthews，D.（2021），"Drowning in the literature? These smart software tools can help"，*Nature*，Vol. 597/7874，pp.141-142，https://doi.org/10.1038/d41586-021-02346-4.

Nathan，P.（2019），"Human-in-the-loop AI for scholarly infrastructure"，14 September，Derwen，https://medium.com/derwen/dataset-discovery-and-human-in-the-loop-ai-for-scholarly-infrastructuree65d38cb0f8f.

Nielsen，M.W. et al.（2018），"Making gender diversity work for scientific discovery and innovation"，*Nature Human Behaviour*，Vol. 2，pp. 726-734，https://doi.org/10.1038/s41562-018-0433-1.

Roberts，K. et al.（2021），"Searching for scientific evidence in a pandemic：An overview of TRECCOVID"，*arXiv*，arXiv：2104.09632 [cs.IR]，https://arxiv.org/abs/2104.09632.

Sebastian，Y. et al.（2017），"Emerging approaches in literature-based discovery：Techniques and performance review"，*The Knowledge Engineering Review*，Vol. 32，p. e12，https://doi.org/10.1017/S0269888917000042.

Sell，T.K. et al.（2021），"Using prediction polling to harness collective intelligence for disease forecasting"，*BMC Public Health*，Vol. 21，pp. 2132，https://doi.org/10.1186/s12889-021-12083-y.

Spangler，S. et al.（2014），"Automated hypothesis generation based on mining scientific literature"，in *Proceedings of the 20th ACM SIGKDD International Conference on Knowledge Discovery and Data Mining*，pp. 1877-1886，https://doi.org/10.1145/2623330.2623667.

Swanson，D.R.（1989），"Online search for logically-related noninteractive medical literatures：Asystematic trial-and-error strategy"，*Journal of the American Society for Information Science*，Vol. 40/5，pp.356-358，https://dblp.uni-trier.de/rec/journals/jasis/Swanson89.html.

Swanson，D.R.（2011），"Literature-based resurrection of neglected medical discoveries"，*DISco：Journal of Biomedical Discovery and Collaboration*，Vol. 6，pp. 34-47，https://doi.org/10.5210/disco.v6i0.3515.

Wu，L. et al.（2019），"Large teams develop and small teams disrupt science and technology"，*Nature*，Vol. 566，pp. 378-382，https://doi.org/10.1038/s41586-019-0941-9.

3.5 Elicit：一个作为研究工具的语言模型

永元·拜恩，Ought 公司，美国

安德烈亚斯·斯图尔穆勒，Ought 公司，美国

3.5.1 引言

未来数十年，机器学习将如何改变科学研究？大语言模型作为一种机器学习技术，已经在许多推断因果的任务中展现出很好的前景，包括问答、摘要和编程。

本文概述了构建 Elicit 的经验——这是一种人工智能研究助手，可以使用语言模型帮助研究人员搜索、总结并理解科学文献。

2020 年 6 月 11 日，OpenAI 发布了 GPT-3，这是一种基于互联网上数千亿单词训练的语言模型。在没有针对特定任务训练的情况下，该模型完成了许多任务，包括翻译、提问回答、在句子中使用新词并进行三位数算术运算。它是当时发布的最大模型，使用 GPT-3 编写代码、撰写论文一时风靡全球。从那时起，已有 300 多个应用程序基于 GPT-3 构建，使用预训练模型来提供客户支持、讲故事、助力软件工程以及撰写广告文案。

虽然现在说还为时尚早，但语言模型有望成为我们这个时代最具变革性的技术之一，原因如下：

● 语言模型有望自动执行简单的"直观"自然语言任务，包括需要自然世界的知识和进行基本因果推断的任务。它们处理信息的方式与早期计算机简单自动化地根据规则处理信息的方式相同。例如，参见 Austin 等（2021）和 Alex 等（2021）的论述。

● 大多数改进来自通过增加数据集大小、调整模型参数和训练计算来扩展现有模型，而不是架构创新。所以很容易预测它们将继续改进（Henighan et al.，2020；Kaplan et al.，2020）。

● 短短一年内，有许多家预训练语言模型提供商出现，其中包括 Cohere（2022）、AI21 Labs（2022）和开源项目 EleutherAI（2022）。这表明预训练语言模型可能会商品化。

截至 2022 年初，语言模型对社会的影响尚不清楚。不能保证语言模型会对研究有很大帮助，这需要深厚的领域专业知识以及对论点和证据的仔细评估。

本文分享了现今的模型可以做什么，Ought 如何使用这些模型和集合构建 Elicit，并阐述了研究人员未来如何使用人工智能作为助手的愿景。

3.5.2　什么是语言模型？

这里讨论的语言模型（生成式语言模型）是指文本预测器，给定文本前缀，它们能够尝试合理地将句子补全，并计算可能补全的概率分布。例如，给定前缀"The dog chased the"，GPT-3 认为下一个词语是"cat"的概率为 12%，"man"的概率为 6%，"car"的概率为 5%，"ball"的概率为 4%，等等。

最大的模型是根据网络爬虫数据进行训练的，通常是 Common Crawl，这是一个包含超过一万亿个字符的语料库，一个训练处理几个字符。给定数据集中的一段文本，模型会预测下一段。如果预测错误，模型会更新其参数，以使下次更有可能出现正确的字符。

从语言模型中得到的最令人惊讶的教训之一是，许多任务都可以被定义为文本预测，包括总结、问答、编写计算机代码和基于文本的分类。考虑这样一个任务：根据对每个单词的描述回忆单词。在下面的示例中，系统显示了两个短语以及每个短语的有意义的补全，如下所示：

A quotient of two quantities（两个量的商）：Ratio（比率）

Freely exchangeable or replaceable（可自由交换或替换）：Fungible（可替代的）

语言模型发现每个冒号后面的单词（"Ratio"和"Fungible"）是由冒号前面的短语定义的（"A quotient of two quantities"和"Freely exchangeable or replaceable"）。因此，语言模型应该在下次遇到类似于"A person or thing that precipitates an event or change"（导致事件或变化发生的人或事物）的短句时，建议补上类似如下词语：

"Catalyst"（催化剂）

上一代语言模型（GPT-2）拥有 15 亿个学习参数。对于上面的示例，GPT-2 没有识别定义词的模型，它不能完成根据词语释义给出词语的任务，相反，GPT-2 会给出没有意义的补全，例如"A firestorm later"（随后的风暴性大火）。而 GPT-3（1750 亿个参数）正确地用"Catalyst"一词补全了文本。这个例子说明了语言模型的行为如何随着模型的增大而发生质的变化。

到目前为止，语言模型性能（通过测试集上的错误来衡量）会随着所使用的计算能力、数据集大小和参数数量的变化而稳步提高。在每种情况下，模型都假设其他两种资源不是瓶颈（Kaplan et al.，2020）。众所周知，这种缩放定律以及随着模型性能提高而观察到的质变，说明语言模型的能力会继续提高。

3.5.3 现今作为研究助理的语言模型

1. 什么是 Elicit?

Elicit 是一名研究助理，它使用语言模型（包括 GPT-3）来自动化地进行工作流程研究。截至撰写本文时，它是唯一使用 GPT-3 等大型预训练语言模型（large pretrained language model）的研究助理，也是唯一可以灵活执行许多研究任务的研究助理。如今，研究人员主要使用 Elicit 进行文献综述（图 3-3）。

研究人员可以提出一个问题，例如"肌酸对认知有什么影响？"（What is the impact of creatine on cognition？）。Elicit 返回答案和相关学术文献。然后，Elicit 通过显示论文中的关键信息来帮助研究人员探索结果。例如，Elicit 可以识别论文是否使用了随机对照试验、综述或系统综述。Elicit 可以提取有关人群、干预措施和研究结果的信息，研究人员甚至可以对退回的论文提出问题、进行实时提取以及文本处理。研究人员可以轻松地对答案进行拓展，以查看论文的详细信息以及 Elicit 使用了论文的哪些部分来生成答案。

图 3-3   Elicit 进行文献回顾的示例

　　研究人员还可以在论文中选择某个特定结论，然后 Elicit 将通过向前和向后遍历所选论文的引用网络，显示出更多得到类似结论的论文。它会查看所选论文的所有参考文献以及引用所选论文的所有后续论文，以查找其他结果。模型允许用户通过反馈来指导 Elicit，来证明人工智能研究助理如何通过人类反馈变得更加有效。如今，许多研究人员在搜索文献时，都会有效地手动执行这一耗时的流程。他们可能会从 Google Scholar 中的查询开始，打开前几篇论文，浏览，然后找到有趣的参考文献并跟随引用轨迹继续查找。这种方法能够找到大量可供阅读的论文和可供遵循的研究方向。Elicit 复制了这个手动过程，但运行得更快、更系统。

　　2. Elicit 是怎么工作的？

　　上述 Elicit 文献综述工作流程演示了语言模型在文本生成之外的广泛应用，还展示了如何组合设计人工智能系统，以便用户对人工智能系统的工作有更多的控制和监督。当研究人员进行文献综述时，Elicit 可以完成包括搜索、总结或改写、分类、排序、提取和聚类信息等子任务。Elicit 训练语言模型来执行每个子任务，然后构建基础设施将它们连接在一起，并自动实现更复杂的端到端的工作流程。

1）搜索

Elicit 运用语言模型对语义关联的理解，在语义学者（Semantic Scholar，2022）等学术数据库中查找与用户查询相关的论文。语义搜索帮助研究人员找到有助于回答他们问题的文章，即使它们在查找中未必使用了研究人员提供的确切用词。

2）总结或改写

Elicit 审查它找到的论文摘要，并尽力用一句话总结用以回答研究人员的原始问题。通常，这个总结比摘要中的任何一句话都更加简洁和相关。

3）分类

Elicit 使用 GPT-3 来识别摘要是否对用户的问题回答"是"或"否"（如果是是非问题）。Elicit 使用另一种模型来识别哪些论文是随机对照试验（Robot Reviewer，2022）。

4）提取

Elicit 自动从摘要中提取关键信息，如样本人群、研究地点、测试的干预措施和测量的结果。搜索、总结、改写和分类也可作为 Elicit 中单独的任务使用。此外，用户还可以运行这些范围较小的独立任务并创建自己的任务。文献综述的工作流程是 Elicit 拥有的最先进的功能，因为它将这些任务整合在一起，为研究人员的问题提供全面的、有研究支持的答案。

3. 为什么我们需要像 Elicit 这样的工具

参考 Elicit 所得到的结果，现有的研究工具显然无法引导研究人员快速、系统地找到能够支持研究的答案（图 3-3）。

1）谷歌学术（Google Scholar）

使用 Google Scholar（2022）进行的搜索通常会返回让人难以理解的语段和句子。谷歌学术专注于根据相关的关键词返回论文，而不是直接返回答案。这导致研究者得查看多个页面和摘要才能知道论文是否回答了他们的问题（图 3-4）。

2）语义学者（Semantic Scholar）

语义学者以相似的方法查找论文——它的搜索引擎是根据标题中的单词识别论文而构建的，而非回答问题（图 3-4）。

3）谷歌

谷歌会更加努力地回答用户的问题，但有时使用的参考源不太可靠。结果的回答更接近"互联网（或广告商）的想法是什么？"而不是"这科学吗？"（图 3-5）。

4）GPT-3

直接询问 GPT-3 会返回连贯的答案，但研究人员无法判断其合法性。GPT-3 有时会伪造信息，这对于语言模型来说是一个严重的问题（Lin et al.，2021）（图 3-5）。

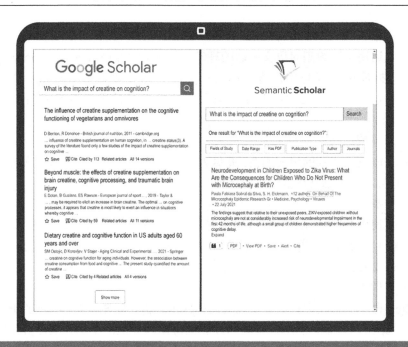

图 3-4　Google Scholar 和 Semantic Scholar 的搜索实例

图 3-5　使用 Google 和 GPT-3 回复的示例

总之，当前的工具要么让研究人员做太多工作（Google Scholar、Semantic Scholar），要么就只能生成答案，但无法帮助研究人员理解、相信答案或将其置于上下文中理解。这是因为要么没有信息来源（GPT-3），要么因为生成的结果相对不系统（Google）。需要一个介于两者之间的工具（减少工作量并生成可靠的信息），这些工具将尽快为研究人员提供他们想要的东西，同时也提供足够的定制化选项，让用户对结果的评估有更多的控制权。

3.5.4　语言模型将在中期内成为研究助理

如今的语言模型远远没有实现研究自动化。但是，正如之前所讨论的，根据计算规模的发展趋势，语言模型的性能有望继续提高。本节将讨论十年后语言模型会是什么样子，以及这可以让研究人员做什么。它能够列出收益和风险，以便政策制定者能够引导发展朝着有收益的方向发展，远离风险。

1. 未来的人工智能助手

未来，研究人员可能会建立一个由属于自己的人工智能研究助理组成的团队，每个人工智能研究助理都专门从事不同的任务。其中一些研究助理将代表研究人员并体现研究人员对某些事情的具体偏好，比如要处理哪个问题以及如何表述结论。一些研究人员已经对自己使用的语言模型进行了微调（Kirchner，2021）。与好莱坞的描述相反，人工智能可能不是一个具有独立身份的离散实体（discrete entity，如电影《她》中的"萨曼莎"），而是高度定制的、放大的我们自己的延伸。其中一些助理所使用的专业知识比研究人员少，它们将完成当今研究人员可能委托给承包商或实习生的工作，如从论文中提取参考文献和元数据（如图 3-3 所示）、从网站上抓取信息或标记基于文本的数据集。

有些助理会使用比研究人员更多的专业知识。它们可能会递归地简化对超导电子学局限性的解释，就像教授教学生时那样；它们可以通过汇总许多专家提出的启发性结论，并应用于所有论文来帮助研究人员评估研究结果的可信度；相比于研究人员，它们可能审查更多的论点和证据。

有些助理将帮助研究人员思考有效的委派策略，将任务分派给其他人工智能助理；一些助理将帮助研究人员评估其他助理的工作。每一步，助理都会吸收研究人员对过程和结果的反馈。

这种整合子授权的基础设施将允许研究人员放大任何子任务并排除故障，并在需要时向助理寻求帮助。这些交互活动可能看起来像工作流程管理工具、非结构化的聊天交互或混合体（hybrid）。无论具体的界面如何，研究人员最好站在架构师的角度，监督工作以确保机器的工作符合他们的意图。

2. 语言模型和对未来研究的好处

语言模型可以通过三种方式对研究做出改变：通过节省时间提高研究人员的生产力、实现高质量的新研究以及让非专业人士也能进行研究。

1）通过节省时间提高研究人员的生产力

首先，语言模型可以节省研究人员的时间。在阅读已有的大量学术文献的基础上做研究已经很困难了，如果没有人工智能工具来支持研究人员，未来十年只会变得更加困难。在某些学科中，每年新发表的论文呈指数级增长。一些研究表明，研究人员已经超越了人类阅读出版物的极限（Tenopir et al.，2015）。

许多研究人员都经历过这样的困境——在研究了一年之后才发现他们需要做的最重要的工作。如今的文献综述过程取决于使用正确的关键词，研究人员可能需要几个小时或几天的时间才能找到另一个领域中所使用的确切短语来解锁最相关的文献。

未来，语言模型研究助理可以通过以下方式帮助研究人员在更短的时间内完成相同数量的工作。

● 根据研究人员的背景建议搜索内容。

● 将搜索从基于关键字改为语义搜索，更容易地查找到使用不同措辞的相关文献。

● 将论文分解为更容易解析的单元（如声明、证据），并在这些单位上进行搜索（Chan，2021）。

● 根据研究人员的背景总结部分论文，使搜索结果更容易查找、理解。

节省下来的时间可以让研究人员做更多的事情，比如拓展科学边界，或者对同一个项目进行更多研究。这种扩展的视野将使研究人员能够整合不同学科的观点并确保研究的全面性，随着研究人员做得越来越多，新的科学子领域就会出现。在研究生产力可能下降的背景下思考人工智能技术时，我们必须铭记还有许多科学知识等待发现：社会已经从祈雨发展到在全球范围内以 60 分钟为间隔预测下雨的可能性和降雨量。行为经济学、神经科学和许多其他领域还存在哪些类似的转变？

2）实现高质量的新研究

将高质量的自动推理更广泛地应用于大规模文本的能力可能会促进存在根本性差异的研究。这类似于计算机催生新的研究领域（如计算机科学、机器学习和生物建模）。

未来几年，随着文本分析变得像如今的数字分析一样容易，文献计量分析可能会变得更加容易。对于研究影响或生产力的探讨可能不仅限于出版物数量分析或资源充足的自然语言处理团队，相反，它可以由研究人员更深入地完成，例如通过对研究质量或影响进行半自动化的审查。

调查和访谈方法可能会发生根本性的改变。语言模型将不再向调查参与者发送静态问卷，而是能够根据个人接收者和已收到的答案生成定制的动态问题。

3）让非专业人士也能进行研究

当研究对研究人员来说变得更容易时，研究利益相关者也变得更容易。更好的工具可以降低了解高质量研究见解的障碍，使公众、行业领导者和政策制定者能够将更多的研究见解融入他们的工作和生活中。在未来的世界中，获取高质量的见解可能变得与浏览点击诱饵或虚假信息一样轻松简单。政策制定者可能只需要几分钟就能理解他们做出关键任务决策所需的专家研究。

3. 语言模型和研究的未来：可能的风险

变革性技术必然是不可预测的。语言模型可能会让世界变得更好，但它们也可能带来风险。本节探讨了一些可能性，用以帮助政策制定者做好准备。

1）让表层工作变得更容易

对于语言模型是否、何时以及在何种程度上超越基于浅层关联文本的补全并成功完成需要大量推理的任务，专家们意见不一。语言模型可能会变得足够好到可以广泛用于加速内容生成，但不足以很好地评估论点和证据。在这种情况下，学术界的"发表或灭亡"动态可能会使那些使用或滥用语言模型来发布低质量内容的研究人员受益，这会给需要更多时间来发表更高质量研究的研究人员带来不利。更广泛地说，相比一些类型的研究，语言模型可能更有利于某些类型的研究，科学界需要仔细监测并应对这种动态。

2）数据相关的性能

截至本书成稿时，语言模型是由总部位于英语国家的公司根据互联网上的文本进行训练的。因此，它们表现出以英语和西方为中心的偏见（May et al.，2019；Nangia et al.，2020），它们对于著名话题和人物也了解更多。如果没有措施让用户控制这种偏见，这些语言模型可能会加剧"富者愈富"的效应。更一般地说，语言模型的广泛采用需要一种基础设施，使用户能够控制模型做什么以及理解它们为什么这样做。

3）滥用

在一个语言模型变得强大的世界中，将会（并且已经）存在对滥用的担忧。例如，语言模型可能使生成和传播虚假信息变得更容易。

基于语言模型的工具可能会加速对存在风险的主题的研究，如生物工程和网络安全等。这些担忧并非特定于语言模型，而是与广泛的科技进步和科学研究相关[1]。降低这种风险的最佳方法是将这些技术引向可靠有益的应用程序，并使用它们来帮助负责监控滥用和管理虚假信息的人员。

3.5.5　结论

利克莱德（J. C. R. Licklider）是互联网奠基人之一，也是最早抱怨研究效率下降的人之一。1957 年春夏之际，他在文献综述中苦苦挣扎，尽管对可能的相关主题进行了大量研究，却仍然找不到相关的严谨研究。他把自己当作一个客体进行了思考，发现了以下令他沮丧的事实。

● 我有 85%的"思考"时间都花费在了进入思考的状态、做出决定、学习我所需要指导的事情上，花在查找或获取信息上的时间比花在消化信息上的时间多得多……

● 我的"思考"时间主要花在本质上来说是文书工作，或者机械性的工作上：搜索、计算、绘图、转换、确定一组假设的逻辑或其动态结果，以及为决策或观察做好准备。此外，令人尴尬的是，我对尝试什么和不尝试什么的选择在很大程度上由文书的可行性而不是我的智力来决定的（Licklider，1960）。

在他的论文"人机共生"（Licklider，1960）中，他想象了一种新技术让我们能够"以人类大脑从未有过的方式思考，并以我们今天所知道的信息处理机器无法达到的方式处理数据"的未来。

64 年来，Licklider 实现了网络计算机改造图书馆的愿景。软件和数字工具使搜索、计算、绘制和转换数据变得更加容易，然而，随着知识前沿所需要的研究量爆炸式增长，"思考"的准备过程也变得越来越困难。计算机尚未帮助找出我们需要解决哪些问题。在 Licklider 的愿景中：

● 它们不仅有助于解决可预见的问题，还能通过一种直观引导的试错过程使人们能够思考未预见到的问题。计算机参与其中协调合作，找出推理中的缺陷或揭示解决方案中意想不到的突破点……

● 人机交互界面不是一组被精确定义了的步骤，而是像我们对其他人所做的那样：识别动机并提供一个标准，指令的执行者将通过该标准来知道他什么时候完成了任务（Licklider，1960）。

也许现在，在另一个变革性技术改变人类的前夕，重新审视这些人机共生的愿景是合适的。

参 考 文 献

AI21 Labs.（2022），"Announcing AI21 Studio and Jurassic-1 language models"，AI21 Labs，www.ai21.com/blog/announcing-ai21-studio-and-jurassic-1（accessed 25 November 2022）.

---

① 详见 Bommasani 等（2021）的 5.2 章。

Alex，N. et al.（2021），"RAFT: A real-world few-shot text classification benchmark"，*arXiv*，arXiv：2109.14076 [cs.CL]，https://arxiv.org/abs/2109.14076v1.

Austin，J. et al.（2021），"Program synthesis with large language models"，*arXiv*，arXiv：2108.07732[cs.PL]，https://doi.org/10.48550/arXiv.2108.07732.

Bommasani，R. et al.（2021），"On the opportunities and risks of foundation models"，*arXiv*，arXiv：2108.07258 [cs.LG]，http://arxiv.org/abs/2108.07258.

Chan，J.（2021），"Sustainable authorship models for a discourse-based scholarly communication infrastructure"，*Commonplace*，Vol. 1/1，p. 8，http://dx.doi.org/10.21428/6ffd8432.a7503356.

Cohere.（2022），Cohere website，https://cohere.ai（accessed 23 November 2022）. Elicit（2022），Elicit website，https://elicit.org（accessed 23 November 2022）.

EleutherAI.（2022），EleutherAI website，www.eleuther.ai（accessed 25 November 2022）.

Google Scholar.（2022），Google Scholar website，https://scholar.google.com（accessed 25 November 2022）.

Henighan，T. et al.（2020），"Scaling laws for autoregressive generative modeling"，*arXiv*，arXiv：2010.14701 [cs.LG]，https://doi.org/10.48550/arXiv.2010.14701.

Kaplan，J. et al.（2020），"Scaling laws for neural language models"，*arXiv*，arXiv：2001.08361 [cs.LG]，https://doi.org/10.48550/arXiv.2001.08361.

Kirchner，J.H.（2021），"Making of #IAN"，29 August，*Substack*，https://universalprior. substack.com/p/making-of-ian.

Licklider，J.C.R.（1960），"Man-computer symbiosis"，*IRE Transactions on Human Factors in Electronics*，Volume HFE-1，March，pp. 4-11，https://groups.csail.mit.edu/medg/people/psz/Licklider.html.

Lin，S.，J. Hilton and O. Evans.（2021），"TruthfulQA: Measuring how models mimic human falsehoods"，*arXiV*，arXiv：2109.07958 [cs.CL]，https://doi.org/10.48550/arXiv.2109.07958.

May，C. et al.（2019），"On measuring social biases in sentence encoders"，*arXiv*，arXiv：1903.10561[cs.CL]，http://arxiv.org/abs/1903.10561.

Nangia，N. et al.（2020），"CrowS-Pairs: A challenge dataset for measuring social biases in masked language models"，*arXiv*，arXiv：2010.00133 [cs.CL]，http://arxiv.org/abs/2010.00133.

Robot Reviewer.（2022），"About Robot Reviewer"，webpage，www.robotreviewer.net/about（accessed 25 November 2022）.

Semantic Scholar.（2022），Semantic Scholar website，www.semanticscholar.org/（accessed 25 November 2022）.

Tenopir，C. et al.（2015），"Scholarly article seeking, reading, and use: A continuing evolution from print to electronic in the sciences and social sciences"，*Learned Publishing*，Vol. 28/2，pp. 93-105，https://doi.org/10.1087/20150203.

3.6 民主化人工智能以加速科学发现

华金·范斯科伦，埃因霍温科技大学，荷兰

3.6.1 引言

近年来，人工智能不断发展壮大，带来了科学的巨大进步，例如，预测蛋白质如何折叠、DNA 如何决定基因表达、如何控制核聚变反应堆中的等离子体的模型等。这些进步依赖于人工智能模型——基于数据训练的程序可以识别某些类型的模式并做出预测。开发此类模型通常需要优秀科学家和工程师组成的大型跨学科团队、大型数据集以及大量计算资源。这些条件难以被满足，阻碍了人们加速普及使用人工智能进行探索。本文探讨了关键任务（机器学习模型自动化设计）如何帮助人工智能民主化，并允许更多、更小的团队在突破性科学研究中有效地使用它。

人工智能模型通常需要足够复杂才能解决现实世界的科学问题。它们需要基于相关领域的人工智能专家和科学家们的透彻洞察与直觉以进行大量设计和调整。例如，AlpbaFold（Jumper et al.，2021）等模型将深度学习（以神经网络为中心的人工智能模型大家族之一）与源自生物和物理系统知识的内置约束相结合，通过这种方式生成了一个混合模型。

事实证明，深度学习模型非常适合在解决具有巨大组合搜索（combinatorial search）空间（例如，平均蛋白质有 10^{300} 种可能的构象）、明确的优化指标（例如，预测的蛋白质结构与实验观察结果的匹配程度）以及大量可供学习的数据的科学问题的情况下使用（Institute for Ethics in AI Oxford YouTube channel，13 July 2022）。

然而，有点讽刺的是，设计这些模型也需要在神经网络架构的可能构象（conformations，分子或生物大分子在空间中的三维结构）的巨大搜索空间中进行探索。例如，其中一些架构（人工神经元层的结构、它们的配置以及它们之间的连接）可以轻松地拥有 10^{18} 种可能的配置（Tu et al.，2022）。

发现性能良好的模型本身就是一门科学，需要非凡的洞察力和技术专业知识。大型研究工程师团队可以通过手动试错来解决这个问题。然而，鉴于当今训练有素的人工智能专家普遍短缺（且竞争激烈），很难将这种方法扩展到数千个其他实验室。

3.6.2　通过自动化使人工智能民主化

想象一下，如果人工智能专业知识可以被充分利用，并通过易于使用的工具使机器学习系统的设计在很大程度上实现自动化，那么整个社会能够在更小的团队和更少的资源下更容易地应用机器学习，从而更有效地加速科学发展。

如图 3-6 所示，AutoML 模型促使人工智能民主化，使更多、更小的团队能够解决科学难题。AutoML 工具可以有效地增强智能，创建人类科学家和人工智能助理的混合团队。人类科学家可以做出假设、收集正确的数据并定义目标。就人工智能助理而言，它们可以自动优化模型并探索各种想法，然后人类可以分析并快速改进这些想法。这些人工智能助理还可以跨任务、跨团队学习，快速传播有效的解决方案和最佳的实践操作。

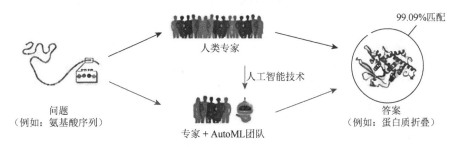

图 3-6　AutoML 可以组建人类和人工智能助理的混合团队来解决科学领域的重大问题

此外，自动化只是人工智能民主化的一方面，效率和安全对其能够被广泛地访问同样重要（Talwalkar，2018）。对于许多科学家来说，从头开始训练许多深度学习模型的成本可能过高，或者需要太多的训练数据。需要进一步发展出更有效的训练模型的方法（例如，使用持续学习或迁移学习，在后一种情况下，解决一个问题时获得的知识将被存储并应用于不同但相关的问题）。

广泛使用专用的计算硬件和优化的人工智能软件也很重要。此外，理解并审核人工智能模型的行为以验证它们是否科学合理且安全也至关重要。这可能包括为预测提供可解释的解释并评估所有的伦理道德后果。

虽然某些需求可能是自动化的，但一般必须让人类专家参与其中，并在人类和自动化工具之间建立有效的协作。例如，可提供解释的 AutoML 方法已经出现，可以将医疗保健模型所学到的内容（AI Pursuit by TAIR YouTube channel，2021）解释为语义上有意义的公式。这通常很复杂，比如展示 20 种不同的医疗因素如何影响乳腺癌的风险。

3.6.3　建立集体人工智能记忆

AutoML 系统通常依赖于"模型应该是怎么样的"硬编码假设（hard-coded assumption）。只要这些假设适用于手头的数据，就可以更快地搜索良好的模型。因此，AutoML 系统总是介于两类系统之间，一类是非常通用但速度慢的系统，另一类是非常具体但效率高的系统。

AutoML-Zero（Real et al.，2020）旨在从头开始创建深度学习算法，将基本数学运算演变成完整的算法。虽然它可以探索或重新探索几种已知的现代机器学习技术，但这个过程耗资巨大，因为需要很长时间来探索这样的算法。另外，通过对人类的知识元素进行编码，AutoML 系统可以变得非常高效（Liu et al.，2019），但也不太能够跳出专家的知识库进行思考。因此，它们不太可能推广到新的科学问题。因此，AutoML 系统需要补充上适合每个科学问题的假设，这可以通过嵌入人类专家所表述的先验知识来完成（Souza et al.，2021）。然而，系统也可以直接从人工智能模型收集的众学科的经验数据中学习，下文将对此进行详细的描述。

OpenML 等开放 AI 数据平台的出现加速了自学习 AutoML 的进步（Vanschoren et al.，2013）。如图 3-7 所示，此类平台托管或索引代表不同科学问题的大量数据集。对于每个数据集，人们可以查找在它们上训练的最佳模型以及它们使用的神经架构或最佳数据预处理方法。

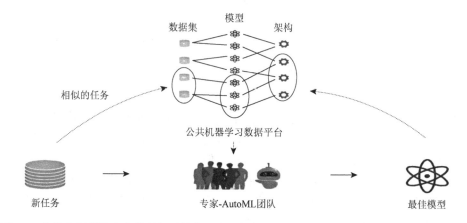

图 3-7　收集和组织跨多个学科问题的实证人工智能数据创建了一个全局记忆，可用于解决新的科学挑战

此类平台还可以通过图形和编程方式轻松获取这些数据接口。通过这种方式，AutoML 系统和人类专家都可以使用这些信息。例如，研究人员可以查找哪些模型在类似任务上表现良好，并将其作为起点。

当为新任务找到新模型时，这些模型可以在平台上共享，从而创建一个集体的人工智能记忆。就像基因序列或天文观测的全球数据库一样，人们可以（并且应该）收集有关如何构建人工智能模型的信息，将其放在网上并通过有助于构建模型的工具来加速人工智能驱动的科学的发展（Nielsen，2012）。

3.6.4　跨科学问题的学习

如何有效地利用这种全局记忆来找到解决跨科学问题的最佳人工智能模型，被称为"学习如何学习"或"元学习"。元学习允许对跨科学的问题进行学习，将学习到的知识转移到类似的问题上，并利用所有这些来设计新问题的模型（半自动）。如图 3-8 所示，不同的场景需要不同的方法。

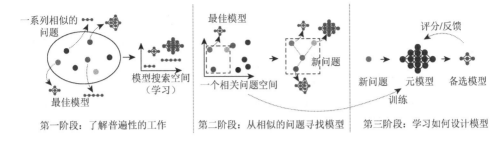

图 3-8 元学习

首先，左侧图像显示了一组有关联的科学问题（如各种医学图像分析问题，这里简单地显示为点）。从这些问题中，可以确定最适合每个问题的模型。反过来，这会引出对未来问题应主要考虑哪种模型的推论。例如，了解哪种神经网络模型最适合各种医学图像分割问题，可以更快地解决未来的问题（He et al.，2021）。通过对模型的某些方面（如要使用哪些神经层）进行参数化，然后了解什么元素在所有问题上都有效，可以进一步实现自动化（Elsken et al.，2020）。

其次，如中间图像所示，审查问题本身并提取其关键属性可以帮助构建一个（度量）空间，其中相似的问题彼此接近，不同的问题彼此远离。例如，对于有关图像数据的问题，可以测量两个任务中图像的相似性（Alvarez-Melis and Fusi，2020）。具有相似类型图像的问题也将被视为相似。给定一个新问题，通过推荐已知的与先前问题最相似的最佳模型，可以转移信息（Feurer et al.，2015）。图 3-8显示了当给出一个新问题时，如何识别最相似的老问题，老问题的最佳模型也可能适用于新问题。

最后，如最右边的面板所示，可以训练元模型来预测给定的新问题应该尝试哪些模型。大多数此类元模型都会经历多个周期，迭代地完善模型架构，以最佳地解决新问题（Robles and Vanschoren，2019；Chen et al.，2022）。其他元模型则学习如何转换这些数据，以使其更易于建模（Olier et al.，2021）。

3.6.5 前方的路

自动化人工智能具有加速科学进步的巨大潜力，但到目前为止，它只涉及了浅显的可能性。充分发挥这一潜力需要人工智能专家、领域科学家和政策制定者通力合作。

1. 鼓励更多的合作

AutoML 社区和科学界应该更紧密地合作。虽然哪些模型系列适用于哪些类型的数据是众所周知的，但重新设计和调整模型以解决新的科学问题仍然需要大量的人力资源。AutoML 对减少这些工作量有显著的帮助。然而，大多数 AutoML 的研究人员仅在特定性能的基准上评估他们的方法（Gijsbers et al.，2022），而不是在可能产生更大影响的科学问题上评估他们的方法。为了解决这个问题，可以组织围绕 AutoML 的科学挑战赛，或资助那些直接将 AutoML 应用于人工智能驱动的科学研究中的项目。

2. 支持开放人工智能数据平台

应该在更大的范围内支持开放人工智能数据平台的开发，以跟踪哪些人工智能模型（如 OpenML）最适合解决各种问题。虽然这些平台已经对人工智能研究产生了影响，但仍然需要公众的支持才能使它们更容易在许多科学领域使用，并确保长期可用性和可靠性。例如，互联的科学数据基础设施将以易于访问的方式将最新的科学数据集与该数据已知的最佳人工智能模型联系起来。此外，AutoML 可以帮助找到这些模型，甚至可以根据所有这些数据训练 AutoML 系统，以获得更好的模型来帮助解决新的科学问题。过去，围绕快速公开共享基因组数据达成的协议——百慕大原则促成了全球基因组数据库的创建，如今这些数据库在研究中发挥着关键作用。对人工智能模型做同样的事情，为各种科学问题建立最佳人工智能模型的数据库，可以极大地促进它们的使用，从而加速科学发展。

除此之外，为了给科学家创造新的激励措施，此类平台可以对数据集和模型的重复使用进行跟踪，就像现有论文的引用跟踪服务一样。这样，人们会因为分享数据集和人工智能模型而得到适当的荣誉。建立这个需要公共资金，但总体而言，所需投资相当小，非常值得。

3. 创建更全面的 AutoML 方法

AutoML 方法需要变得更加全面。要成为真正的人工智能助理，它们需要更好地向科学家验证和解释它们发现的模型。它们还需要与专业领域的科学家进行有效的互动。例如，它们应该能很容易地定义多目标指标，添加受科学启发的约束条件，执行安全检查，并允许科学家跟踪系统正在提出什么样的模型。这将使科学家能够随时调整 AutoML 系统的轨迹。

4. 提供更多激励措施

需要更好的措施来激励杰出的人工智能科学家和工程师专注于解决重大科学挑战。目前存在人才稀缺的问题，而且大部分人才都集中在几乎不会带来长期社会效益的问题上。为了应对这一问题，可以创建或支持备受瞩目的人工智能驱动的实验室，以提供更好的职业前景和充足的计算资源。同时，数据集、模型和基础设施的开放发布必将有助于加速人工智能驱动的科学研究。它们可能在人工智能民主化方面发挥关键作用。

3.6.6 结论

人工智能显然有利于科学发展，但其真正的潜力尚未得到充分发挥。由于人工智能仍然在很大程度上依赖于人工设计的人工智能模型，因此它需要大量的专业知识和资源，而这是许多实验室无法轻易获得的。利用人工智能本身来解决这一瓶颈问题可以真正加速科学发现，这需要采用数据驱动的方法来发现人工智能模型。这种方法将收集关于哪些模型最适合解决大量科学问题的数据，它将在在线平台上组织数据，以便于访问。最后，它将利用 AutoML 技术从这一经验中学习，帮助科学家更快地发现更好的模型。有关数据收集和共享人工智能模型方面的新颖激励措施可以真正使人工智能民主化，并通过机器和人类的共同努力，造福社会。

参 考 文 献

AI Pursuit by TAIR YouTube channel. （19 October 2021），"Interpretable AutoML-powering the machine learning revolution in healthcare in the era of COVID-19", www.youtube.com/watch？v = f8JRruCRzil.

Alvarez-Melis，D. and N. Fusi. （2020），"Geometric dataset distances via optimal transport", *arXiv*，arXiv：2002.02923 [cs.LG]，https://doi.org/10.48550/arXiv.2002.02923.

Chen，Y. et al. （2022），"Towards learning universal hyperparameter optimizers with transformers", *arXiv*，arXiv：2205.13320 [cs.LG]，https://doi.org/10.48550/arXiv.2205.13320.

Elsken，T. et al.（2020），"Meta-learning of neural architectures for few-shot learning", *arXiv*，arXiv：1911.11090 [cs.LG]，https://doi.org/10.48550/arXiv.1911.11090.

Feurer，M. et al. （2015），"Efficient and robust automated machine learning", in *Advances in Neural Information Processing Systems* 28，pp. 2962-2970，http://papers.nips.cc/paper/5872-efficient-androbust-automated-machine-learning.pdf.

Gijsbers，P. et al. （2022），"AMLB：An AutoML benchmark", *arXiv*，arXiv：2207.12560 [cs.LG]，https://doi.org/10.48550/arXiv.2207.12560.

He，Y. et al. （2021），"Dints：Differentiable neural network topology search for 3d medical image segmentation", *arXiv*，arXiv：2103.15954 [cs.CV]，https://doi.org/10.48550/arXiv.2103.15954.

Institute for Ethics in AI Oxford YouTube channel （13 July 2022），"Using AI to accelerate scientific discovery"，https://www.youtube.com/watch？v = AU6HuhrC65k.

Jumper，J.M. et al.（2021），"Highly accurate protein structure prediction with AIphaFold", *Nature*，Vol. 596，pp. 583-589，https://doi.org/10.1038/s41586-021-03819-2.

Liu，H.，K. Simonyan and Y. Yang. （2019），"DARTS：Differentiable Architecture Search", *arXiv*，arXiv：1806.09055 [cs.LG]，https://doi.org/10.48550/arXiv.1806.09055.

Nielsen，M. （2012），*Reinventing Discovery：The New Era of Networked Science*，Princeton University Press.

Olier，I. et al. （2021），"Transformational machine learning：Learning how to learn from many related scientific problems", in *Proceedings of the National Academy of Sciences*，Vol. 118/49，https://doi.org/10.1073/pnas. 2108013118.

Real，E. et al.（2020），"Automl-zero: Evolving machine learning algorithms from scratch"，*arXiv*，arXiv: 2003.03384 [cs.LG]，https://doi.org/10.48550/arXiv.2003.03384.

Robles，J.G. and J. Vanschoren.（2019），"Learning to reinforcement learn for neural architecture search"，*arXiv*，arXiv: 1911.03769，https://doi.org/10.48550/arXiv.1911.03769.

Souza，A.L.F. et al.（2021），"Bayesian optimization with a prior for the optimum"，*arXiv*，arXiv: 2006.14608[cs.LG]，https://doi.org/10.48550/arXiv.2006.14608.

Talwalkar，A.（2018），"Toward the jet age of machine learning"，25 April，O'Reilly Media，www.oreilly.com/ content/toward-the-jet-age-of-machine-learning.arXiv: 2110.05668 [cs.CV]，https://arxiv.org/abs/https://arxiv.org/abs/ 2110.05668.05668.

Tu，R. et al.（2022），"NAS-Bench-360: Benchmarking neural architecture search on diverse tasks"，*arXiv*，arXiv: 2110.05668 [cs.CV]，https://arxiv.org/abs/https://arxiv.org/abs/2110.05668.05668.

Vanschoren，J. et al.（2013），"OpenML: Networked science in machine learning"，*SIGKDD Explorations*，Vol. 15/2，pp. 49-60，https://doi.org/10.1145/2641190.2641198.

3.7　人工智能研究的多样性是否在减少？

胡安·马特奥斯-加西亚，国家科学、技术和艺术基金会，英国

乔尔·克林格，国家科学、技术和艺术基金会，英国

3.7.1　引言

大型科技公司通过大规模开发或部署深度学习技术，在很大程度上推动了人工智能的发展。本文探讨了人工智能的研究现状，包括保护技术多样性的理由。随后确定了两个可能减少这种多样性的经济过程：规模（scale）经济和范围（scope）经济，以及集体选择问题。这些经济问题是相辅相成的。接下来探讨了私营部门在进一步缩小多样性方面的作用。本文最后就政策制定者如何从供需双方促进人工智能研究的技术多样性提出了建议。

人工智能最新取得的进展在很大程度上是由大型科技公司大规模开发和部署的深度学习技术推动的。Alphabet 旗下的 DeepMind，在游戏和蛋白质结构预测方面取得了重要突破；Google 开发了 Word2vec 和 BERT 等语言建模关键技术；微软构建了第一个达到人类水平的语音识别系统；由微软支持的非营利机构 OpenAI 创建了 GPT-3 并将其商业化，这是一种具有强大文本生成功能的大型语言模型（请参阅永元·拜恩和安德烈亚斯·斯图尔穆勒的文章）。最流行的人工智能研发软件

框架 TensorFlow 和 Pytorch 分别是由 Google 和 Facebook 维护的。

许多能够支撑这些进步的想法都起源于学术界和公共研究实验室，这表明从公共部门到工业界的知识流动是有效的。对人工智能毕业生的商业需求也处于历史最高水平（Jurowetzki et al.，2021）。与此同时，大学和公共部门的研究人员开始越来越多地采用工业界开发的强大的开源软件工具和模型。

然而，深度学习的快速发展以及公共和私人研究计划更紧密的交织所带来的短期利益并非没有风险。事实上，越来越多的科学家和技术专家对人工智能研究的数据和计算密集型深度学习方法可能带来的负面影响表示担忧。他们还指出，企业利益对此类研究的发展轨迹产生了过度影响（Marcus，2018；Bender et al.，2021；Whittaker，2021）。因此，问题出现了：人工智能研究是否过于狭隘地关注那些与有影响力的企业参与者利益一致的思想和方法？

在"人工智能研究的多样性减少了吗？"这篇文章中，Klinger 等（2020）通过衡量人工智能研究人员所研究的主题多样性来探讨这个问题。他们关注人工智能的研究主题如何随着时间的推移而演变，与学术界和工业界人工智能研究的多样性做对比，并探讨私营部门的研究（通过引文做表征）对该领域演变的影响。结果表明，人工智能研究技术的多样化发展在近年来陷入停滞。此外，与大学相比，领先的、极具影响力的私营企业往往将重点放在最先进的方法和技术范围，这使得它们研究的范围更窄。这些事实可以为实施保护人工智能研究多样性的政策干预提供依据。

3.7.2　目前的情况

1. 保持人工智能研究技术多样性的理由

不同的技术设计通常可以实现相同的实际目标。例如，汽车可以由内燃机提供动力，也可以用电动机提供动力。同样，人工智能系统可以根据逻辑规则集合或机器学习模型做出决策，并采用多种方法产生同一领域的科学知识。这种技术多样性的保留可能有如下几个原因：创造性、包容性和韧性。

1）创造性

创新涉及思想创意的创造性重组，而不寻常的组合往往是激进和变革性创新的重要来源（Arthur，2009）。例如，当今深度学习的方法出现在计算机科学和神经科学的交叉领域。人工智能的一些最新进展，如 2016 年击败世界围棋冠军李世石的 AlphaGo 程序，也融合了最先进的深度强化学习技术和传统的树搜索算法（tree-search algorithms）（Pumperla and Ferguson，2019）。许多研究人员认为，通过结合符号逻辑、因果推理或智能增强等其他人工智能传统技术，可以克服基于深度学习的人工智能系统的一些局限性（Pearl，2018；Marcus and Davis，2019）。然而，人工智能研究更高的同质化程度、更低的多样化程度将包含更少可以通过这种方式重新组合的思想，这可能会减少创新并阻碍那些试图克服当今主流深度学习设计局限性的尝试。

2）包容性

只有极少数情况下，单一技术才能同等地适用于所有应用、行业和社区。就人工智能而言，广告和媒体等一些行业充斥着可用于训练和定位深度学习模型的用户数据。然而，教育等其他部门的数据密集程度较低。[①]由于卫生部门具有高风险的性质，深度学习不如社交媒体或搜索应用程序那么适合于卫生部门决策，这是因为深度学习系统的"黑箱"性质，使得驱动其结果的算法过程不太容易被直接检查（Miotto et al.，2018；Marcus and Davis，2019）。这意味着人工智能技术多样性的丧失可能会导致某些部门或社区缺乏适合其需求和环境的人工智能系统。[②]

3）韧性

同质化的技术生态系统（单一文化）更容易受到环境变化的影响，包括发现主导设计中意外的缺陷或限制。在这些情况下，如果没有保留可随时采用的替代技术，就会出现问题。例如，对于全球石油储备的枯竭以及对二氧化碳排放对环境影响的认识使人们对内燃机的依赖产生了质疑。就深度学习而言，越来越多的证据表明基于这些技术的人工智能系统存在各种缺点。它们往往很脆弱，在最初训练的数据集之外进行泛化的能力有限。它们还容易受到恶意用户的攻击。此外，由于它们依赖于能源密集型计算，它们可能会对环境造成重大影响。基于深度学习的系统还可能导致不公平，由于它们必须接受大型数据集的训练，因此仔细过滤掉可能会影响其输出的带有偏见、歧视性或煽动性的输入数据有时是不划算的（Strubell et al.，2019；D'Amour et al.，2020；Raji et al.，2021）。

2. 人工智能研究多样性预计会减少的原因

有两个相辅相成的经济过程可能会减少人工智能研究中的技术多样性：规模经济和范围经济以及集体选择问题。

1）规模经济和范围经济

在规模经济和范围经济的情况下，增加技术供应或采用技术会使公司比竞争

---

① 虽然教育很可能会变得越来越"数据化"，但对隐私的担忧和衡量教育成果的挑战，往往会阻碍人工智能系统在网络和媒体领域的大规模部署。

② 可以说，在单一（主导）人工智能设计中，足够的泛化能力可以使其用于所有情况。然而，这种泛化能力似乎还很遥远，这再次为保持研究多样性提供了理由，比如适合低数据、快速变化和高风险环境的人工智能技术，而深度学习技术目前在这些领域表现不佳。

对手更具吸引力。规模经济的一个重要例子是网络效应，即技术用户群的规模增加了其对后续用户的价值。网络效应可能会导致技术采用水平的随机波动，这可能进一步使市场向有利于自己的方向倾斜，而与技术的客观质量无关（Arthur，1994）。在双边市场中，技术的吸引力取决于互补资产的存在，如数据、计算基础设施和（或）技能。这些市场对于人工智能等信息与通信技术系统尤其重要（Rochet and Tirole，2006）。历史上人工智能的几个事件证明了这一点，一项技术受益于互补技术的独立改进，从而使其变得更容易被采用（Hooker，2020）。例如，能够有效渲染计算机游戏图形的 GPU 的出现降低了部署计算密集型深度学习技术的障碍。但是如果没有 GPU 的出现，其他人工智能技术可能也会盛行。一旦技术设计获得了优于竞争对手的优势，就会激励人们投资互补资源，从而增强该技术的优势。

2）集体选择问题

研究团队或公司等个体行动者的不协调行为可能会限制技术多样性。例如，创新者可能没有动力投资开发二线技术来对抗主导技术（Acemoglu，2012）。他们可能选择专注于产生更多短期回报的技术，即使他们知道替代方案从长远来看会更有利（Bryan and Lemus，2017）。就人工智能领域而言，人们越来越意识到出版物、商业和地缘政治竞争可能会鼓励这种短期行为（Armstrong et al.，2016）。研究团队和各国为了推进最先进的人工智能基准、推出新产品并成为全球人工智能领导者而激烈竞争，更有可能将精力集中在推进主导范式（即深度学习）上。他们不太可能探索处于"二线"位置的技术，因为这些技术虽然可以使人工智能技术变得多样化但收益并不确定。

3. 私营部门的作用

私营部门参与技术开发可能会进一步加剧技术范围缩小的问题。毕竟，商业参与者有强烈的动机投资于更容易部署的技术，并将他们对技术的投资推广到更多市场，结果可能导致以某种方式驱动产品生命周期的行为。例如，对于替代技术的探索，会倾向于利用主导设计进行开发（Utterback and Abernathy，1975）；在技术标准竞争中，那些可以利用网络效应主导市场的技术标准往往更受青睐（Shapiro and Varian，1998）；随着组织间为了促进知识和人才的流动而变得更加相似，行业也会出现同质化（Beckert，2010）。企业也可能会引导技术的发展轨迹与其特定利益相一致，从而可能忽视负面外部性、意想不到的后果和社会偏好。

随着大型科技公司的影响力变得越来越大，这些担忧在人工智能研究中变得显而易见。这些公司正在进行大量投资来开发深度学习技术，以使其资产（大数据和计算基础设施）和应用程序（如信息搜索、内容过滤和广告定位）形成互补。一些证据表明，这些投资正在导致学术界的研究人员流失。同样，有证据表明，公共研究实验室的研究重点存在偏差，这些实验室接受来自工业界的私人资助，或需要与工业界合作，以获取前沿研究所需的大型数据集和基础设施（Jurowetzki et al.，2021；Whittaker，2021）。与此同时，科技公司可能有动机淡化深度学习技术的局限性和风险，而这些技术正在日益成为其产品和服务的核心（Bender et al.，2021）。所有上述情况都可能导致一些研究人员所说的人工智能研究的"去民主化"。在这样的环境中，人工智能研究会变得集中在一组狭窄的计算密集型技术上，这些技术主要由少数私人研究实验室及其精英大学合作者开发和部署（Ahmed and Wahed，2020）。

4. 人工智能研究的多样性进一步减少？

上述讨论为以下三点提供了理论依据和证据支持。

（1）需要采取保护人工智能技术多样性的措施。

（2）规模经济和范围经济以及集体选择问题可能会使人工智能研究的范围变得更窄。

（3）提高私营部门对人工智能研究的参与度和影响力可能会加速使人工智能研究的范围变得更窄。

论文《人工智能研究的多样性减少了吗？》（Klinger et al.，2020）试图使第（2）和（3）点的证据基础变得更加有说服力。它对 arXiv 中的 180 万篇文章进行了定量分析，arXiv 是人工智能研究界广泛使用的预印本存储库。在该语料库中识别出大约 10 万篇人工智能论文后，作者分析了它们的摘要，以衡量主题集中度和异质性，并构建了衡量技术多样性的几个指标。[1]然后，他们分析了这些指标随时间的演变，从而解决了第（2）点的证据问题。

他们还提取了有关每篇文章作者的机构隶属关系的信息，此举旨在衡量私营部门对人工智能研究的参与程度。同时还希望得到总体比较"公共"和"私营"部门人工智能研究的主题多样性和影响力的结果，从而解决了第（3）点的证据问题。下面总结了三个主要发现。

1）有证据表明，人工智能研究的多样性最近出现了停滞甚至下降

多样性指标表明，自 2000 年代末以来，人工智能研究的技术多样性不断扩大。然而，从 2010 年代中期开始，这种增长已经停滞，甚至开始下降。尽管近年来人工智能出版物的数量大幅增加（所研究的语料库中 60% 的人工智能文章都是在 2018 年之后发表的），但情况依然如此。这种增长可能会扩大人工智能技术和应用探索的范围，但是分析人工智能研究技术多样性停滞背后的因素表明，研究日益集中在与深度学习相关的少数有影响力的主题上。

---

① 为了识别人工智能论文，我们提取了论文的重要术语，这些术语已被作者分类为机器学习/神经网络类别。这些高频术语是在这些类别之外的论文中找到的。

2）企业人工智能研究在主题上比学术研究更窄，但更具影响力，它专注于计算密集型的深度学习技术

私营公司参与人工智能研究的可能性是参与 arXiv 中其他研究的十倍。2020 年，20%的人工智能论文涉及至少一名隶属于私营公司的研究人员，其中谷歌、微软、IBM、Facebook 和亚马逊等美国大型科技公司排名最高。

从所使用的所有指标来看，私营部门的人工智能研究范围比公共机构的研究范围要窄，即使在对所发表论文数量的差异进行调整之后也是如此。分析还显示，在控制了人工智能研究数量、论文发表年份和不可观察的组织特定因素后，私营公司的研究范围往往比大学更窄。私营公司倾向于专注于计算机视觉和计算机语言领域最先进的深度学习主题；扩建计算密集型人工智能方法的基础设施；以及在线搜索、社交媒体和广告定位方面的应用。相比之下，它们往往不太关注人工智能在健康领域的应用以及人工智能的社会影响分析。

作者还发现，即使在控制了研究主题之后，涉及公司的人工智能研究也往往具有更高的引用率。私营部门可能通过其发表的研究直接影响该领域的发展，或者通过为其他研究人员提供研究基础来间接影响该领域的发展，此二者其实是一致的。

3）精英学术机构与私营部门机构具有相似的研究议程

一些规模最大、最负盛名的大学在人工智能研究方面的主题多样性水平较低，不符合公众对其作为公共属性顶级大学的期待。这些机构包括麻省理工学院、加州大学伯克利分校、卡内基梅隆大学和斯坦福大学。此类有影响力的大学往往成为私营公司的重要合作者，这表明人工智能研究的高层存在一定的同质化现象。

3.7.3 结论

鉴于作者只考虑了已发表的人工智能研究，该分析存在一些局限性。他们无法对私营部门参与人工智能研究的直接影响做出任何因果陈述。他们也无法对为什么公司研究主题的多样性不如其他机构做出强有力的推断。

最重要的是，该分析几乎没有提及人工智能研究中技术多样性减少的影响。这里所证明的"将精力集中在主导设计上"，可能只是通过减少在没有产出的死胡同里浪费精力，以提高研究效率。人们提出了一些理论和定性论证来解释为什么这种观点可能过于乐观，但需要更多证据来支持这一观点。这需要量化人工智能研究范围缩小所带来的弹性、创造力和包容性的损失，上述这些都是未来工作需要考虑的重要问题。如果缺乏对这些问题的重视，那么投资组合理论表明，将所有（或大多数）人工智能研究集中在单一（深度学习）技术系列上可能会有不利之处，正如该领域越来越多的人所认为的那样，这些技术也具

有重要的局限性和风险。这为政策制定者考虑如何促进人工智能研究的技术多样性提供了理由。

政策制定者可以做什么？

1. 技术多样性与技术多样性的供给侧

分析结果显示，大学往往会比私营部门进行更多样化的人工智能研究。因此，支持公共研发可能会使该领域更加多样化，可以通过提高研究经费水平、为面向公众的人工智能研究提供人才、计算基础设施和数据来实现，更大的人才库将减少人工智能研究人员从大学到工业界人才流失的影响。更好的公共云和数据基础设施也将使学术研究人员减少对与私营公司合作的依赖（Ho et al.，2021）。

认识到学术界"研究潮流"的倾向，研究人员和资助者应该特别关注那些探索与主流深度学习范式无关的新技术和新方法的研究项目，这可能需要耐心和对失败的容忍。提高人工智能研究人才库的社会人口多样性和包容性的举措，将扩大人工智能技术设计和评估中的观点和偏好范围，这可能会让它们的主题更加多样化（Acemoglu，2012）。

公共部门的人工智能研究人员可以向行业团队学习很多东西，这些团队定期共享他们的代码和数据，并构建强大的工具，使他们的发现能够更容易地被重现，方法更容易被部署。政策制定者应采取相应措施，加强对学术界采用这些开放科学和开源方法的激励。

2. 技术多样性的需求侧

新的数据集、基准和指标可以反映深度学习技术的局限性（如在能源消耗方面）及替代技术的优势，可以为指导人工智能研究团队的工作提供帮助。任务驱动的创新政策可以通过鼓励部署人工智能技术来应对重大社会挑战，并在服务不足的地区增加人工智能方法的采用。反过来，这可能会刺激与深度学习不太适配的相关领域的新技术的开发。最后，政策制定者可以考虑进行监管干预，这些干预可能侧重于特定的使用情况，对深度学习方法的负外部性进行惩罚，比如一个案例是对少数族裔社区可能产生的环境成本和风险。此类干预措施可能会鼓励其开发者和采用者探索替代技术。

设计和实施这些举措需要政策制定者克服以下三个主要障碍。

（1）政策制定者有强烈的动机继续短视地关注于利用占主导地位的人工智能技术。然而，从长远看他们需要探索与他们的国家、社会挑战和科技能力相关的替代方案。

（2）政策制定者需要更多的专业知识和实际经验来帮助他们决定支持哪种技术举措。

（3）政策制定者需要平衡私营部门对人工智能研发的大量投资。他们有能力这样做，这样有助于防止过早地过度依赖功能强大但受限的深度学习技术。这可以为未来的人工智能革命奠定基础，减少风险，并且更广泛地分享利益。

参 考 文 献

Acemoglu，D.（2012），*Diversity and Technological Progress*，University of Chicago Press.

Ahmed，N. and M. Wahed.（2020），"The de-democratization of AI：Deep learning and the compute divide in artificial intelligence research"，*arXiv*，preprint arXiv：2010.15581，https://doi.org/10.48550/arXiv.2010.15581.

Armstrong，S.，N. Bostrom and C. Shulman.（2016），"Racing to the precipice：A model of artificial intelligence development"，*AI & Society*，Vol. 31/2，pp. 201-206.

Arthur，W.B.（1994），*Increasing Returns and Path Dependence in the Economy*，University of Michigan Press.

Arthur，W.B.（2009），*The Nature of Technology：What It Is and How It Evolves*，Simon & Schuster，New York.

Beckert，J.（2010），"Institutional isomorphism revisited：Convergence and divergence in institutional change"，*Sociological Theory*，Vol. 28/2，pp. 150-166，www.jstor.org/stable/25746221.

Bender，E.M，et al.（2021），"On the dangers of stochastic parrots：Can language models be too big？"，in *Proceedings of the 2021 ACM Conference on Fairness，Accountability，and Transparency*，https://doi.org/10.1145/3442188.3445922.

Bryan，K.A. and J. Lemus.（2017），"The direction of innovation"，*Journal of Economic Theory*，Vol. 172，pp. 24772，https://doi.org/10.1016/j.jet.2017.09.005.

D'Amour，A. et al.（2020），"Under specification presents challenges for credibility in modern machine learning"，*arXiv*，preprint arXiv：2011.03395，https://doi.org/10.48550/arXiv.2011.03395.

Ho，D.E. et al.（2021），*Building a National AI Research Resource：A Blueprint for the National Research Cloud*，The Stanford Institute for Human-Centered Artificial Intelligence，Stanford，https://hai.stanford.edu/sites/default/files/2021-10/HAI_NRCR 2021_0.pdf.

Hooker，S.（2020），"The hardware lottery,"*arXiv*，preprint arXiv：2009.06489，https://doi.org/10.48550/arXiv.2009.06489.

Jurowetzki，R. et al.（2021），"The privatization of AI research（-ers）：Causes and potential consequences-from university-industry interaction to public research brain-drain？"*arXiv*，preprint arXiv：2102.01648，https://doi.org/10.48550/arXiv.2102.01648.

Klinger，J. et al.（2020），"A narrowing of AI research？"，*arXiv*，preprint arXiv：2009.10385，https://doi.org/10.48550/arXiv.2009.10385.

Marcus，G.（2018），"Deep learning：A critical appraisal"，*arXiv*，preprint arXiv：1801.00631，https://doi.org/10.48550/arXiv.1801.00631.

Marcus，G. and E. Davis.（2019），*Rebooting AI：Building Artificial Intelligence We Can Trust*，Vintage，New York.

Miotto，R. et al.（2018），"Deep learning for healthcare：Review，opportunities and challenges"，*Briefings in Bioinformatics*，Vol. 19/6，pp. 1236-1246，https://doi.org/10.1093/bib/bbx044.

Pearl，J.（2018），"Theoretical impediments to machine learning with seven sparks from the causal revolution"，*arXiv*，preprint arXiv：1801.04016，https://doi.org/10.48550/arXiv.1801.04016.

Pumperla，M.，& Ferguson，K.（2019）. *Deep Learning and the Game of Go*. Shelter Island，NY，USA：Manning Publications Company.

Raji，I.D et al.（2021），"AI and the everything in the whole wide world benchmark"，*arXiv*，preprint arXiv: 2111.15366，https://doi.org/10.48550/arXiv.2111.15366.

Rochet，J.-C. and J. Tirole.（2006），"Two-sided markets：A progress report"，*The RAND Journal of Economics*，Vol. 37/3，pp. 645-667，https://www.jstor.org/stable/25046265.

Shapiro，C. and H.R. Varian.（1998），*Information Rules：A Strategic Guide to the Network Economy*. Harvard Business Press，Boston.

Strubell，E.，A. Ganesh and A. McCallum.（2019），"Energy and policy considerations for deep learning in NLP"，*arXiv*，preprint arXiv：1906.02243，https://doi.org/10.48550/arXiv.1906.02243.

Utterback，J.M. and W.J. Abernathy.（1975），"A dynamic model of process and product innovation"，*Omega*，Vol. 3/6，pp. 639-656，https://doi.org/10.1016/0305-0483（75）90068-7.

Whittaker，M.（2021），"The steep cost of capture"，*Interactions*，Vol. 28/6，pp. 50-55.

Wooldridge，M.（2020），*The Road to Conscious Machines：The Story of AI*，Penguin，London.

3.8　从用于医学成像的机器学习技术不足中吸取的教训

盖尔·瓦罗科，国家数字科学与技术研究所，法国

维洛妮卡·切普利吉娜，哥本哈根信息技术大学，丹麦

3.8.1　引言

近年来，机器学习在医学成像中的应用引起了广泛关注，然而由于种种原因，这一领域的进展仍然缓慢。本文以作者早期的工作为基础，探讨了更大的数据集和更深入的学习算法为什么还没能在解决临床问题方面带来实际的改进，并为研究人员和政策制定者如何改善这种情况提出建议。

将机器学习应用于医学成像使得许多患者得到重返健康的机会。通过计算机辅助诊断，比方说，算法可以根据现有图像进行训练，如对患有或未患有痴呆症的人进行脑部扫描，随后将其与没有见过的图像做对比，以预测它们可能属于哪个组别。现在有大量报告表明机器学习算法能够比人类专家更准确地识别医学图像［有关概述请参见 Liu 等（2019）的研究］。

尽管机器学习存在这种潜力，但研究的激励措施正在减缓该领域的进展。例如，机器学习对临床实践的影响与其所宣称的不成正比。Roberts 等（2021）发现，已发表的 62 项关于机器学习针对 COVID-19 的研究中没有一项具有临床应用潜力。机器学习的其他临床应用的研究也未能找到可靠的已发表的预测模型，动脉瘤性蛛网膜下腔出血（Jaja et al.，2013）和中风（Thompson et al.，2014）后的预后便是两个典型例子。

表 3-1 描述了关键概念，其中一些概念的使用可能会在不同群体间存在差异。以下各节总结了缺乏进展的例子，随后，本文为研究人员和政策制定者提供了如何继续发展的建议。

表 3-1 医学成像背景下机器学习中的常用术语

数据集	数据集是（图像、标签）对的集合，其中标签可以是类别（如疾病或健康），也可以是另一图像（如显示肿瘤位置的分割图）
算法、分类器、模型	这要么是一般概念（如神经网络），要么是根据特定数据训练的模型
训练	"训练"意味着通过让模型学习参数以尽可能将图像转换为标签来将模型拟合到特定数据集
测试、预测	这意味着在图像上运行经过训练的模型以输出其预测标签。请注意，预测并不意味着预言，因为数据已经可用
测试集	这是为评估训练模型而保留的数据集的一部分。理想情况下，这些数据应该是以前看不见的，但实际上研究人员通常已经可以获得

3.8.2 人工智能研究是否没有达到目标？

近年来机器学习的日益普及通常可以从两个方面的发展来解释。首先，能够获得更大的数据集。其次，深度学习技术允许在没有专业领域知识的情况下开发算法，从而允许更多的研究人员进入某个领域。

然而，由于以下三个原因，机器学习在医学成像领域的应用情况并不像许多人认为的那么好。

1. 大数据集并不是万能的

人们倾向于期望：如果有足够大的数据集，临床任务就能"迎刃而解"。毕竟，根据之前的研究，大型且多样化的数据集有助于算法更好地应用到之前未见过的数据上。但是这里存在几个问题：首先，并非所有临床任务都能巧妙地转化为机器学习任务；其次，创建越来越大的数据集通常依赖于自动化方法，这可能会导致数据错误和偏差（Oakden-Rayner，2020）。例如，机器可能会根据相关放射学报告中出现的文字，将 X 射线标记为显示是否存在肺炎。在这种情况下，诸如"无肺炎病史"之类的短语可能会导致 X 射线错误地标记为显示肺炎的存在。

最后，虽然大型数据集可以改善算法训练和泛化能力，但同时它们也需要更好地评估算法。这是因为有更多的数据可用于在评估算法以前未见过的数据上的性能。图 3-9 中对六项调查和 500 多篇出版物的阿尔茨海默病预测分析结果显示，样本量较大的研究报告预测准确率往往较低。这是令人担忧的，因为这些研究更接近现实生活环境。

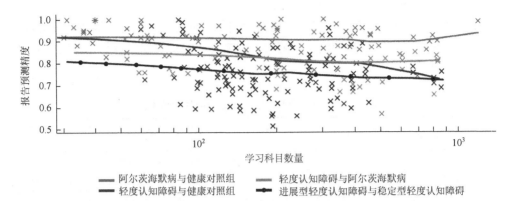

图 3-9　更大的脑成像数据集并不能产生更好的阿兹海默病机器学习诊断结果

从临床角度来看，在两个重要的医学成像问题上使用机器学习是为了：①将阿尔茨海默病与健康对照组和轻度认知障碍区分开来，后者可以预示阿尔茨海默病的发作；②区分进展型轻度认知障碍和稳定型轻度认知障碍

资料来源：Varoquaux 和 Cheplygina（2022）

2. 算法研究可能会遭遇收益递减的问题

医学成像领域的许多研究都集中在算法开发上，但所报告的准确性收益的实际好处并不总是很清楚。在本文中，作者研究了 Kaggle 上的八场医学成像竞赛，算法开发人员可以在该平台上竞争解决分类任务，获胜可以获得丰厚的激励。事实上，最著名的肺癌竞赛预测奖金为 100 万美元。该分析比较了两个量：①顶级算法的性能差距；②如果使用不同的数据子集进行评估，性能的预期变化。换句话说，分析试图将最终排名的意义量化。如果使用来自相同或不同数据子集的其他图像，获胜者的排名是否会改变？在大多数情况下，顶级算法的性能在预期范围内变化，因此这一种算法实际上并不比另一种算法更好或更差（Varoquaux and Cheplygina，2022）。

3. 欠发达地区缺乏代表性

深度学习研究是计算密集型的，有几项人工智能研究已经注意到这如何影响谁能从事研究。一种方法可能仅仅因为有更多的计算资源可用而获胜（Hooker，2020），与此同时，著名实验室和科技公司在会议上的代表人数正在增加（Ahmed and Wahed，2020）。在大型医学影像会议 MICCAI [①]2020 上，只有 2%的被接受论文来自代表性不足的地区（如非洲、拉丁美洲、南亚/东南亚和中东）（MICCAI Society，2021）。然而，这些地区对医疗人工智能的需求可能更大。

---

① MICCAI 是由国际医学图像计算和计算机辅助干预协会（Medical Image Computing and Computer Assisted Intervention Society）举办，跨医学影像计算和计算机辅助介入两个领域的综合性学术会议。

3.8.3　对研究团体的建议

关心这些问题的研究人员已经可以做很多事情，特别是组织会议、编辑或对相关论文进行回顾的研究人员。

1. 认识到数据限制

收集更多数据可能并不总是可行。然而，了解可用数据的局限性非常重要，如样本量大小和不同患者群体的特征。在这一点上，数据集应包括数据特征的报告，以及对数据训练模型的潜在影响。这种做法类似于提供"模型卡"，这是一份简短的文档，附带经过训练的机器学习模型，并详细介绍了不同条件下的基准模型性能（Mitchell et al.，2019）。

2. 重塑对标管理方法

仅对算法的性能进行基准测试不足以推动该领域的发展。专注于理解、复制先前研究结果的论文也很有价值。如果认为在出版物中对算法性能进行基准测试是必不可少的，那么还需要比较该算法与最新的存在竞争关系的方法和传统但有效的方法的性能差异。

此外，进行比较时需要考虑每种方法的性能范围（而不是单一估计）。理想情况下，应该使用多种、动机明确的指标和统计程序（Bouthillier et al.，2021）。还可以考虑算法的更多现实效果。例如，这可能包括算法的碳足迹，或者它如何影响它旨在帮助的人（Thomas and Uminsky，2020）。

3. 完善出版规范

许多人更倾向于认为，发布具有最先进结果的新颖算法是产生影响力的唯一方法，但这种观点可能过于乐观。在心理学实践中，研究者需要准备注册报告（registered reports，一种学术出版的形式，主要用于提高研究的透明度和可靠性），这是一种在进行任何实验之前先对计划的研究进行审查并发表的方法。更广泛地采用这种做法可以减少发表偏见，因为"负面结果"也会被发表。从机构的角度来看，它们应该支持不同类型的论文，重点关注不同形式的洞见，这可能包括方法的复制或回顾性分析，并对此类实践进行激励和奖励（如通过研究经费、招聘决定）。

3.8.4　给研究政策制定者的建议：设定激励价值

由于研究职位和资金通常与出版物产出挂钩，因此研究人员有强烈的动机来优化出版物相关的指标。由于更加注重实现新颖性和最先进的结果，因此，使用过度设计但未经验证的方法发表论文也就并不令人惊讶。虽然一些研究人员可能会选择放弃这种做法或尝试改变现状，但许多职位不稳的人可能会追求与发表论文相关的指标，以利于他们的职业生涯。因此，制定外部激励措施很重要，以加快向更有效的方法转变。

1. 质量而非数量

当前的一些问题源于研究人员在申请学术职位或研究经费时的评估方式。需要减少对 h 指数等指标的关注，转而采用其他做法，如对选定的 5 篇文章进行评估，这种转变可能会减少导致研究成果发表收益递减的压力。当根据先前获得的资金来评估研究人员时，也需要新的研究评估方法，否则可能导致现有偏见的传播。

2. 为严格的评估提供资金

资助应该更少地关注所谓的新颖性，更多地关注严格的评估实践。这种做法可以包括对现有算法的评价和对现有研究的复制。这将为算法在实践中的表现提供更现实的评估。理想情况下，这类资助计划应该为早期职业研究人员开放，例如，不要求项目申请人具备永久职位。

3. 对于开放数据和软件更好的认可

研究每个人都可以使用的精选数据集和开源软件应该更有吸引力。但在从事此类项目时很难获得资金，而且通常很难发表，因此许多团队成员都是志愿者。这会对那些代表性不足但可能拥有对该领域至关重要的创新想法的群体产生偏见。例如，此类群体可能包括承担更多家庭责任的妇女和无力承担无薪工作的低收入国家。提供更多的定期资助，从而提供更有保障的职位，将有助于改善现状。

3.8.5　结论

本文对一些在医学影像领域可能会减缓机器学习进展的问题提出了见解，这些见解基于文献综述和作者之前的分析。总之，并不是所有事情都可以通过拥有更大的数据集和开发更多的算法来解决，对新颖性和最先进结果的关注所创造的方法通常无法转化为真正的改进。本文提出了一些策略，旨在从研究界内部和研究政策层面上共同应对这些挑战，鉴于人工智能研究投入的巨大努力，如果不能解决这些问题，可能意味着造成巨大的浪费。

参 考 文 献

Ahmed，N. and M. Wahed.（2020），"The de-democratization of AI：Deep learning and the compute divide in artificial intelligence research"，*arXiv*，preprint arXiv：2010.15581，https://doi.org/10.48550/arXiv.2010.15581.

Bouthillier，X. et al.（2021），"Accounting for variance in machine learning benchmarks" in *Proceedings of Machine Learning and Systems*，Vol. 3，pp. 747-769，https://proceedings.mlsys.org/paper/2021/hash/cfecdb276f634854f3ef-915e2e980c31-Abstract.html.

Hooker，S.（2020），"The hardware lottery"，*arXiv*，preprint arXiv：2009.06489，https://doi.org/10.48550/arXiv.2009.06489.

Jaja，B.N. et al.（2013），"Clinical prediction models for aneurysmal subarachnoid hemorrhage：A systematic review"，*Neurocritical Care*，Vol. 18/1，pp. 143-153，https://doi.org/10.1007/s12028-0129792-z.

Liu，X. et al.（2019），"A comparison of deep learning performance against health-care professionals in detecting diseases from medical imaging：A systematic review and meta-analysis"，*The Lancet Digital Health*，Vol. 1/6，pp. e271-e297，https://doi.org/10.1016/S2589-7500（19）30123-2.

MICCAI Society.（2021），"MICCAI Society News"，18 August，MICCAI Society，www.miccai.org/news/.

Mitchell，M. et al.（2019），"Model cards for model reporting"，in *FAT* '19：Proceedings of the Conference on Fairness，Accountability and Transparency*，pp. 220-229，https://doi.org/10.1145/3287560.3287596.

Oakden-Rayner，L.（2020），"Exploring large-scale public medical image datasets"，*Academic Radiology*，Vol. 27/1，pp. 106-112，https://doi.org/10.1016/j.acra.2019.10.006.Roberts.

Roberts，M. et al.（2021），"Common pitfalls and recommendations for using machine learning to detect and prognosticate for COVID-19 using chest radiographs and CT scans"，*Nature Machine Intelligence*，Vol. 3/3，pp. 199-217，https://doi.org/10.1038/s42256-021-00307-0.

Thomas，R. and D. Uminsky.（2020），"The problem with metrics is a fundamental problem for AI"，*arXiv*，preprint arXiv：2002.08512，https://doi.org/10.48550/arXiv.2002.08512.

Thompson，D. et al.（2014），"Formal and informal prediction of recurrent stroke and myocardial infarction after stroke：A systematic review and evaluation of clinical prediction models in a new cohort"，*BMC Medicine*，Vol. 12/1，pp. 1-9，https://doi.org/10.1186/1741-7015-12-58.

Varoquaux，G. and V. Cheplygina.（2022），"Machine learning for medical imaging：Methodological failures and recommendations for the future"，*Nature Digital Medicine*，in press.https://doi.org/10.1038/s41746-022-00592-y.

4 科学中的人工智能：对公共政策的进一步影响

4.1 科学与工程领域的人工智能：研发领域的公共投资重点

托尼·海伊，英国研究与创新署，英国

4.1.1 引言

大型的国家和国际设施的科学实验以及超级计算机的模型模拟产生的科学数据快速增长，全面体现了吉姆·格雷（Jim Gray）的数据密集型科学的"第四范式"。越来越有必要使用人工智能技术来帮助自动生成和分析此类数据集。本文描述了利用人工智能和深度学习技术改变许多科学领域的巨大潜力，特别关注了美国能源部（US Department of Energy，DOE）组织的市政厅会议的结论。会议探讨了人工智能加速科学发展的潜力，以及主要公共研发资金的需求。这些资金可以使多学科的学术研究团队取得与谷歌 DeepMind 等商业公司相当的突破性进展。

深度学习神经网络作为人工智能的一个子学科，在 2012 年崭露头角，当时由杰弗里·欣顿（Geoffrey Hinton）领导的团队在 ImageNet 图像识别挑战赛中获胜（Krizhevsky et al.，2012）。该团队的参赛作品 AlexNet 是一个八层的深度学习网络。深度学习训练阶段通过 GPU 进行计算，这是一种以软件为基础、经常用于游戏形式的电子电路。截至 2015 年，在这项初步研究的基础上，微软研究团队使用了一个深度学习网络，该网络包含 150 层，并使用 GPU 集群进行训练，以实现与人类相当的目标识别错误率（He et al.，2016）。

当前，深度学习网络是人工智能行业的关键技术，被广泛投入到各种重要的商业应用中，其中包括面部识别、手写转录、机器翻译、语音识别、自动驾驶和定向广告。最近，谷歌的英国子公司 DeepMind 使用深度学习神经网络开发了智能围棋系统 AlphaGo。

科学界特别感兴趣的是 DeepMind 研发的 AlphaFold 蛋白质折叠预测系统（Senior et al.，2020）。AlphaFold 在 2020 年的蛋白质结构预测竞赛中表现出色，成功获得了胜利（Jumper et al.，2021）。诺贝尔化学奖得主文卡特拉曼·拉马克里希南（Venkatraman Ramakrishnan）说："这项计算工作代表了蛋白质折叠问题的惊人进展，这是 50 年来生物学的重大挑战。这项成果比该领域众人所预测的早了几十年。非常激动看到它将从根本上改变生物学研究。"（DeepMind，2020）

本文回顾了大量数据驱动科学研究的变化，以及深度学习网络和其他人工智能技术的出现所带来的影响。

4.1.2 科学发现的四种范式

图灵奖得主吉姆·格雷第一个使用"第四范式"来描述下一阶段数据密集型的科学发现（Gray，2009）。在持续了 1000 多年的第一范式中，科学是完全基于观察的经验主义。1687 年，在开普勒（Kepler）和伽利略（Galileo）的发现之后，艾萨克·牛顿（Isaac Newton）出版了《自然哲学的数学原理》。在这部著作中，他提出了三个运动定律，定义了经典力学，并为他的重力理论提供了基础。科学发现的第二范式，是指自然界的数学规律为科学现象的理论探索提供了基础。近 200 年后，麦克斯韦（Maxwell）提出了电磁统一理论方程组。在 20 世纪初，薛定谔方程描述了量子力学。实验观察和理论计算这两种范式的使用，一直是过去的几个世纪里科学理解和发现的基础。

2007 年，在一项关于计算未来的研究中，吉姆·格雷和计算机科学与电信委员会意识到计算科学是科学探索的第三种范式。第三范式涉及基于数字数据进行的模拟，并生成大量科学数据，而这些科学数据最初是由数字仪器生成的。

吉姆·格雷在与董事会的谈话中得出结论，科学世界已经发生了变化：这一新的模式是，在软件处理之前，数据由仪器捕获或通过模拟生成，由此产生的信息或知识将存储在计算机中，科学家们只能在流程后期才能查看他们的数据。此类数据密集型科学的技术和方法差异巨大，因此有必要将数据密集型科学与计算科学区分开来，以此作为科学探索的第四种范式（Gray，2009）。

每种范式都有其局限性。实验进展较慢，很难大规模地进行，有些甚至无法进行。此外，大型仪器，如大型强子对撞机或平方公里阵列射电望远镜，建造和维护的费用很高。此外，每次实验的输出通常在各自领域内单独分析，这就限制了对单个实验的输出和输入参数进行分析以获取新知识的可能性。[①]

数学模型也有局限性，比如首先需要简化假设来创建模型。此外，科学家们通常无法解决复杂方程，以产生容易探索的分析解。计算机模拟可以在一定程度上规避这两种限制。模拟气候科学、分子动力学、材料科学和天体物理学等不同研究领域的数学模型已被证明是成功的，超级计算机现在经常用于此类模拟。

---

① 然而，人工智能和深度学习技术不仅可以应用于单个实验实例，还可以应用于分析来自许多此类实验的综合信息。这有助于产生新的科学发现和见解。

Exascale 超级计算机每秒可以执行 10^{18} 次浮点计算，然而，即使是超级计算机模拟，也受到数学模型和模拟数据表示的限制。此外，基于一组特定的初始条件和约束，一个模拟只代表问题的一个实例。同时，一些模拟可能需要数天或数周才能完成，这也限制了对大参数空间的探索。

迫切需要改进的气候模型的模拟就说明了这些局限性。美国国家大气研究中心（The US National Center for Atmospheric Research）与美国国家科学基金会合作建立了人工智能与物理地球学习（Learning the Earth with Artificial Intelligence and Physics，LEAP）中心。LEAP 使用机器学习技术来改进美国国家大气研究中心的通用地球系统模式（Community Earth System Model）。通用地球系统模式包括一系列复杂的组件模型，可以模拟大气、海洋、陆地、海冰和冰盖过程的相互作用。然而，通用地球系统模式在将一些难以模拟的重要物理过程的精确数学表示结合起来的能力方面是有限的。这些过程包括云的形成和演变，其规模非常小以至于模型无法解析，同时，代表陆地生态的过程过于复杂导致无法在模拟中获取。气候科学家已经创建了参数化的简化子组件，将这些物理过程近似为通用地球系统模式。作为其主要目标之一，LEAP 结合大量地球系统观测数据和高分辨率模型模拟数据，旨在通过使用机器学习技术来改进这些近似值。

4.1.3 科学与工程领域的人工智能

科学与工程领域正积极将人工智能和深度学习技术应用于由超级计算机模拟和现代实验设施生成的庞大的科学数据集。现在大量的实验数据来自卫星、基因测序仪、大功率望远镜、X 射线同步加速器、中子源和电子显微镜。实验数据也由重要的国际设施产生，如日内瓦的欧洲核子研究中心的大型强子对撞机，以及汉堡的欧洲 X 射线自由电子激光设施。这些设施每年产生的数据量已高达拍字节（petabytes）级别，并且预计未来数据量将至少增加一个数量级。从这些不断增加的数据中提取有意义的科学见解将是科学家面临的重大挑战。

当前，全球许多项目都在应用人工智能技术来管理和分析愈发庞大和愈发复杂的科学数据集。机器学习的商业工具和技术为科学家提供了一个良好的起点。然而，将它们应用于广泛的科学问题需要多学科的协作团队，包括计算机科学家和物理科学家。例如，美国国家科学基金会最近成立了 18 个国家人工智能研究所，研究合作伙伴覆盖 40 个州（NSF，2022）。美国能源部资助国家实验室的相关大型实验设施和超级计算机。2019 年，美国能源部组织了一系列市政厅会议，探讨人工智能加速能源部科学办公室领域内的研究机遇和后续的可行措施（DOE，2020）。数百名计算机科学家，以及来自工业界、学术界的人士和政府官员出席了这些会议。

美国能源部市政厅会议使用"人工智能科学"一词来广泛代表计算和数据分析领域的下一代方法和科学机遇。这包括开发和应用人工智能方法——机器学习、深度学习、统计方法、数据分析和自动控制的组合，从数据中构建模型，并单独使用这些模型或与模拟数据一起使用以推进科学研究。会议得出的结论是，人工智能可以在未来十年内改变科学研究的许多领域，这与目前许多出版物所表达的观点相一致。它设想人工智能技术可以：

- 加速新材料的设计、发现和评估。
- 推进新硬件和软件系统、仪器和模拟数据流的开发。
- 确定高带宽仪器数据流中揭示的新科学和理论。
- 通过在控制和分析回路中插入推理功能来改进实验。
- 实现从光源和加速器到仪表探测器和高性能计算数据中心的复杂系统的设计、评估、自主运行和优化。
- 推进自主实验室和科学工作流程的发展。
- 通过利用人工智能代理模型（即尽可能接近模拟模型的行为，同时计算成本更低的模型），AI 将显著提升百亿亿次级及未来超级计算机的性能和效率。
- 自动化大规模创建可查找、可访问、可兼容和可重用的数据。

英国国家数据科学和人工智能研究所——艾伦·图灵研究所也得出了类似的结论。它的"人工智能科学和政府"计划包括一项与英国国家实验室（位于牛津附近的哈威尔）的卢瑟福·阿普尔顿实验室的科学机器学习小组合作开展的科学AI 重大研究（STFC，2022）。

4.1.4　对研究方向（和研究政策）的思考

谷歌 DeepMind 应用深度学习技术在三个不同的科学领域取得了重大进展，分别是蛋白质折叠、材料建模（Kirkpatrick et al.，2021）和聚变等离子体控制（Degrave et al.，2022）。DeepMind 的研究人员组建了多学科专家团队，并利用谷歌云计算资源的力量来训练他们的深度学习解法，以实现相关突破。

学术研究人员可以与这些努力竞争吗？解决这个问题需要采取以下两项行动。

- 需要广泛的多学科项目，使科学家、工程师和企业能够与计算机科学家、应用数学家和统计学家合作，利用一系列人工智能技术解决挑战。这需要政府提供专项资金，鼓励这种合作，而不是将资金分配给各个学科。
- 跨学科项目应该创建一个共享的云基础设施，使研究人员能够访问人工智能研发所需的计算资源。在美国，国家科学基金会和白宫科技政策办公室正在制定建立国家人工智能研究资源的路线图（NSF and OSTP，2022）。这是一个共享的研究基础设施，将为人工智能研究人员提供显著扩展的计算资源和高质量的数据访问权限。

这里描述的能源部的工作还详细列出了一系列需要研究突破的主题，以扩大和深化人工智能在科学和工程中的应用。这些主题可能成为公共研发支持的目标。特别是正如 DOE（2020）所描述的那样，参与者强调需要：

● 将各领域的知识融入人工智能方法中，以提高模型的质量和可解释性。有必要超越目前仅由数据或简单算法、法律和约束驱动的模式。特别关键的是由理论和数据驱动的机器学习技术，这些技术可以更好地代表特定现象的潜在动态。

● 自动化大规模创建可查找、可访问、可兼容和可重用数据。科学中的人工智能需要来自各种渠道的大型数据集——从实验设施和计算模型获得的数据以及从环境传感器和卫星获得的数据流。以机器可操作元数据的形式添加一些语义信息可以允许 AI 技术自动创建可查找、可访问、可兼容和可重用数据。这将为新的数据基础设施奠定基础，以允许更多的互操作性和重用。

● 推进人工智能科学本身的基础主题，以期发展：

○ 既定问题可以通过人工智能（或机器学习）方法解决的框架。

○ 建立检测人工智能技术有效性和稳健性的框架和工具，表明人工智能技术的局限性、不确定性的量化以及保证人工智能预测和决策的条件（假设和情况）。

○ 建立框架和工具，以确定哪些人工智能技术最适合不同的采样场景，并在不同的计算和传感环境中实现高效的人工智能。

○ 有助于解释人工智能模型中行为方法的技术。

○ 识别因果变量并区分因果关系的人工智能模型。

○ 人工智能模型用于识别因果变量并区分原因的方法和效果。

● 开发新的硬件和软件环境。业界正在为数据中心、自动驾驶系统和游戏等开发许多新的人工智能硬件。研究界有机会与工业界合作，共同设计使用新架构和工具的异构计算系统。还需软件来使 AI 功能与大规模高性能计算模型无缝集成（请参阅乔治娅·图拉西、马利卡尔琼·尚卡尔和王飞翼的文章），并生成和运行新的科学工作流程。这种支持人工智能的工作流程将结合专业知识来完成任务，适应新的数据和结果，并根据成本（如能源使用或运行时间）完善模型。

4.1.5　结论

下一代科学实验预计将产生海量数据。对于拥有大型实验设施的美国国家实验室、平方公里阵列射电望远镜天文台（SKA，2022）等项目以及欧洲核子研究中心大型强子对撞机升级等项目来说，情况都是如此。未来需要人工智能实现数据收集的自动化，并推动此类实验的分析阶段向前发展。正因如此，科学和工程人工智能的重大多学科项目应该成为公共研发投资的重点。它们可以有效提高科学发现的速度并促进新的商业发展。

参 考 文 献

DeepMind. （30 November 2020）， "AlphaFold: A solution to a 50-year-old grand challenge in biology"， DeepMind blog， www.deepmind.com/blog/alphafold-a-solution-to-a-50-year-old-grand-challenge-in-biology.

Degrave，J. et al.（2022）， "Magnetic control of tokamak plasmas through deep reinforcement learning"， *Nature*，Vol. 602，pp. 414-419，https://doi.org/10.1038/s41586-021-04301-9.

DOE. （2020）， *AI for Science*， *Report on the Department of Energy（DOE）Town Halls on Artificial Intelligence（AI） for Science*，US Department of Energy，Office of Science，Argonne National Laboratory，Lemont，https://publications. anl.gov/anlpubs/2020/03/158802.pdf.

Gray，J.（2009）， "Presentation at the NRC-CSTB in Mountain View, CA, 11 January 2007"，in *The Fourth Paradigm: Data-Intensive Scientific Discovery*，Hey，T.，S. Tansley and K. Tolle（eds.），Microsoft Research，Redmond.

He，K. et al.（2016）， "Deep residual learning for image recognition"，in *2016 Proceedings of the IEEE Conference on Computer Vision and Pattern Recognition*，pp. 770-778，https://doi.org/10.1109/CVPR.2016.90.

Jumper，J. et al.（2021）， "Highly accurate protein structure prediction with AlphaFold"，*Nature*，Vol. 596，pp. 583-589， https://doi.org/10.1038/s41586-021-03819-2.

Kirkpatrick，J. et al.（2021）， "Pushing the frontiers of density functionals by solving the fractional electron problem"， *Science*，Vol. 374，pp. 1385-1389，https://doi.org/10.1126/science.abj6511.

Krizhevsky，A. et al.（2012）， "ImageNet classification with deep convolutional neural networks"，*Advances in Neural Information Processing Systems*，pp. 1097-1105，https://doi.org/10.1145/3065386.

NSF. （2022）， "NSF-Led National AI Research Institutes"， webpage，www.nsf.gov/news/ai/AI_map_interactive.pdf （accessed 25 November 2022）.

NSF and OSTP. （2022），National AI Research Resource Task Force website，www.ai.gov/nairrtf/（accessed 25 November 2022）.

Senior，A.W. et al.（2020）， "Improved protein structure prediction using potentials from deep learning"，*Nature*， Vol. 577，pp. 706-710，https://doi.org/10.1038/s41586-019-1923-7.

SKA. （2022）， "The Ska Project"，webpage，www.skatelescope.org/the-ska-project/（accessed 25 November 2022）.

STFC. （2022）， "Scientific Machine Learning"，webpage，www.scd.stfc.ac.uk/Pages/Scientific-MachineLearning.aspx （accessed 25 November 2022）.

4.2 人工智能知识库在科学中的重要性

肯·福伯斯，西北大学，美国

4.2.1 引言

为了提高科学的生产力，人工智能系统需要了解它们所处的科学领域以及该领域所处的内外环境。换言之，它们需要以明确的和可验证的形式提供此类信息的知识库，以支持推理，包括对其结论的清晰解释。本文解释了知识库和知识图谱的概念，总结了支持人工智能在科学中更广泛应用所需的最新技术和改进内容。这些改进内容包括常识知识，将科学概念与日常世界联系起来，并为与人类伙伴的交流提供共同基础；用于编码科学知识的表达性表征；以及突破简单检索的强大推理技术。研究工作可致力于建立一个开放的知识网络，以提供一种支持再利用、可复制和可传播的社区资源。

知识是人类智力的标志，科学的一个关键目标是产生可复制的知识。拥有足够共享知识的人工智能系统可以与人类伙伴合作进行推理和学习，这可能会推动科学的革命性进步（Gil et al.，2018；Kitano，2021）。在人工智能中，术语"知识库"通常指系统的知识。[①]

正如本节所解释的，知识有多种类型。对于一些类型，商业界已经部署了包含数十亿事实的知识库来支持网络搜索和简单形式的问答。然而，对于其他几种知识，包括一些利用人工智能加速科学发展相关的知识，尽管具有潜在价值，但进展缓慢。美国一份主张构建开放知识网络的报告有这样的结论：

人工智能、机器学习、自然语言技术和机器人技术都在推动信息系统的创新。开发这些系统核心的知识库、图表和网络成本高昂，而且往往是特定领域的，目前最大的信息系统集中于消费领域（如网络搜索、广告投放和问答）。一个开放和多样化的社区努力开发国家级数据基础设施，这个开放知识网络将分配开发费用，可供广泛的利益相关者群体访问，并且适用于各种领域。这种基础设施有潜力推动医学、科学、工程和金融领域的创新，并实现自互联网出现以来一轮全新的科学和经济的爆炸性增长（NSTC，2018）。

本节解释了知识库和知识图谱的具体含义，以及形成知识库与知识图谱需要完成哪些内容，同时还分析了如何构建知识库和知识图谱。

4.2.2　知识库和知识图谱

知识图谱是表达实体属性及其之间关系的符号结构，是知识库最常见的形式。实体由图中的节点表示，而标记的弧则指定它们的属性和关系。例如，句子"巴黎是法国的一个城市"可以通过以下事实在知识库中表示：

isa（N1，City）

isa（N2，Country）

nameOf（N1，"Paris"）

---

① 这与"知识库"这一术语通常用于指代某一用途的文件集的情况大相径庭。

nameOf（N2，"France"）

cityInCountry（N1，N2）

这些语句中的每一个都是一种逻辑形式，表达其参数之间存在的关系（谓语）。例如，在第一个语句中，谓语"isa"意味着作为第一个参数提供的实体（如 N1，其中"N"指节点）是第二个参数（如城市）提供的概念的实例。类似地，谓语"nameOf"指示作为第二个参数给出的字符串应该用作第一个参数给出的实体的名称。同时，"cityInCountry"表示第一个参数是地理位置位于第二个参数给出的国家（或地区）内的城市。图 4-1 给出了这些事实的等效图形表示。

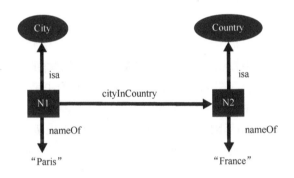

图 4-1　知识库的图形表示

这种符号表示在知识库中至关重要。首先，能够审查系统的知识非常重要，如上例所示，只要有适当的工具，人们就可以阅读符号表示。其次，这种表述支持推理。再者，它们支持清晰的解释，即显示系统如何得出结论。

尽管一些研究人员尝试使用"大语言模型"作为知识库（Petroni et al.，2019），但迄今为止，这些努力尚未取得预期成果。大语言模型无法提供可靠的方法来审查系统所知道的内容，它们不提供准确的推理（Marcus and Davis，2020），并且操作过程缺乏透明度。此外，大语言模型存在严重的公平和公正问题，因为它们所接受的训练材料的偏差在它们的应用中会得到充分体现（Bender et al.，2021；Lin et al.，2021）。因此，本文的其余部分重点讨论知识图谱。

4.2.3　当前的知识图谱

网络搜索中使用的商业知识图谱（如微软的 Satori 和谷歌的知识图谱）包含数十亿个节点，每个节点通过更多连接它们的链接编织成一个网络（Noy et al.，2019）。同样，亚马逊和其他公司使用知识图谱来表示产品信息，以便向客户提供更好的推荐。这些大规模的知识图谱是通过手工劳动（包括训练有素的专业人员和众包）和自动化技术的结合来构建的。大量的工程工作使用此类知识图谱进行高效的大规模检索和推理。

大多数商业知识图谱侧重于编码世界中实体的具体信息（如产品和客户信息）。类似地，一些知识图谱是通过从文本资源（如维基百科）中提取知识来构建的。虽然这些知识图谱对于某些类型的事实问题回答很有用，但它们缺乏构建科学研究知识图谱所需的几类知识。例如，缺乏推理知识，即用于推理事物的规则类型。

一些知识库也有用于推理事物的规则。例如，Cyc 知识库（Lenat et al.，2010）旨在通过规则和更复杂的语句类型支持更广泛的推理。例如，当被问及地球是否可以跑马拉松时，它可以推断地球不能跑马拉松，因为这需要该物体是一个生物体，而地球作为一个行星并不是生物体。这个例子说明了 Cyc 研究人员很久以前就得出的一个见解：大量常识性知识并没有出现在像百科全书这样的显性资源中。这种隐性知识，如下文所述，也存在于人们为了能够阅读百科全书而必须知道的事情中。

人们已经尝试建立特定科学领域的知识库。这些都是由改进文献检索和归档社区信息和专业知识（如基因组数据、工作流程）的需求驱动的。与商业知识图谱一样，这些努力得到了语义网协议的广泛应用的推动。这些技术使得相同的图形可以用于不同的软件实现平台。虽然人工智能在科学中的应用前景广阔，但现有的研究工作缺乏足够的表达广度和推理支持，而要充分发挥这种潜力，这两者都是必不可少的。

4.2.4　缺少什么？

商业知识图谱的规模和实用性给人留下了深刻印象，这深刻表明科学领域的大规模的知识图谱是可能的。然而，至少在三个领域还需要进行更多的研究：常识知识、专业知识和大规模复杂推理。下面将依次讨论。

1. 常识知识

何为常识知识？科学理论依赖于所有科学家在物质世界、社会世界和精神世界中获得的经验而共享的隐性知识，例如研究气体的台球模型和研究对流的熔岩灯模型。为了了解人类，科学人工智能系统需要在一定程度上从世界中获得经验从而共享隐性知识。其中一些隐性知识可以通过定性表示来获取，定性表示提供对数量、空间、因果关系和过程的类似人类的描述（Forbus，2019）。其他方面需要多模态基础，如特定对象和系统的外观。经验知识在常识中的作用仍然是一个开放的研究问题：大多数常识知识是通过一般规则编码，还是主要通过经验进行类比推理？

2. 专业知识

专业知识也面临重要的挑战。编码科学理论需要高度表现力的表达。例如，除了理论本身之外，还必须表现出它们是如何运作的（通过将专业概念与日常生活联系起来）。换句话说，知识必须被表示出来以支持模型制定的过程（Forbus，2019）。

当今应用于科学和工程领域的人工智能系统专注于任务和（或）领域，而忽略了模型制定这一环节。科学推理的范围越广，需要纳入的隐性知识就越多。为了应对这一挑战，表示方案需要支持明确的上下文，如准确描述竞争理论并推理该理论的适用范围。例如，在解决物理问题时，系统需要判断什么时候需要使用经典相对论力学而不是量子力学？

3. 大规模复杂推理

没有任何人工智能系统能够达到人类推理的灵活性水平。例如，考虑构建一个思维实验，或者只是去理解该实验。当爱因斯坦想象乘一束光旅行时，需要通过新出现的（有时是不可能的）情境进行推理。人工智能系统还不能以通用的方式做到这一点。

在特定领域，如软件验证，推理系统可以远远超过人类的能力。然而，如果不重新编程，可能就无法在新领域中运行此类系统。对于特定的科学任务和领域，专用高性能推理系统可能具有重要的优势。从长远来看，人工智能推理灵活性的提高可以使其更接近人类。这将使人工智能成为科学领域的合作者和工具。

4.2.5 走向科学知识库：可以做什么？

商业世界不太可能建立广泛的常识知识库。公司大多不关心科学知识。虽然大规模高质量常识知识图谱将使每个人受益，但构建一个图谱所需的努力超出了私营部门通常的研究领域。[①]

部分原因在于开放知识网络的想法正引起研究界的关注。开放许可，如仅知识共享署名，很重要。例如，将 SUMO（suggested upper merged ontology，建议上层共用知识本体）作为计算机信息处理系统的基础，为本体提供一些最抽象的层次（SUMO，2022）。然而，它使用的许可证与大多数商业应用程序相反。此外，拓展它的模块包含各种许可证，这使得在其基础上进行构建变得困难。[②]为了在再

---

① 为继续建设 Cyc 知识库而成立的 Cycorp 是个例外，它是由商业和政府项目共同资助。不幸的是，它的专有性质使得它在某些用途上不太适用，例如，研究人员不能自由将其与源代码一起分发，以确保他们的研究的可复制性。

② 个人通信。相比之下，同样由 Cycorp 开发的 OpenCyc 本体在 CCAttribution Only 许可下可用。因此，其他人可以以此为基础（如 www.qrg.northwestern.edu/nextkb/index.html）。

利用、可复制和可传播特征方面最大限度地发挥科学界的效用，需要资金来资助开放知识图谱构建。

追求通用性是很困难的，而直接针对特定领域进行开发则更具吸引力。例如，迄今为止，美国国家科学基金会仅资助了开放知识网络中的少数项目。所有这些都专注于特定领域和任务（如查找相关法律文件、洪水预警）（NSF，2022）。

混合方法可能会产生更好的结果。人工智能科学家和其他领域的科学家团队可以在包括专业知识和相关常识知识领域的知识图谱上进行合作。例如，在生物学领域，除了生物化学或遗传学之外，还可以努力生成关于动物和植物的日常知识，将专业概念与日常生活联系起来。同时，应充分利用社区测试平台，这些平台在需要常识推理的场景下（如机器人技术的模拟世界，用于理解和解释日常常识及故事情境）发挥着关键作用。

每一次尝试都需要利用不断完善的共享知识图谱。对于概念，虽然会有竞争和互补的方法，但如果底层图形的基础设施支持多个上下文，那么这也没关系。[①]结果将产生一个知识图谱集合，理想情况下知识图谱能随着研究的进展不断更新，并最终涵盖所有科学知识。

认知科学和社会科学应与物理和生物科学一起纳入构建开放知识网络的过程中。这很重要，因为这些领域的进展将有助于引导人工智能向更可信、更接近人类的算法和概念结构发展。

4.2.6　结论

利用人工智能加速科学发展的进展，需要努力建立由常识知识、专业知识以及它们之间的桥梁组成的大规模知识图谱。商业界不会这样做，因为这与它们的日常事务没有直接关系。然而，它们也会从其中的某些方面受益。构建开放的知识网络可以促进科学知识的再利用、复制与传播。这需要长期和大规模的努力。通过合适的项目组合，在此过程中逐步取得的具有价值的成果将有助于推动进一步的努力尝试。

参 考 文 献

Bender，E. et al.（2021），"On the dangers of stochastic parrots: Can language models be too big?" in *Proceedings of the 2021 ACM Conference on Fairness，Accountability，and Transparency*，pp. 610-623，https://doi.org/10.1145/3442188.3445922.

---

① 任何大规模的知识库在任何情况下都需要使用上下文，以处理特定文化的知识、小说作品以及其他解释和理论。OpenCyc 本体为此目的使用了"微观理论"，在资源描述框架语义 web 表示中也发现了类似的机制，其形式是"命名图"（Carroll et al.，2005）。

Carroll，J.J. et al.（2005），"Named graphs"，*Journal of Web Semantics*，Vol. 3/4，pp. 247-267，https://doi.org/10.1016/j.websem.2005.09.001.

Forbus，K.（2019），*Qualitative Representations: How People Reason and Learn about the Continuous World*，MIT Press，Cambridge，MA.

Gil，Y. et al.（2018），"Intelligent systems for geosciences: An essential research agenda"，Communications *of the ACM*，Vol. 62/1，pp. 76-84，https://doi.org/10.1145/3192335.

Kitano，H.（2021），"Nobel Turing challenge: Creating the engine for scientific discovery"，*Nature Systems Biology and Applications*，Vol. 7/29，https://doi.org/10.1038/s41540-021-00189-3.

Lenat，D. et al.（2010），"Harnessing cyc to answer clinical researchers' ad hoc queries"，*AI Magazine*，Vol. 31/3，pp. 13-32，http://dx.doi.org/10.1609/aimag.v31i3.2299.

Lin，S.，J. Hilton and O. Evans.（2021），"TruthfulQA: Measuring how models mimic human falsehoods"，*arXiv*，arXiv: 2109.07958v1，https://doi.org/10.48550/arXiv.2109.07958.

Marcus，G. and E. Davis.（2020），"GPT-3，Bloviator: OpenAI's language generator has no idea what it is talking about"，22 August，*MIT Technology Review*，https://www.technologyreview.com.

Noy，N. et al.（2019），"Industry-scale knowledge graphs: Lessons and challenges"，*ACM Queue*，Vol. 12/2，https://queue.acm.org/detail.cfm? id=3332266.

NSF.（2022），"Convergence Accelerator Portfolio"，webpage，https://beta.nsf.gov/funding/initiatives/convergence-accelerator/portfolio（accessed 28 January 2022）.

NSTC.（2018），Open Knowledge Network: Summary of the Big Data IWG Workshop，October 4-5，2017，National Science and Technology Council，Washington，DC.

Petroni，F. et al.（2019），"Language models as knowledge bases?"，*arXiv*，arXiv: 1909.01066v2，https://doi.org/10.48550/arXiv.1909.01066.

SUMO.（2022），Suggested Upper Merged Ontology website，https://www.ontologyportal.org（accessed 23 November 2022）.

4.3　高性能计算的领先地位可促进人工智能的进步和计算生态系统的蓬勃发展

乔治娅·图拉西，橡树岭国家实验室，美国

马利卡尔琼·尚卡尔，橡树岭国家实验室，美国

王飞翼，橡树岭国家实验室，美国

4.3.1　引言

在过去的 30 年，高性能计算作为促进科学进步的重要工具被广泛采用。在全球新冠疫情后，从加速关键研究到气候建模和国家安全，高性能计算已成为世界各地和跨应用领域最前沿科学研究的组成部分。全球竞相研发下一代速度更快的超级计

算机，不断推动着这一领域向前发展。同时，日益增长的运算能力将科幻小说中的一些标志性元素（如人工智能）带入了日常生活。随着人们能公平获取这些资源，同时受到其支持的劳动力蓬勃发展，新计算系统的强大力量日益受到人们关注。

4.3.2　美国能源部先进科学计算研究设施

能源部科学办公室的使命是"提供科学发现和主要科学工具，以改变我们对自然的理解并保障美国的能源、经济和国家安全。"从一开始，科学办公室的预算就支持了 300 多个机构和 17 个能源部国家实验室的 25 000 多名研究人员，以及 27 个开放获取实验和计算用户设施（DOE，2022）。

为了提高美国的高性能计算能力，美国国会通过了《2004 年能源部高端计算振兴法案》（DOE，2022），呼吁建立领先的计算系统。这些高端计算系统是世界上最先进的，它们由工业界、高等教育机构、国家实验室和其他联邦机构的研究人员操作和使用。

作为美国能源部的领先计算设施之一，橡树岭领先计算设施（OLCF，2022）一直运营着美国一些顶级的超级计算机。橡树岭领先计算设施通过在基础科学和应用科学中实现突破，如在能源效率、气候变化和医学研究方面的许多显著贡献，巩固了计算作为科学发现的第三大支柱。橡树岭领先计算设施提供了尖端的超级计算能力和开创性的想法，自 2005 年成立以来，每年世界 500 强榜单中排名前 10 名的超级计算机都通过该计算设施运行。橡树岭领先计算设施系统 Titan 和 Summit 首次亮相时就被认为是世界上最快的计算机。

IBM Summit 超级计算机的运算速度达到每秒 200 千万亿次（petaflops）浮点运算，是橡树岭领先计算设施的旗舰系统。Summit 于 2018 年推出，其计算性能是橡树岭领先计算设施之前的 Cray XK7 Titan 超级计算机的八倍。为了实现这一计算性能，它仅使用 4608 个节点，这只是 Titan18 688 个节点的一小部分。随着新型 HPE Cray EX Frontier 超级计算机的首次亮相，橡树岭领先计算设施将容纳美国首个百万兆次级系统。它的执行速度超过每秒 1.5 百亿亿次（exaflops）浮点运算。

作为领先的计算设施，橡树岭领先计算设施旨在为世界各地的研究人员提供世界一流的计算资源和专业服务，以应对科学和工程领域计算最密集的全球挑战。能源部领先计算系统的时间通过两个竞争性分配计划进行管理：对理论和实验的创新计算影响（Innovative and Novel Computational Impact on Theory and Experiment，INCITE）和 ASCR①领先计算挑战（ASCR Leadership Computing

---

① advanced scientific computing research，高级科学计算研究。

Challenge，ALCC）（ALCC，2022）。这些请求通常超出可用资源的三到五倍。因此，选择是竞争性的且基于同行评议过程。分配的计算周期通常比大学、实验室和工业科学与工程环境中常规可用的计算周期多 100 倍。

随着数据密集型科学的迅速发展，橡树岭领先计算设施在以下方面的需求日益增长：支持先进的科学工作流程；结合人工智能领域；运行丰富的分析和仿真软件，以便从极端规模的实验和观测数据中获得有价值的见解。

4.3.3 人工智能计算生态系统：差距和机遇

国家战略计算计划（White House，2015）和美国人工智能计划（Parker，11 June 2020）都呼吁建立有凝聚力的多机构战略愿景，以增强和维持美国的科学领导地位，并推动其所有经济部门的创新。从那时起，高性能计算和人工智能的格局一直在迅速变化。例如，美国能源部除了在高性能计算和领先计算方面投资数亿美元外，还在 40 多个州建立了十几家人工智能研究所。每个研究所都有独特的优势和关注领域，涵盖了人工智能相关的各个方面——从基本方法到人机交互、增强与协作等。

在欧盟，在强有力的政治支持下，成员国对人工智能采取了一致的态度，强调人工智能的使用造福于所有人（European Commission，2018）。除了卓越的研发之外，欧盟在最近的人工智能法规提案中特别关注值得信赖的人工智能（European Commission，2021）。此外，结合欧洲处理器倡议项目，欧盟制定了自己的路线图，以支持超大规模计算、大数据和人工智能的融合（Kovač et al.，2022）。

巨额资本的注入正在推动研发创新，释放资源，消除障碍，并培训新一代人工智能劳动力。然而，人工智能资源和人才高度集中的现象日益明显，这可能会使弱势群体面临风险，特别是发展中国家以及资源匮乏的大学。

至于人工智能是发展中国家的变革力量还是扩大富国与穷国之间差距的破坏性力量，目前尚无定论（Alonso et al.，2020）。但有一件事是明确的：对计算能力和数据存储的需求是无法满足的。计算能力和数据存储日益相互交织，并成为突破性科学发现不可或缺的一部分。

作为其业务战略的一部分，Google Colab 和 Microsoft Azure 等云供应商都提供免费的计算资源配额。这项服务部分实现了人工智能从无到有的访问。然而，这些产品也存在明显的局限性。例如，为了保持最大的资源调度灵活性，Colab 资源没有保证，也不是无限的。即使使用 Colab Pro 等付费平台，对 GPU 这一支持人工智能计算的重要组件进行访问，也可能仅限于相对较旧的一代 GPU 和 24 小时的运行时间。尽管这是常见的做法，但即使是适度的科学技术研发，此类政策也会受到限制。这些限制尽管凸显了关键差距，但也凸显了技术和政策进步的机遇。

4.3.4　人工智能计算生态系统：技术和政策方向

对人工智能的兴趣以及将人工智能工具和方法纳入商业领域的经济潜力促使大公司开发人工智能软件和专用硬件。TensorFlow（源自谷歌）和 PyTorch（源自 Facebook）等工具已运用到开源社区。这推动了人工智能方法在各种行业、学术环境和主要科学实验室的使用。

这些工具的普及伴随着人工智能领域技术出版物的急剧增长，同时也推动了世界各地大量在线教育材料的出现。然而，这种普及和增长受到计算资源和高质量数据集的可用性的限制，这些资源和数据集是人工智能的基础。

在技术和政策领域，处于领域前沿的国家采取系统化的方法，有助于缓解计算和数据可用性的限制。

1. 技术领域

在技术领域，计算基础设施和软件可用性可以得到管理和引导，以支持开放科学。开源生态系统有助于这些工具和功能的蓬勃发展。然而，在快速变化的领域中，管理最佳实践和应用程序的共享对于全球社区从新兴技术进步中受益至关重要。应用程序必须进行大规模拓展，这对于人工智能的重要活动至关重要，因为这不能由少数大型商业实体单独掌握。

由国家资助的实验室及其计算基础设施，与工业界和学术界合作，可以培育和支持针对高等教育实体和伙伴国家的人工智能生态系统。这对于那些可能缺乏资源或刚刚开始在该领域建立核心能力的实体和国家特别有用。从基本技能到可扩展的数据和软件管理，都需要以教程的形式提供逐步指导。这将使学生和从业人员能够从个人电脑或小规模云资源开始学习。然后他们会推进到更大的云资源或机构规模的资源，甚至是全国性规模的资源。这些工具和能力如果与更广泛的社区共享，将使更大范围的社区从国家投资中获益。

2. 政策领域

政策领域与共享资源、培训、成果和指导方针相关。处于该领域前沿的国家可以就政策框架进行合作，为有资格的实体提供共享资源。当前主要的商业供应商向学术机构提供计算拨款。这一模式可以扩展到共享计算资源和框架，有可能在所有经合组织国家之间实现。这种共享可以为新生和不断开展的计划奠定基础。同时，它还可以防止重复发明并带来如劳动力发展和快速知识传播等间接利益。

该领域本身将受益于通用产品，从而实现可复制性、合乎道德的使用和注重环保的人工智能部署。

4.3.5 结论

人工智能已成为许多现有和新兴科学的核心推动者。此外，从医疗保健和交通运输到制造和网络安全等广泛领域，人工智能的快速应用已在众多领域展现出巨大前景。自成立以来，领先计算设施一直充当支持开放科学的战略储备。在最近的 COVID-19 大流行期间，能源部的计算设施在推进加速响应所需的生物医学基础方面发挥了核心作用。这些系统支持计算密集型活动，包括大型人工智能驱动的科学活动（HPC Consortium，2022）。事实证明，致力于开放科学的领先计算设施是一项独特的资产。它们凭借自己在部署和高效管理计算资源方面深厚的专业知识，组建了跨学科团队来解决与新兴科学需求相关的一些最关键的数据和计算问题。

在不断扩大的计算生态系统中，高性能计算仍将是一个关键的组成部分。对于依赖将大规模建模和模拟与人工智能交叉的大规模科学活动来说尤其如此。尽管如此，由于人工智能是一项需要大量数据的工作，因此获取高质量数据将与获取计算资源一样重要，需要新的功能和政策将领先的计算系统集成到分布式数据生态系统中，这一过程将有助于加速科学进步并确保资源的公平化和民主化。

参 考 文 献

ALCC.（2022），"ASCR Leadership Computing Challenge"，webpage，https://science.osti.gov/ascr/Facilities/Accessing-ASCR-Facilities/ALCC（accessed 23 November 2022）.

ALCF.（2022），"INCITE Program"，webpage，www.alcf.anl.gov/science/incite-allocation-program（accessed 23 November 2022）.

Alonso, C., S. Kothari and S. Rehman.（2 December 2020），"How artificial intelligence could widen the gap between rich and poor nations"，IMF blog，https://blogs.imf.org/2020/12/02/how-artificial-intelligence-could-widen-the-gap-between-rich-and-poor-nations.

DOE.（2022），"National Laboratories"，webpage，www.energy.gov/national-laboratories（accessed 23 November 2022）.

European Commission.（2018），"Artificial Intelligence for Europe"，Communication from the Commission，Brussels，25 April，SWD（2018）137 final，European Commission，Brussels，https://eur lex.europa.eu/legal-content/EN/

European Commission.（2021），"Proposal for a regulation of the European Parliament and of the Council laying down harmonised rules on artificial intelligence（Artificial Intelligence Act）and amending certain union legislative acts"，24 April，SEC（2021）167 final，SWD（2021）84 final，SWD（2021）85 final，European Commission，Brussels，https://eur-lex.europa.eu/legal content/EN/TXT/HTML/？uri=CELEX：52021PC0206&from=EN.

TXT/HTML/？uri=CELEX：52018DC0237&from = EN.

HPC Consortium.（2022），"Who We Are"，webpage，https://covid19-hpc-consortium.org（accessed 23 November 2022）.

Kovač，M. et al.（2022），"European processor initiative：Europe's approach to exascale computing"，in *HPC，Big Data，and AI Convergence Towards Exascale*，CRC Press，Boca Raton，FL.

OLCF.（2022），Oak Ridge National Laboratory website，www.olcf.ornl.gov（accessed 23 November 2022）.

Parker，L.（11 June 2020），"The American AI Initiative：The U.S. Strategy for leadership in artificial intelligence"，OECD.AI Policy Observatory blog.

White House.（2015），"Executive Order – 'Creating a National Strategic Computing Initiative'"，29 July，Press Release，White House，Washington，DC，https://obamawhitehouse.archives.gov/the-press office/2015/07/29/executive-order-creating-national-strategic-computing-initiative.

4.4　提高人工智能研究的可复制性，以增加信任度和生产力

奥德·埃里克·贡德森，挪威科技大学，挪威

4.4.1　引言

最近的几项研究表明，许多科学结果并不可信。虽然"可复制性危机"首先是在心理学中提及的，但这个问题影响了绝大多数科学领域。本文以人工智能为重点，分析了导致研究不可复制性的根本问题，以便制定解决政策。

在顶级会议上展示并在高影响力期刊上发表的研究表明，人工智能研究并未摆脱可复制性问题。Ioannidis（2022）认为 70%的人工智能研究是不可重复的。他指出，与物理学等更成熟的科学相比，该领域还不成熟。这与 Gundersen 和 Kjensmo（2018）的两项研究结果一致：在顶级人工智能会议上发表的研究中，只有 6%明确说明正在回答哪些研究问题，而只有 5%说明测试了哪些假设。

在图像识别、自然语言处理、时间序列预测、强化学习、推荐系统和生成对抗神经网络中都存在可复制性问题（Henderson et al.，2018；Lucic et al.，2018；Melis et al.，2018；Bouthillier et al.，2019；Dacrema et al.，2019；Belz et al.，2021）。人工智能的应用领域也包括在内：在医学和社会科学领域也记录了相关问题。

许多调查都试图找出导致结果不可复制的原因。需要正确理解可复制性的概念才能获取导致不可复制性的原因。然而，尽管可复制性是科学的基石，但它没有普遍认可的定义。Plesser（2018）甚至认为"可复制性"是一个令人困惑的术语。

如果没有达成一致的定义，那么危机就不会得到缓解，许多无法复制的研究结果将会被公布，这将减少公众对科学的信任，而当前对科学的信任度已经在下

降。相反，提高发表可复制发现的比例将提高科学的生产力，更重要的是，将提升公众对科学的信任度。

4.4.2 可复制性定义的标准

令人惊讶的是，在设计、指导和评估可复制性实验的结果时，最流行的可复制性定义并没有什么帮助。这里，术语"可复制性实验"是指一项旨在验证先前研究（此处称为"原始研究"）结果的独立实验。流行的定义既没有具体说明可复制性实验需要什么，也没有具体说明复制结果意味着什么。下面，本文提出了几个标准，以对可复制性进行更具说服力的定义。

1. 相似性与差异性

可复制性的定义必须帮助科学家明确原始实验和可复制性实验之间的异同。它应让人们了解独立研究人员在复制原始实验时使用了什么，以及他们可以和不可以改变什么。更具体地说，这个定义应该有助于回答几个问题。比如，如果相同的代码在不同的计算机上执行但使用相同的数据，那么人工智能可复制性实验是否与原始实验有足够的不同？人工智能的可复制性实验是否使用了不同的代码或不同的数据？

2. 可复制程度

可复制性的定义应该有助于告知实验结果何时被复制以及复制到什么程度。在包括人工智能在内的计算机科学中，由于一些计算实验固有的确定性，可复制性实验的计算执行输出可以与原始实验相同。相比之下，在医学、生物学和心理学等领域产生相同结果的可能性极小。在这些领域，实验涉及人类和生物材料，并且是非确定性的。

3. 理清结论的推断思路

定义应该有助于表明实验结果是否可以通过以下三种方式之一重现：从相同的分析但不同的输出集得出相同的结论；从不同的分析得出相同的结论；可复制性实验产生相同的输出。如今，最流行的定义并不能帮助研究人员解决此类问题。

4. 推广至所有学科

一个好的可复制性定义也应该可以推广到所有科学学科。如果定义与科学的定义密切相关，则可以实现推广。虽然科学文献一致认为可复制性是科学的基石，但以往的定义很少有明确说明这种关系的。

4.4.3 定义可复制性

在实证研究的背景下，可复制性没有任何意义。可复制性与复制不同，复制只是意味着再次做同样的事情。因此，可复制性实验应该与原始实验相似但又有所不同。除了具有普遍性之外，可复制性的定义还应该帮助科学家查明原始实验和确认可复制性的实验之间的区别（以及为什么研究人员有理由得出先前结果已被复制的结论）。经过多年努力和发表的几篇论文，作者给出了以下关于可复制性的定义。

可复制性是指独立研究人员在遵循科学方法时，依靠原始研究人员共享的文档从实验中得出相同结论的能力。独立研究人员所依赖的文件指定了可复制性研究的类型，以及独立研究人员得出结论的方式指定了可复制性研究在多大程度上验证了结论（Gundersen，2021）。

上述可复制性的定义有几个方面与其他文献中对可复制性的定义不同。首先，它强调可复制性需要独立研究人员重做一项研究。其次，它强调实验得出的结论必须能够以某种形式的文档与第三方共享。再次，它对"文献记录"和"得出相同结论"进行了简洁且与科学方法相关的定义。最后，它区分了可复制性研究的类型和此类研究验证原始结果的程度。

对于非计算实验，实验文档以报告的形式编写和共享。分析通常使用 SPSS 或 Excel 等统计软件完成，或者用 R、Matlab 和 Python 等语言编写代码，也可以与第三方共享。由于报告只写实验本身，因此经常遗漏可能影响结果的细节。

以人工智能和机器学习的研究报告中最常见的实验为例，计算实验比非计算实验具有明显的优势。计算实验及其完整的工作流程通常可以完全获取并记录在代码中。这消除了关于按什么顺序和步骤执行，以及使用哪些参数和阈值的歧义。

即使实验的所有步骤都是用代码实现的，计算实验仍然没有完全由代码描述。这是因为它们还是依赖于辅助软件，如库、框架和操作系统，以及运行的硬件。除非在描述实验的代码之外，还在文档中指定了辅助软件、硬件和数据，否则计算实验的过程并没有被完整记录。可以通过技术解决方案支持的完整文档也必须包含这些描述。该文档可以支持打包所有辅助软件，以便与独立研究人员共享，并帮助获取实验中使用的硬件。

4.4.4 记录计算实验

许多计算实验依赖于以数字化数据或完全数字化模拟形式进行的观察。用于训练机器学习算法来识别物体（如手写数字）的图像就是数字化数据的示例之一。

同时，游戏中的自我对弈（如训练 AlphaZero 时使用的自我对弈）是数字化模拟的一个示例（Schrittwieser et al.，2020）。

在上述提及的两个例子中，实验都是完全在计算机上执行的，并且可以相对容易地重现。如果分析及其解释也以代码形式存在，则完整的实验是计算性的，并且无须人工干预即可得出结论。计算机仍然无法提出有趣的研究问题，设计适当的实验以及理解和描述其局限性。但目前正在尝试实现科学过程的完全自动化。

在非计算科学中，人们普遍认识到了进行实验时指定所使用的设备的重要性。这是化学和物理学生在实验室作业中首先学习的内容。这样做对于计算实验同样重要，因为硬件和软件的选择可能会引入偏差（Gundersen et al.，2022；Zhuang et al.，2022）。

在非计算实验中，实验结果也会受到实验者的影响。相比之下，如果实验完全以代码形式自动化，则计算实验不依赖于执行代码的人。换句话说，一个人或另一个人是否按下执行计算实验的按钮与结果无关。另外，数据集可能存在偏差（Torralba and Efros，2011）。如果使用没有相同偏差的另一个数据集，则会导致实验无法重现。

4.4.5 结果被复制的程度

实验结果的复制程度取决于可复制性研究的可推广程度。如果相同的代码在相同的辅助软件上使用相同的数据，但在不同的计算机上执行，仍然产生完全相同的输出，那么结果不是高度可推广的。在这种情况下，可复制性实验仅表明原始实验的结果可以推广到不同的计算机。

这与仅依赖书面文档的可复制性实验形成鲜明对比。在这些情况下，独立研究人员必须自己编写所有代码、收集新数据并在不同的计算机上执行实验。如果结果相同，那么这样的可复制性实验就更具普适性，并且假设可以更加可信。在这种情况下，不应期望重新进行的实验结果与原始实验的结果完全相同。

虽然通过重新编写所有代码并收集新数据来重现实验，可以使结果更具普遍性，但独立研究人员需要做更多的工作（Gundersen，2019）。透明的研究更易获取信任，因为研究人员没有什么可隐瞒的。

1. 结果可复制

如果可复制性实验和原始实验具有相同的结果，并且其分析和解释与原始实验相同，则可复制性实验是可复制的。这可以通过图像分类实验来举例说明，其中机器学习算法必须对一组猫和狗的图像进行分类。如果可复制性实验在测试集中为每张图像生成与原始实验完全相同的类别，则可复制性实验是结果可复制的。对于所有实际目的而言，非计算研究将不会实现结果可复制。例如，如果调查受访者重做调查，他们给出相同答案的可能性很低。

2. 分析可复制

如果原始实验和可复制性实验的结果不同，但使用相同的分析并得出相同的结论，则实验是分析可复制的。同样，可复制性实验可以为猫和狗的测试图像集生成一组不同的类。然而，如果相同的分析给出相同的结果，则可复制性实验是分析可复制的。例如，同样的结果可能是，当依赖于原始实验中使用的相同统计测试时，给定算法的性能明显优于另一种算法。

3. 推论可复制

最后，如果对相同或不同结果的不同分析在原始和可复制性研究中都得出相同的结论，则实验在推论上是可复制的。再次以图像分类为例，如果在分析机器学习算法为测试集中的图像生成的类别时，将一项统计测试更改为另一项统计测试，那么可复制性研究在推论上是可复制的。即使分析不同，如果得出相同的结论，结果也是可复制的。

推论可复制性研究比分析结果可复制性研究更具普遍性，而分析可复制性研究又比结果可复制性研究更具普遍性。结果可复制性是可复制性的狭义解释。除非可复制性实验使用完全相同的数据，否则无法实现这一目标。如果对在不同数据集上运行实验所产生的结果进行相同的分析，则会得出更稳健的结论，从而得出更具普遍性的结果。如果尽管对结果进行了不同的分析，但结论仍然有效，那么结果就更加具有普遍性。

尽管如此，虽然更好地理解可复制性是一个好的开始，但它本身并不能缓解可复制性危机。人们必须了解导致不可复制性的原因。

4.4.6　不可复制性的来源

实验存在许多可能导致不可复制性的来源，这些来源可能会使实验得出的结论无效。虽然不可复制性的一些来源在科学之间是相同的，但也有一些仅适用于特定科学领域。本文最感兴趣的是那些影响人工智能和机器学习的内容。

图 4-2 以图形方式显示了整个科学工作流程，以及人工智能的形式和重点。一般来说，对于此类实验，不可复制性的来源可分为以下六种类型（Gundersen et al.，2022）。

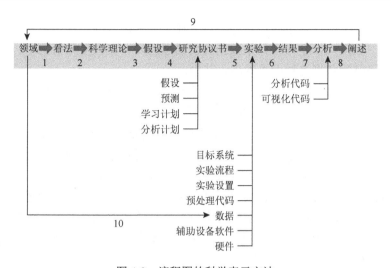

图 4-2　流程图的科学表示方法

资料来源：Gundersen 和 Kjensmo（2018）

1. 研究设计因素

研究设计因素决定了如何开展和分析实验以回答所陈述的假设和研究问题的高级计划。例如，基准值可能选择不当（将给定任务的最新的深度学习算法与非最新的算法进行比较），可能会为改进现有技术水平提供错误证据。

2. 算法因素

算法因素是以不同方式利用随机性的机器学习算法和训练过程的设计选择。例如在训练期间以不同方式随机化的数据、依赖于特征随机初始化的学习算法、随机选择的特征以及使用依赖于随机性的优化技术来优化的算法。设计选择引入的随机性会导致性能差异。研究人员可以选择最适合他们的结果，而不是更能反映算法真实性能的结果。这使得这项研究对于那些不选择"精挑细选"结果的研究人员来说是不可复制的。

3. 实施因素

实施因素是与实验中使用的软件和硬件相关的选择结果。例如，在计算实验中使用哪些软件（如操作系统、软件库和框架），以及计算是否并行执行，所有这些都会影响结果，以至于得出相反的结论。

4. 观察因素

观察因素与智能代理的数据或环境有关，包括数据的生成、处理和增强方式，还包括环境的属性，如智能代理基准测试环境中存在的物理定律。智能代理通过分析数据中的模式来学习。如果数据代表物理世界，在大多数情况下，那么智能代理在部署时就会将这种世界观带入其中。

在考虑性别和种族时，数据与环境问题引起了广泛的讨论。然而，即使数据集的一些看似无害的特征也可能会出现问题，例如当系统无法识别咖啡杯的图像时，仅仅是因为其中一些咖啡杯的手柄指向与其他咖啡杯不同（Torralba and Efros，2011）。此类问题在数据预处理和数据增强阶段（通过稍微修改样本并将其主题添加到数据集中来增加数据集）可以减少，但也可能被强调。

其他问题与训练集和测试集中类别的不同分布有关。例如，当算法在识别狗时的错误率较低时，测试集中狗的图像可能比训练集中的多。训练数据中目标值的注释质量是另一个需要考虑的因素。例如，不同的人类注释者可以对同一实例进行不同的标记。

5. 评价因素

评价因素与调查人员如何得出结论有关。例如，选择性地报告结果（研究中仅使用显示所需结果的数据集）、夸大结果（结论超出证据）、对错误估计不佳以及分析结果时滥用统计数据。评价因素可以通过阅读科学报告、深入理解所呈现的研究以及深入了解现有技术来呈现。

6. 文档因素

文档因素反映了文档反映实际实验的程度。为了完美地记录实验，所有可能导致不可复制性的选择都应该记录下来，并解释选择的动机。其中可能包括多达42种不同类型的选择（Gundersen et al.，2022）。文档的可读性很重要，关于实验设计、实施和工作流程的详细信息也很重要。对于计算实验，发布代码和数据在许多情况下可以解决歧义问题。

4.4.7 来源对不可复制性的影响

不可复制性的不同来源以不同的方式影响结论（Gundersen et al.，2022）。一些已确定的来源会影响实验的结果，如算法在训练过程中是否引入了随机性。这意味着每次在数据集上训练模型时，在同一测试集上运行时的结果都会略有不同。一些与模型评估方式相关的决策可能会改变分析，从而得出不同的结论。例如，某些错误指标会强调模型的某些特征而不是其他特征。使用平均值或中值来比较两组数字就能说明这一点。一些极端异常值会影响平均值，但不会影响中值。指标的选择会影响结论。最后有些因素会影响推断，如遗漏一些不支持研究人员预期结论的结果。

4.4.8 对研究生态系统的影响

在科学中，错误的结果是意料之中的。事实上，人工智能有很高的假阳性率（Ioannidis，2022）。一个可以实现的目标是减少不可重复的研究数量，使其与假阳性率最低的物理学持平。这可以通过提高方法的严谨性来实现，如明确考虑不可复制性的来源。研究人员无法单独做到这一点。研究系统中的所有参与者都必须共同承担责任。从广义上讲，这一系统包括研究人员、研究机构、出版商和资助机构。下文对每个参与者的责任作了一些说明。

1. 研究人员

研究人员应确保他们理解并描述其研究的局限性，并考虑到不可复制性的来源。他们必须设计真正检验其假设的研究，并平等看待所有被调查的算法。他们还应该讨论与算法、实现和观察因素相关的实验局限性，这些因素都可能影响结论。评价的选择应该有明确的理由，清楚地表明为什么它将为结论提供可信的证据。最后，研究人员必须适当地记录研究，并尽可能多地分享有关实验的信息，包括代码和数据以及详尽的描述。

2. 研究机构

研究机构应确保遵循人工智能研究的最佳实践。这包括培训员工并为其负责的研究提供质量保证流程。研究机构还应确保研究项目为保证实验质量留出足够的时间。最后，研究机构在招聘研究人员时，应将质量和透明的研究实践作为重要的考量因素。

3. 出版商

出版商必须保证它们出版的研究的质量，这项工作通常外包给第三方研究人员。很少有出版商会详细说明评审过程，并提供评审员应该遵循的说明，作为人工智能和机器学习会议一部分的同行评议是个例外。这里，评论以检查表和评论者必须回答的表格的形式呈现。这与期刊形成鲜明对比，期刊评论通常以自由形式进行撰写，虽然提供了指导方针，但并未以任何方式强制执行。出版商可以通过使用涵盖不同来源、不可复制性来源的表格来改进。此外，应该鼓励将代码和数据作为科学文章的一部分发表。尽管如此，不应该期望出版商强制共享代码和数据。

4. 资助机构

资助机构显然会评估获得资助的项目提案的质量。虽然资助机构无法主动避免或控制许多不可复制性的来源，但它们可以显著影响其中的一些来源。

首先，资助机构可以选择具有良好的公开和透明研究记录的评估者。由于此类研究更容易审核和检查可复制性，因此发表公开透明研究的研究人员似乎为自己设定了很高的标准。

其次，出于同样的原因，资助机构可以要求它们资助的研究在开放获取期刊和会议上发表。

最后，也是最重要的一点，它们可以要求与第三方免费共享代码和数据。政府资助机构尤其应该要求共享公共资助的研究成果，以便公众可以使用。2021 年 1 月，经合组织理事会采用了新修订的《公共财政资助的研究数据获取的建议》（OECD，2021）。该建议文书自 2006 年起生效，目前针对新技术和政策发展进行了修订，并提供了全面的政策指导。修订扩大了早期建议书范围，不仅涵盖了研究数据的范围，它现在还涵盖了相关的元数据，以及定制的算法、工作流程、模型和软件（包括代码），这些对于其政策解释至关重要。

为第三方提供研究基础设施可能是一种选择。然而，它可能不太重要，因为无论涉及什么硬件和辅助软件，计算实验都应该是可复制的。要求第三方公开获取代码和数据将允许他们在不同的硬件上运行实验。然而，这并不能解决所有可复制性问题。产生相同的结果并不能确保数据集不是基于某些特定的方法而被选中；出于同样的原因，其他数据集可能会被排除在外。向第三方提供代码和数据将使第三方能够便于检查已发表研究的有效性。

4.4.9　结论

如果正如牛顿所说，科学是站在前几代巨人的肩膀上，那么减少错误结果的数量将有助于科学家看得更远，这意味着科学生产力将会提高。人工智能研究需要继续关注可复制性、公开性和透明度。大多数高影响力的研究会议都关心这一点，并开始使用可复制性清单作为提交和审查过程的一部分。社区驱动的出版物，如《人工智能研究杂志》，已经关注了这一重点。然而，资助机构也可以要求研究人员共享代码和数据作为资助的条件。此外，它们应该要求受资助的研究人员在开放获取期刊和会议上发表文章，这些期刊和会议具有明确的研究评估指南和研究评估形式。

参 考 文 献

Belz, A. et al. (2021), "A systematic review of reproducibility research in natural language processing", in *Proceedings of the 16th Conference of the European Chapter of the Association for Computational Linguistics: Main Volume*, pp. 381-393, https://aclanthology.org/2021.eacl-main.29.

Bouthillier，X.，C. Laurent and P. Vincent.（2019），"Unreproducible research is reproducible"，in *Proceedings of Machine Learning Research 97*，pp. 725-734，http://proceedings.mlr.press/v97/bouthillier19a/bouthillier19a.pdf.

Dacrema，M.F，P. Cremonesi and D. Jannach.（2019），"Are we really making much progress? A worrying analysis of recent neural recommendation approaches"，in *Proceedings of the 13th ACM Conference on Recommender Systems*，pp. 101-109，https://doi.org/10.1145/3298689.3347058.

Gundersen，O.E.（2019），"Standing on the feet of giants-Reproducibility in AI"，*AI Magazine*，Vol. 40/4，pp. 9-23，https://doi.org/10.1609/aimag.v40i4.5185.

Gundersen，O.E.（2021），"The fundamental principles of reproducibility"，*Philosophical Transactions of the Royal Society A*，Vol. 379/2197，https://doi.org/10.1098/rsta.2020.0210.

Gundersen，O.E.，K. Coakley and C. Kirkpatrick.（2022），"Sources of irreproducibility in machine learning: A review"，*arXiv*，preprint，arXiv: 2204.07610，https://doi.org/10.48550/arXiv.2204.07610.

Gundersen，O.E.，S. Shamsaliei and R.J. Isdahl.（2022），"Do machine learning platforms provide out-of the-box reproducibility? "，*Future Generation Computer Systems*，Vol. 126，pp. 34-47，https://doi.org/10.1016/j.future.2021.06.014.

Gundersen，O.E.，Y. Gil and D.W. Aha.（2018），"On reproducible AI: Towards reproducible research，open science and digital scholarship in AI publications"，*AI Magazine*，Vol. 39/3，pp. 56-68，https://doi.org/10.1609/aimag.v39i3.2816.

Gundersen，O.E. and S. Kjensmo.（2018），"State of the art: Reproducibility in artificial intelligence"，in *Proceedings of the AAAI Conference on Artificial Intelligence*，Vol. 32/1，https://doi.org/10.1609/aaai.v32i1.11503.

Henderson，P. et al.（2018），"Deep reinforcement learning that matters"，in *Proceedings of the AAAI Conference on Artificial Intelligence*，Vol. 32，No 1，https://dl.acm.org/doi/abs/10.5555/3504035.3504427.

Ioannidis，J.P.（2022），"Why most published research findings are false"，*PLOS Medicine*，Vol. 2/8，p. e124，https://doi.org/10.1371/journal.pmed.0020124.

Lucic，M. et al.（2018），"Are GANS created equal? A large-scale study"，*Advances in Neural Information Processing Systems*，Vol. 31，https://dl.acm.org/doi/10.5555/3326943.3327008.

Melis，G.，C. Dyer and P. Blunsom.（2018），"On the state of the art of evaluation in neural language models"，in *Proceedings of the International Conference on Learning Representations 2018*，https://openreview.net/pdf? id= ByJHuTgA-.

OECD.（2021），*Recommendation of the Council concerning Access to Research Data from Public Funding*，OECD，Paris，https://legalinstruments.oecd.org/en/instruments/OECD-LEGAL-0347.

Plesser，H.E.（2018），"Reproducibility vs. replicability: A brief history of a confused terminology"，*Frontiers in Neuroinformatics*，Vol. 11/76，https://doi.org/10.3389%2Ffninf.2017.00076.

Schrittwieser，J. et al.（2020），"Mastering Atari，Go，chess and shogi by planning with a learned model"，*Nature*，Vol. 588/7839，pp. 604-609，https://doi.org/10.1038/s41586-020-03051-4.

Torralba，A. and A.A. Efros.（2011），"Unbiased look at dataset bias"，in *CVPR 2011*，pp. 1521-1528，https://doi.org/10.1109/CVPR.2011.5995347.

Zhuang，D. et al.（2022），"Randomness in neural network training: Characterizing the impact of tooling"，in *Proceedings of Machine Learning and Systems*，Vol. 4，pp. 316-336，https://proceedings.mlsys.org/paper/2022/file/757b505cfd34c64c85ca5b5690ee5293-Paper.pdf.

4.5　人工智能和科学生产力：考虑政策和治理挑战

基伦·弗拉纳根，曼彻斯特大学，英国
芭芭拉·里贝罗，蔚蓝海岸大学，法国
普丽西拉·费里，曼彻斯特大学，英国

4.5.1　引言

人工智能应用的增加常常被吹捧为科学生产力问题的解决方案。本文在关于科学生产力的广泛讨论中深入探讨了人工智能对科学政策和治理的影响。本文回顾了之前科学自动化浪潮的经验教训及其对科学实践的影响。由于公共部门科学基础也是科学技术先进技能得以发展的环境，因此本文考虑了人工智能的使用对科学人力资本可能产生的影响。此外，本文研究了一系列政策和治理影响，包括如何在资助和治理实践中使用人工智能工具。

1. 科学生产力与研究生产力

科学生产力与研究工作没有必然联系，因为并非所有科学都是研究工作。《弗拉斯卡蒂手册》（OECD，2015）将研究定义为"为了增加知识储备（包括人类、文化和社会知识）并设计现有知识的新应用而进行的创造性和系统性工作"。《堪培拉手册》中定义的科学工作者（OECD，1995），无论是在私营部门还是公共部门，都担任监督和检测的角色。此外，大多数研究不是研究者驱动的科学（或《弗拉斯卡蒂手册》定义中的"基础研究"）。最后，大多数研究是在私营部门进行的（经合组织国家几乎占所有研究和开发的 3/4）。有必要区分公共研究与私人研究、应用研究与基础研究，因为它们有不同的基础、动力和动机。

假设检测水、空气或食品质量等常规科学工作与本次讨论无关，那么研究生产力可以通过多种方式来理解：科学家产生成果的效率（以及最合适的产出，如出版物和研究经费）；重要且可能产生重大影响的发现的速度；或是产生成功的创新，或可能只是激进或变革性的创新。

最近关于科学生产力的争论似乎在这些不同的"科学"和"生产力"理解之间，以及在关注产出或影响的数量与质量之间反复摇摆。这不是一场而是多场不同的争论（EC，2022）。研究者驱动的基础科学与工业（即企业）创新之间的关系是非线性和间接的（Salter and Martin，2001）。因此，基础科学的质量或数量的变化不一定会推动产业创新质量或数量的变化。在最近的一项专家调查中，只有

15%的受访者认为过去十年研究生产力有所下降，而超过一半的人认为研究生产力有所提高（EC，2022）。这种缺乏共识的现象表明，研究生产力作为一个概念具有主观性质。

在有关科学生产力的辩论中，一个普遍的观点是，科学是一个将投入转化为产出的过程，即一个生产过程。理解科学生产力的另一种方法是考虑公共资助科学背后的政策目标，以及政府希望通过资助研究实现的产出和成果的类型。

2. 科学生产力与科学基础的关系

传统观念认为，科学政策就是为研究提供资金，以（希望）产生对社会和经济有积极影响的知识，这种观念在学术界和政策界仍然具有强大的影响力。它是围绕科学和创新公共价值的言论的关键组成部分（Ribeiro and Shapira，2020）。然而，从西方国家过去一个世纪的科学政策中可以看出，研究经费在培养和维持科学人才方面也发挥着重要作用。

"高级科学人力资本"的供应是20世纪科学政策出现背后的主要关注点。例如，在英国，为了国家利益增加技能熟练的研究人员供应是1916年创建科学和工业研究部（英国研究理事会的前身）背后的关键目标（Clarke，2019）。在美国，罗斯福总统在信中委托范尼瓦尔·布（Vannevar Bush）撰写1945年的《科学：无尽的前沿》报告（Zachary，1997；Dennis，2006），就体现了这一问题。

这种对开展研究所需的人力和机构能力以及这种能力所发挥的经济和社会作用的持续关注，在更现代的"科学基础"概念中得到了体现。有人可能会说，政府资助研究者驱动的科学，是为了建立和维持研究生态系统，将其作为关键的社会和经济资源。如果是这样，那么人工智能的影响不应仅仅考虑到科学产出，还应该考虑更广泛的科学基础。

为了围绕这些对科学基础的广泛影响制定议程，本文重点关注日常科学劳动（而不是理想化的、英雄主义的观点，重点关注发现的瞬间；或评估科学工作的替代指标，如出版物）、职业生涯以及与公共资助相关的治理问题。这将涉及回顾科学领域之前的自动化浪潮。本文还将考虑公共科学基础中人工智能研究工具如何获得资助，以及如何影响研究过程和实践。此外，本文还将简要地思考人工智能在改进研究治理和数据保存方面的用途。

3. 科学研究的演变

科学史和社会学清楚地表明，科学研究并不是一种同质的、一成不变的活动。Pickstone（2000）给出了胚胎学如何从描述到分析再到实验的例子。在更微观的层面上，具体实践也会随着时间而变化。早期胚胎学家使用与当代科学家截然不同的仪器和技术进行观察。

记录、交流和分析数据的方法也因学科和时间的不同而不同，证据标准也是如此。这些变化往往与新技术的采用密切相关。人类基因组计划期间和之后开发的高通量自动测序技术创造了对新科学技能的需求，甚至创建了生物信息学等新学科（Bartlett et al.，2016）。

高能物理和天文学以及生物医学研究领域的"数据洪流"促使科学界开发了管理、共享和分析数据的新方法。在极端情况下，还出现了核查观察结果的新做法。例如，其中包括大型强子对撞机中基于不同概念并由不同跨国团队管理的多个探测器，有关粒子物理学中复制工作的详细讨论请参阅 Junk 和 Lyons（2020）。资助和治理流程通常必须适应新科学工具的采用。例如，随着生物医学领域引入转基因"基因敲除小鼠"，资助和治理流程就需要进行更新（Flanagan et al.，2003；Valli et al.，2007）。

4. 科学事业和科学工作

与其他职业一样，科学研究的职业生涯和日常工作实践受到劳动力市场动态以及工作场所和组织文化的影响。此外，它们还受到学科文化以及国家资助和评估实践的影响。科学工作的内容多种多样。公共部门科学基地的研究人员大多不是全职研究人员，通常还扮演教师或管理者的角色。研究本身就是一种不同寻常的混合体，既有常规工作，也有探索性、创造性工作。这可能发生在高度不确定性和通常具有竞争压力的环境中以及需要进行广泛的合作和分享时。合作、协调以及竞争的做法将取决于（或受到）自动化系统的影响。

很少有学者研究自动化对科学工作内容的影响。然而，许多研究探讨了自动化对其他类型工作内容的影响。其他领域的研究表明，自动化对日常工作和互动的影响因环境而异。意想不到的影响甚至可能包括生产力下降，如信息过载（Azad and King，2008）。

新人工智能工具的采用将如何影响科学，与科学工作的特点密切相关。一些劳动密集型、常规和日常的活动可能会被自动化工具取代，就像过去其他的做法被取代一样。可以思考手工统计分析是如何被计算机取代的。然而，新工具的采用也会带来对新的常规和日常工作的需求，必须将其纳入科学实践。

Ribeiro 等（2023）在对合成生物学领域科学劳动的研究中，展示了自动化和数字化如何促进任务的扩大和多样化。新的方案和方法需要研究人员拥有新的技能。它们还需要大量的转化劳动进行跨学科合作（如计算机科学和生物学）。

一个数字化悖论出现了。机器人技术和先进的数据分析旨在通过自动化一些重复性任务（如移液）来简化科学工作。然而，就无法实现自动化的任务数量和多样性而言，它们也增加了科学工作的复杂性（Ribeiro et al.，2023）。

这些任务通常涉及实验室机器人和大量数据的日常工作——从准备和监督机

器人到检查和标准化数据。这是因为自动化和"智能"系统影响了可以测试和执行的假设和科学实验的数量和类型。

重要的是，采用新的人工智能工具所创造的任务可能成为科学层级较低的早期职业研究人员的专属领域。这是因为人工智能工具的应用通常包含劳动密集型、耗时的活动。例如，数据的管理、清理和标记任务通常由这些研究人员执行。

因此，科学工作的进一步自动化和数字化——从机器人技术到专注于发现的人工智能模型——可能会给科学等级中职位较低的科学工作者带来与就业相关的风险。处理数据和机器人方面的日常工作对科学组织中的晋升或求职几乎没有价值，这些组织重视在知名期刊上发表文章。正如 Ribeiro 等（2023）讨论所言，科学家处理数据和机器的工作表现与这些技术系统的性能紧密相关。一旦实验因设备问题失败或延迟，责任主要由这些科学家承担。

5. 研究环境也是培训环境

维持和提升科学基础的人力与基础设施能力是制定研究政策的一个关键目标（尽管往往是隐含的）。换句话说，研究环境也是培训环境。研究生和博士后在实践和观察中学习。实验室不仅是他们学习实验室技能和分析技能并开展实践的场所，更是他们像学徒一样了解所在社群的假设和文化的地方。这种研究训练的经验是促进公共研究资助的关键公共物品。

由于自动化将以上述方式改变科学工作的内容，因此它可能会影响研究基地中这些培训机会的数量和质量。如果所需的科研博士后较少，或者这些角色主要转变为与自动化系统打交道，那么可能会限制接触更广泛的科学实践。

当使用技术或自动化工具来替代或辅助原本需要人工手动操作或认知投入的实践工作时，总是存在一种风险，即关键程序的理解和相关技能可能会丢失。Mindell（2015）指出，飞行员必须定期练习手动模式飞行以了解自动驾驶系统发生故障时需要做什么。在科学领域，由于关键技术和流程因有丢失的风险而被"黑箱化"，学生以及早期科研人员和其他研究人员可能没有机会充分学习或理解这些关键技术和流程。

有人认为，早期软件包中对统计分析的黑盒处理导致了统计检验的误用。这可能是研究可复制性危机的一个促成因素（Nickerson，2000）。尽管未来几代科学家仍然能够完成他们的任务，但如果没有自动化系统支持或无法完全理解算法产生的结果，他们将无法进行实验。自相矛盾的是，新工具的采用可能会让科学家们在理解和评判其应用方面的能力下降。

6. 人工智能对科学的资助和研究治理的影响

随着科学研究中新技术和新方法的出现，人工智能迅速流行起来，产生了新的资金需求。科学界对什么是"前沿"研究的共同理解是可以改变的。例如，随着高通量测序等新技术的日益普及，生物医学领域就出现了这种情况。

　　研究人员可能会改变研究方向，选择适合应用新工具的主题和问题，以保持领先地位，在最负盛名的期刊上发表论文并吸引资金。调查表明，达到科学研究前沿所需的绩效水平的成本往往增长得比技术创新降低成本的速度要快（Georghiou and Halfpenny，1996）。这不可避免地会在资金筹集方面产生一定压力。这些压力有可能加剧或催生新的结构性不平等，歧视低收入国家资源较少的群体或研究人员。例如，Helmy 等（2016）研究了发展中国家在基因组学研究中所面临的挑战。Wagner（2008）提供了有关全球前沿科学进入壁垒的更一般的讨论。

　　关于公共研究基地未来的自动化如何获得资金支持也存在一些问题。一些评论者认为，人工智能工具将提高研究生产力，且几乎不需要任何成本。然而，人工智能工具必须嵌入更广泛的数据收集、管理、存储和验证系统中。尤其是涉及人工智能和机器人工具的自动化系统，其成本不可能很低。

　　在此，不妨考虑一下其他科研基础设施项目是如何获得资助的。小型设备可以通过竞争性拨款来获得资助，较大的项目更有可能通过资本支出提供资金。

　　采用新工具的成本效应可能难以预测。从模型库中采用经过验证的模型可能不会产生直接成本，并可能降低进行研究的直接劳动力成本。然而，在其他情况下，尤其是在研究前沿，资本和劳动力成本可能会上升。

　　研究器材的主要项目通常需要配备补充性资产，包括翻新或专门建造的住所、熟练的技术和用户支持人员、准备和分析设施。此外，还可能需要额外的通用支持设备。

　　有证据表明，竞争性项目资助体系难以用于许多项目和资助中的中层和通用研究设备。它们还可能缺乏必要的持续技术支持和维护，以确保设备能够发挥效益（Flanagan et al.，2003）。

　　这种困难可能对采用涉及人工智能和其他形式自动化的新自动化工具构成挑战。至少，它可能影响竞争性资金占主导地位的局面，尤其是研究机构缺乏自己的私有资源来补充竞争性获得的资助。引入新出现的、未经验证的人工智能工具也可能是一个问题。因此，研究政策不仅需要考虑如何资助新工具，还需要考虑如何确保对补充资产的支持。

　　当前的人工智能工具可以自动执行科学研究中的常规实验、观察和分类任务，该类任务通常在研究机构的实验室和办公室内进行（Royal Society，2018；Raghu and Schmidt，2020）。未来旨在核查甚至识别因果关系的人工智能工具可能不一定会被资助者视为"设备"。相反，它们可能被视为研究团队的"成员"。在竞争性资助体系中，研究人员的表现是根据他们的出版记录来评估的，这是一种高绩效的指标。研究资助者可能需要考虑如何在资金竞争中评估未来全自动或部分自动识别因果关系的人工智能工具。

7. 研究治理流程中的人工智能

已经有一些实验将机器学习工具应用于资助机构流程中。其中包括为拨款申请确定适当的同行评议员［如中国国家自然科学基金委员会，参见（Cyranoski，2019）］。此类工具有望加快审阅者与申请匹配的缓慢进程。它们还被誉为避免老派关系网或游说的手段。

然而，人工智能的这些用途也因其可能在审查过程中引入新的偏差而受到批评。例如，它们可能会选择存在利益冲突或不具备评估提案资格的审阅者（Cyranoski，2019）。

人们对部分自动化资助或期刊同行评议流程的工具也很感兴趣（Heaven，2018；Checco et al.，2021）。这引起了人们对黑盒流程中隐藏偏差的意外后果的类似担忧。

一个较少被提及的问题是科学家本身对使用此类工具的接受程度。许多研究人员拒绝采纳衡量标准和建议，反对以资助抽签取代同行评议拨款申请。这说明了资助者对采用自动化流程的可能反应（Wilsdon，2021）。

人工智能在解决研究中的欺诈、抄袭和不良实践方面的潜在应用也受到了推崇。这些措施旨在提高可复制性，并从科学文献中剔除质量低下或欺诈性的发现。与此同时，人工智能技术的应用可能会增加而不是解决可复制性问题。例如，机器学习方法中发现了与数据泄露相关的各种问题，例如重复和采样偏差（Kapoor and Narayanan，2022）。

4.5.2　结论

学者们强调，期望在使行动合法化、决策合理化、指导活动，以及吸引政府、工业和研究界对新兴技术的兴趣方面发挥了重要作用，以使期望实现的技术在未来成为现实（Borup et al.，2006）。特定新兴技术的支持者倾向于识别出只有该技术才能解决的迫切问题。许多关于科学中人工智能的论述都将其描绘为"从根本上改变科学研究"，预示着科学生产力新时代的到来。一些论述称人工智能将节省研究人员的时间，增强科学推理能力，促进多样性并促进科学的去中心化。尽管这些论述通常是推测性的，但可能会影响人工智能的开发、使用和影响（Ferri，2022）。人们对技术的未来期望是新技术采用过程中始终存在的一个方面，人工智能也不例外。然而，围绕新兴技术的言论总是有可能将人们的注意力从其他可能的发展轨迹以及负面或意想不到的后果上转移开。

人工智能技术将重新配置科学基础的组织结构和运行条件。这既会产生许多积极的影响，也可能会造成潜在的负面影响和意想不到的后果，如研究人员的技能下降，或关键流程和实践因黑箱化所引发的问题。在做出有关人工智能和科学生产力的承诺声明之前，应该考虑这种负面影响和意想不到的后果。当科学人工智能的支持者发言时，应该问他们：他们谈论的是常规监测还是前沿研究？当他们谈论生产力时，生产的产品是什么，为什么它很重要？当然，"科学"和"生产力"这两个术语必须保持一致。

科学政策的一个关键隐含目标是培养进行研究的人力、组织和基础设施能力。这支撑着问题驱动（应用）研究、科学创业和产业创新。关于科学领域人工智能的陈述也需要根据其对研究能力的影响来判断。还应该评估它们对日常科学任务的影响以及它们提供的研究培训的机会（和内容）。

采用人工智能工具可以消除研究工作中一些无聊的日常任务，为研究实践的探索性、创造性和社会性元素提供更多空间。然而，如上所述，同样地，因采用人工智能工具，需要完成新的常规任务，这将对日常科学工作造成新的压力。

我们对人工智能如何改变科学的理解不能脱离科学实践的人力资本维度。广泛使用人工智能工具的科学事业中将会涌现出不同类型的科学家和工程师。他们将拥有不同的技能，并习惯于与前辈不同的做法。合成生物学等领域严重依赖跨学科合作（如计算机科学家和生物学家）。这些科学家在排除机器故障时的技术工作愈发熟练。他们也习惯于与供应商公司的技术人员互动。随着大型机器人平台占据了工作台的空间，他们与实验室的关系也在发生变化。更多的实验工作是在远离实验室长凳的办公空间中进行的。

这些新的配置影响了科学家们的合作方式以及他们协调日常任务的方式。这些影响可能会因在科学层级中的地位而异。科学领域人工智能工具的创新和采用也将对研究经费和治理实践产生新需求。这将会产生一些问题，比如这些工具将如何获得资助和评估的问题，以及如何在资助和治理实践中使用这些工具的问题。

人工智能工具不仅被认为是科学生产力问题的答案，还是科学中可复制性和实践效果不佳问题的答案。然而，一些人认为可复制性危机及相关问题源于现代科学竞争日益激烈的"发表或灭亡"本质。这些批评声音表示，科学需要放慢脚步（Stengers，2018；Frith，2020）。

或许关键问题不在于人工智能工具如何加速科学生产力的发展和新知识的发现，以及它们对社会和经济的直接影响。毕竟，个别的新的知识并不是科学产生深远影响的关键机制。相反，也许问题应该是：人工智能工具如何帮助建立一个速度较慢但更持续、更负责任和更具社会生产力的科学基础？

参 考 文 献

Azad，B. and N. King.（2008），"Enacting computer workaround practices within a medication dispensing system"，in *European Journal of Information Systems*，Vol. 17/3，pp. 264-278，https://doi.org/10.1057/ejis.2008.14.

Bartlett，A.，J. Lewis and M. Williams.（2016），"Generations of interdisciplinarity in bioinformatics"，*New Genetics and Society*，Vol. 35/2，pp. 186-209，https://doi.org/10.1080/14636778.2016.1184965.

Borup，M. et al.（2006），"The sociology of expectations in science and technology"，*Technology Analysis & Strategic Management*，Vol. 18/3-4，pp. 285-298，https://doi.org/10.1080/09537320600777002.

Checco，A. et al.（2021），"AI-assisted peer review"，*Humanities and Social Sciences Communications*，Vol. 8/25，https://doi.org/10.1057/s41599-020-00703-8.

Clarke，S.（2019），"What can be learned from government industrial development and research policy in the United Kingdom，1914-1965"，in *Lessons from the History of UK Science Policy*，The British Academy，London，www.thebritishacademy.ac.uk/documents/243/Lessons-History-UK-science policy.pdf.

Cyranoski，D.（2019），"Artificial intelligence is selecting grant reviewers in China"，*Nature*，Vol. 569，pp. 316-317，https://doi.org/10.1038/d41586-019-01517-8.

Dennis，M.A.（2006），"Reconstructing sociotechnical order：Vannevar Bush and US science policy" in Jasanoff，S.（ed.），*States of Knowledge：The Co-production of Science and Social Order*，Routledge，New York.

EC.（2022），"Study on factors impeding the productivity of research and the prospects for open science policies to improve the ability of the research and innovation system-final report"，European Commission，Brussels，https://data.europa. eu/doi/10.2777/58887.

Ferri，P.（2022），"The impact of artificial intelligence on scientific collaboration：Setting the scene for a future research agenda"，presented at Eu-SPRI 2022，1-3 June，Utrecht，Netherlands.

Flanagan，K. et al.（2003），"Chasing the leading edge：Some lessons for research infrastructure policy"，presented at ASEAT Conference，Manchester，www.research.manchester.ac.uk/portal/en/publications/chasing-the-leading-edge-from-researchinfrastructure-policy-to-policy-for-infrastructureintensive-research（46322065-f9d8-40aa-ba09-f9a9dfb7318b）.html.

Frith，U.（2020），"Fast lane to slow science"，*Trends in Cognitive Sciences*，Vol. 24/1，pp 1-2，https://doi.org/10.1016/j.tics.2019.10.007.

Georghiou，L. and P. Halfpenny.（1996），"Equipping researchers for the future"，*Nature*，Vol. 383，pp. 663-664，https://doi.org/10.1038/383663a0.

Heaven，D.（2018），"AI peer reviewers unleashed to ease publishing grind"，*Nature*，Vol. 563，pp. 609-610，https://doi.org/10.1038/d41586-018-07245-9.

Helmy，M.，M. Awad and K.A. Mosa.（2016），"Limited resources of genome sequencing in developing countries：Challenges and solutions"，*Applied & Translational Genomics*，Vol. 9，pp. 15-19，https://doi.org/10.1016/j.atg.2016.03.003.

Junk，T.R. and L. Lyons.（2020），"Reproducibility and replication of experimental particle physics results"，*Harvard Data Science Review*，Vol. 2/4，https://doi.org/10.1162/99608f92.250f995b.

Kapoor，S. and A. Narayanan.（2022），"Leakage and the reproducibility crisis in ML-based science"，*arXiv*，preprint arXiv：2207.07048，https://doi.org/10.48550/arXiv.2207.07048.

Mindell，D.A.（2015），*Our robots，Ourselves：Robotics and the Myths of Autonomy*，Viking，New York.

Nickerson，R.S.（2000），"Null hypothesis significance testing：A review of an old and continuing controversy"，*Psychological Methods*，Vol. 5/2，p. 241，https://doi.org/10.1037/1082-989x.5.2.241.

OECD.（1995），*Measurement of Scientific and Technological Activities：Manual on the Measurement of Human Resources Devoted to S&T-Canberra Manual*，The Measurement of Scientific and Technological Activities，OECD Publishing，Paris，https://doi.org/10.1787/9789264065581-en.

OECD.（2015），*Frascati Manual 2015：Guidelines for Collecting and Reporting Data on Research and Experimental Development*，The Measurement of Scientific，Technological and Innovation Activities，OECD Publishing，Paris，https://doi.org/10.1787/9789264239012-en.

Pickstone，J.V.（2000），*Ways of Knowing：A New History of Science，Technology and Medicine*，University of Chicago Press.

Raghu，M. and E. Schmidt.（2020），"A survey of deep learning for scientific discovery"，*arXiv*，preprint arXiv：2003.11755，https://doi.org/10.48550/arXiv.2003.11755.

Ribeiro，B. and P. Shapira.（2020），"Private and public values of innovation：A patent analysis of synthetic biology"，*Research Policy*，Vol. 49/1，p. 103875，https://doi.org/10.1016/j.respol.2019.103875.

Ribeiro，B. et al.（2023），"The digitalisation paradox of everyday scientific labour：How mundane knowledge work is amplified and diversified in the biosciences"，*Research Policy*，Vol. 52/1，p. 104607，https://doi.org/10.1016/j.respol.2022.104607.

Royal Society.（2018），"The AI revolution in scientific research"，Royal Society/Alan Turing Institute，London，https://royalsociety.org/-/media/policy/projects/ai-and-society/AI-revolution-inscience.pdf?la=en-GB&hash=5240F21B56364A00053538A0BC29FF5F.

Salter，A.J. and B. Martin.（2001），"The economic benefits of publicly funded basic research：A critical review"，*Research Policy*，Vol. 30/3，pp. 509-532，https://doi.org/10.1016/S0048-7333（00）00091-3.

Stengers，I.（2018），*Another Science is Possible：A Manifesto for Slow Science*，Polity Press，New York.

Valli，T. et al.（2007），"Over 60% of NIH extramural funding involves animal-related research"，*Veterinary Pathology*，Vol. 44/6，pp. 962-963，https://doi.org/10.1354/vp.44-6-962.

Vicsek，L.（2021），"Artificial intelligence and the future of work-Lessons from the sociology of expectations"，*International Journal of Sociology and Social Policy*，Vol. 41/7/8，pp. 842-861，https://doi.org/10.1108/IJSSP-05-2020-0174.

Wagner，C.（2008），*The New Invisible College：Science for Development*，Brookings，Washington，DC.

Wilsdon，J.（2021），"AI & machine learning in research assessment：Can we draw lessons from debates over responsible metrics?"，presentation to Research on Research Institute & Research Council of Norway workshop，January，https://figshare.shef.ac.uk/articles/presentation/AI_machine_learning_in_research_assessment_can_we_draw_lessons_from_debates_over_responsible_metrics_/14258495/1.

Zachary，G.P.（1997），Endless Frontier：Vannevar Bush，Engineer of the American Century，MIT Press，Cambridge，MA.

5 人工智能、科学和发展中国家

5.1 人工智能和开发项目：撒哈拉以南非洲优化
卓越研究资助机制的案例研究

约翰·肖·泰勒，伦敦大学学院，英国

达沃尔·奥尔利克，Knowledge 4 All 基金会，英国

5.1.1 引言

人工智能越来越受到各大洲研究人员、企业家、投资者和政策制定者的关注。创新的国家和国际发展合作机制，如小额融资和社会影响力债券，正在得到测试、完善并实施，以协助人工智能研究人员为科学卓越性和扩大市场规模做出贡献。本文着眼于南半球国家，特别是 AI4D 非洲新兴的卓越网络，它探讨了从底层出发的小规模投资如何在不同的科学和非科学、工程和教育课题上产生重大研究成果，其中包括非洲语言的概况。

由于可持续发展对所有国家来说都是一项挑战，因此许多国家正在开发自己的方法来利用人工智能帮助满足其特定需求。其中一些方法跨越不同大洲和地区，而其他方法则针对特定的地点。例如，一个地区的研究小组可能会使用卫星图像来了解湖泊水资源的质量。另一个地区的一个研究小组可能会分析监控同一问题的多种不同语言的新闻报道。然而，这两个组织都在解决水质管理问题，这是可持续发展目标之一（UN，2022）。

通过合作机制，如人工智能和可持续性领域的卓越网络中心，可以提供促进研究团队沟通并发掘不同解决方案、案例研究、技能和能力的机会。这种合作可以促进知识共享、经验交流和技术转让，从而推动人工智能和可持续性领域的创新和发展。同时，这种跨团队的合作也有助于培养多学科交叉的复合型人才，提高研究成果的质量和影响力（Naixus，2022）。这些用于促进发展中国家人工智能科学发展的机制大多具有灵活性和成本效益，并产生了积极影响。

在南半球国家引入人工智能应用，可以借助数据驱动实现技术创新，以帮助解决紧迫的社会经济问题并改善政策行为。人工智能可以促进科学突破，改

善医疗诊断，提高农业生产力，优化供应链并通过高度个性化的学习促进均衡技能发展。然而，人工智能也可能扩大发达国家和发展中国家科学能力之间的差距。

大多数人工智能专家在北美、欧洲和亚洲工作，撒哈拉以南非洲地区在全球专家库中的代表性很低。在非洲的许多新的人工智能倡议中，所涉及的专业知识在发达国家的技术中心几乎不存在。尽管如此，近年来，非洲已经形成了一个重要的人工智能社区，如深度学习会议 2022、2022 Masakhane 基金会（Masakhane Foundation 2022）、非洲数据科学（DSA，2022）和尼日利亚数据科学（DSN，2022）等举措，还有更多法律实体正在成立，以实现其工作正规化。这种自下而上的方法可以绕过烦琐且官僚的自上而下的大学合作体系。

非洲这些自发的、特有的新兴专家群体通过为一系列微型研究项目提供资金，为合作和创新创造了新的机会。这种融资模式假设大型项目可能很麻烦，并且存在严重的官僚瓶颈。总体而言，有针对性的、快速拨付资金支持的动态框架总体上更为有效，问题是这种方法是否能够加速大规模创新。

5.1.2　背景

1. 作为成功载体的卓越网络

科学卓越网络旨在通过合作加强特定的科学技术领域的发展。有些网络在欧洲层面运作，旨在汇集欧洲在某一领域成为世界领先力量所需的资源和专业知识。PASCAL2①是模式分析、统计建模和计算学习领域众多欧洲资助的卓越网络中最雄心勃勃的一个。该项目从 2008 年持续到 2013 年（CORDIS，2022）。

PASCAL2 的组织和财务模式启发了欧洲人工智能研究人员。其中包括欧洲学习和智能系统卓越计划（European Learning and Intelligent Systems Excellence initiative，ELISE，2022），以及欧洲以人为中心的人工智能网络（Humane AI Net，2022）。此外，还包括欧洲以外的网络，如非洲人工智能发展网络，撒哈拉以南非洲地区的研究人员和从业者网络（AI4D，2022）。

这些网络旨在鼓励研究人员进行合作，跳出他们特定的研究兴趣进行思考，并帮助将机器学习引入其他领域。这些早期的网络经验提供了重要的借鉴。例如，它们取得了显著的成功，赋予人们自由开展研究的权利，并给予他们信任，而很少或根本没有预先提供资金，也没有不断施加取得成果的压力。PASCAL2 成立了全知识基金会（Knowledge 4 All Foundation，K4A）作为英国的一个慈善机构（K4A，

---

① Pattern Analysis，Statistical Modelling and Computational Learning 2，模式分析、统计建模和计算学习 2。

2022a）。通过这个传统组织，PASCAL 探索的成功故事、激励模型和方法论在欧洲及其他地区实现永久可用。

K4A 通过能力建设、开放教育资源和教育技术为世界各地的专业科学团体和公众提供支持。例如，该基金会与若泽夫·斯特凡研究会（Jožef Stefan Institute）合作，使用 VideoLectures（2022）来改善对计算机科学所有子类别内容的访问。VideoLectures 是一项屡获殊荣的开放教育资源，拥有一系列可追溯至 2003 年的免费机器学习讲座。它是人工智能普及的一个重要推动因素，可以通过互联网在全球范围内提供人工智能和教育工具。

2. 非洲项目

2018 年，K4A 基金会与联合国教科文组织和加拿大国际发展研究中心（International Development Research Centre，IDRC）合作，绘制了新兴经济体人工智能的版图。该版图覆盖亚洲、拉丁美洲和加勒比地区、中东和北非以及撒哈拉以南非洲地区的 33 个国家和 617 个机构。其成果《新兴经济体人工智能生态系统目录》（K4A，2022b）是首批自下而上绘制的全球南方国家人工智能实体蓝图之一。它为各类能力建设奠定了基础，包括支持科学领域的人工智能和资助机构的政策、研究方法以及案例信息的传播、部署、探索、开发和可操作性宣传工作。这些可以应用于与可持续发展目标相关的主题。这些研究成果助推了撒哈拉以南非洲地区一系列与人工智能相关的研发计划。

作为这项工作的成果，加拿大国际发展研究中心于 2019 年向 K4A 提供了资金，以帮助建立 AI4D 网络。该项目旨在加强和发展一系列人工智能相关领域的卓越科技社区。AI4D Africa 通过研讨会和咨询，建立了一个由撒哈拉以南非洲地区从事和研究人工智能的机构和个人组成的网络。它提出了与人工智能相关的研究议程（Gwagwa et al.，2021），重点关注支撑人工智能研究科学质量的伦理、法律和社会问题。它还通过对大学的调查制定了人工智能能力建设议程（Butcher et al.，2021）。此外，它还呼吁在网络内外开展多学科创新项目，探索当地人工智能研究的前沿领域。

K4A 帮助整理了在当地产生重大影响的倡议内容。其中包括 COVID-19 数据挑战；提供 30 个非洲语言数据集、覆盖 22 个国家，拥有 3 亿使用者的研究基金项目；非洲语言的文本转语音平台；由许多研究人员和研究机构参与非洲人工智能热点登记平台。

1）案例 1：资助微型项目

K4A 在 2019 年和 2020 年设计了两个微型项目资助申请。项目必须：①创建数据集；②有一个新的、有动力的目标；③涉及具有挑战性但可管理的任务，具有可扩展的长期愿景；④向公众和研究人员开放。九个国家已成功开展了相关项目，涵盖了人工智能在各种科学和社会目标中的应用①。每个选定的项目的奖金在5000 美元至 8000 美元之间。对微型项目的呼吁也催生了非洲地区人工智能领域的第一个大挑战项目。该项目的重点是治疗利什曼病，这种疾病严重影响了该地区，但未被引起关注。

2）案例 2：为非洲语言数据集的开发提供资金

通过公开对话和借鉴 PASCAL2 模式的合作方法，资源匮乏的非洲语言被确定为一大盲点。因此启动了一项研究资助项目，并设立了一系列语言数据集挑战，所有这些都是为了激励非洲语言数据集的创建、整理和发现。在为期五个月的时间里，提交了来自各种非洲语言（方言）的 35 个数据集，有 190 多名数据科学家参加了解决这些挑战的工作。由此产生的数据集被发布到非洲众包机器学习挑战平台 Zindi Africa（2022a）。数据集还在 Zenodo（2022）的专用频道上发布，为解决这些挑战而向数据集建设提供的奖金从 500 美元到 3000 美元不等。

3）案例 3：预测 COVID-19 全球传播的资金挑战

这项数据挑战赛于 2020 年首次 COVID-19 封锁期间举行，旨在激励非洲人工智能界参与全球疫情应对。数据科学家在 Zindi 上被要求预测未来几个月COVID-19 在世界各地的传播（Zindi Africa，2022b）。根据随后收集的数据对解决方案进行评价。这一挑战有助于借助全球知识体系控制各种流行病的不利影响。排名前三的解决方案可以在 GitHub（2022）获取。总共有 773 名数据科学家参加了挑战赛，提交了 777 份申请。在获奖作品中，每个国家每日累计死亡人数的平均估计值与实际数字相差不到 208 人。每个获奖的作品得到了 500 美元至 1000美元的奖励。

4）项目的影响

在这些量身定制的小规模投资的不断努力下，关于各种科学和非科学、工程和教育主题的重大研究举措被提出。相关举措在非洲语言分析方面效果显著，这有助于启动其他几项重大筹资举措。例如，IDRC 扩展了 AI4D 倡议，并创建了拉库纳基金（Lacuna Fund），为解决中低收入国家紧迫问题的标记数据集筹集资金（Lacuna Fund，2022）。

下面描述的结果表明，小规模举措可以有效帮助低收入国家发展人工智能，为科学研究或其他目的提供支持：

---

① 布基纳法索（建立一个保存萨赫勒地区民族药物学知识的药用植物数据库），布基纳法索（保护土著语言），肯尼亚（肯尼亚偷猎趋势公共数据集和偷猎攻击预测建模研究），肯尼亚 [使用可穿戴设备和长短期记忆网络通过动态血压监测进行先兆子痫的早期监测]，马拉维（从马拉维法院判决中提取元数据的半自动工具），摩洛哥（阿拉伯语语音到摩洛哥手语翻译器翻译:聋人学习），尼日利亚（使用人工智能将撒哈拉以南非洲的议会法案数字化），坦桑尼亚（计算机视觉番茄病虫害评估和预测工具），坦桑尼亚（使用深度学习有效创建疟疾诊断的真实数据集），坦桑尼亚（在电子医疗记录上使用自然语言处理改进药物警戒系统）。

● 通过创造一个公平的竞争环境来提升受助者能力，使发展中国家的研究人员和数据从业人员能够与发达国家的研究人员和数据从业人员一样受到信任和平等对待。这考虑了他们的财务和运营限制，并让他们参与制定融资议程。事实证明，有意避免任何偏见并创造机器学习者对机器学习者的关系和工作环境的原则非常有益。

● 2021 年非洲语言数据集的创建获得了国际认可，其中两项成果获得了维基媒体基金会年度研究奖（Wikimedia，2022）。Neketo 等（2020）凭借论文"低资源机器翻译的参与式研究：非洲语言的案例研究"而获奖。Masakhane 在线人工智能从业者社区也凭借其发展成就获奖，其试图从根本上改变解决非洲语言资源不足问题的方法。他们的工作在整个非洲都得到了认可。

● K4A 直接支持于 2022 年在内罗毕建立 Masakhane 研究基金会和坦桑尼亚人工智能社区。这种支持将有可能使研究人员和从业人员组成的自下而上的社区能够从非正式团体转变为注册法人实体。

● 一些捐助者已准备好制订针对人工智能的资助计划。例如，IDRC 和瑞典国际开发合作署从 2020 年开始启动了为期四年、耗资 2000 万加元的合作伙伴关系，以应对非洲的一系列人工智能挑战。

● Google.org、洛克菲勒基金会、IDRC 和德国经济合作和发展部共同向拉库纳基金捐款数百万美元。正是该资金为有形的微型项目组合实施提供了可能性。

● 参与者的性别分布多样化。混合性别管理模式以及男女共同担任项目负责人有助于创造一个更有利于女性首席研究员的研究环境。

5.1.3 结论

上述微观活动在三年内的预算为 50 万加元。尽管这笔资金数额不多但产生了显著的效果。在不同的背景下，这一结果在某种程度上与 PASCAL、PASCAL 2、ELISE 和 Humane AI Net 的欧洲网络中的大型长期合作（约 20 年）相当。这些网络之所以能够建立，是因为得到了相对合理的约 5000 万欧元的资金。在所有情况下，微型项目模式都通过小规模的直接供资，以最少的行政管理费用，有效地促进了长期创新并产生了一定影响。

当创建具有探索性或开创性愿景的大型项目时，如果这些项目缺乏短期盈利和效益的保证，也不具备实现这些目标的明确战略，就会造成财务和管理关系紧张。在这种情况下，很难保持研究的凝聚力，也很难像小型项目那样专注于创造性的想法。备受批评的人类大脑计划（Enserink and Kupperschmidt，2014）可能是大型项目的一个例子。相比之下，微型项目的一个例子是 PASCAL 视觉对象类挑战（PASCAL，2022）。这一挑战在 17 年后仍然存在，为视觉和机器学习社区提供了标准的图像和注释数据集以及标准的评估程序。

微型项目可以产生分散而非集中的影响。然而，将微型项目作为更大连贯性项目的一部分进行协调，可能会带来两全其美的效果。PASCAL 2 使用了自下而上的小规模敏捷资助结构，但仍围绕模式分析和机器学习的协调研究与合作主题。Humane AI Net 正在通过其微型项目资助计划进行类似的尝试。同样，它也围绕一系列主题和"重大挑战"进行协调。这一网络已取得了一些有希望的初步成果，在两年内交付了近 60 个微型项目。答案似乎是"是的，我们可以"。然而，关键在于能否实现良好的资助管理，而不是达到资金规模或指导研究的中央知识权威这两项指标。

初步看来，无论资助机制如何，撒哈拉以南非洲地区有理由获得比 K4A 更多的资助。然而，资金的分配方式应使研究人员有最大机会发挥其创新潜力。这可以加速创新，以产出被顶级人工智能会议接受的尖端研究成果，并与国际研究机构和捐助者建立信任。这些发展可以在一定程度上缩小发达国家和发展中国家在科学成就方面的差距，部分原因是能借助人工智能工具的普及和通过互联网获得的人工智能相关教育。

参 考 文 献

Aczel，B，B. Szaszi and A.O. Holcombe.（2021），"A billion-dollar donation: estimating the cost of researchers' time spent on peer review"，*Research Integrity and Peer Review*，Vol. 6/14，https://doi.org/10.1186/s41073-021-00118-2.

AI4D.（2022），Artificial Intelligence for Development Africa website，https://africa.ai4d.ai（accessed 10 August 2022）.

Butcher，N. et al.（2021），"Artificial intelligence in sub-Saharan Africa，2021"，International Research Centre in Artificial Intelligence under the auspices of UNESCO，https://ircai.org/project/ai4d-ai-in-subsaharan-africa.

CORDIS.（2022），"Pattern analysis，statistical modelling and computational learning 2"（fact sheet），CORDIS，European Commission，https://cordis.europa.eu/project/id/216886.

DSA.（2022），"African AI Research Award 2022"，webpage，www.datascienceafrica.org（accessed 11 September 2022）.

DSN.（2022），Data Science Nigeria website，www.datasciencenigeria.org（accessed 11 September 2022）. Deep Learning Indaba（2022），"Deep Learning Indaba 2022"，webpage，https://deeplearningindaba.com/2022（accessed 16 August 2022）.

ELISE.（2022），European Network of AI Excellence Centres website，www.elise-ai.eu（accessed 5 July 2022）.

Enserink，M. and K. Kupperschmidt.（2014），"Updated: European neuroscientists revolt against the E.U.'s Human Brain Project"，11 July，*Science*，www.science.org/content/article/updated-european neuroscientists-revolt-against-eus-human-brain-project.

GitHub.（2022），"Zindi wins AI4D Predict the Global Spread of COVID-19 Insights"，webpage，https://GitHub.com/Dr-Fad1/Zindi-wins-AI4D-Predict-the-Global-Spread-of-COVID-19-insights（accessed 14 August 2022）.

Gwagwa，A. et al.（2021），*Responsible Artificial Intelligence in sub-Saharan Africa: Landscape and General State of Play*，International Research Centre in Artificial Intelligence under the auspices of UNESCO，https://ircai.org/project/

ai4d-responsible-ai-in-sub-saharan-africa.

Humane AI Net.（2022），European Network of Human-centered artificial intelligence website www.humane-ai.eu（accessed 20 September 2022）.

K4A.（2022a），Knowledge for All website，www.k4all.org（accessed 20 September 2022）.

K4A.（2022b），"Emerging Economies Artificial Intelligence Ecosystem Directory"，webpage，www.k4all.org/ai-ecosystem（accessed 21 September 2022）.

Lacuna Fund.（2022），Lacuna Fund website，https://lacunafund.org（accessed 5 July 2022）.

Masakhane.（2022），Masakhane website，www.masakhane.io（accessed 16 June 2022）.

Naixus.（2022），Naixus website，http://naixus.net（accessed 11 November 2022）.

Neketo，W. et al.（2020），"Participatory research for low-resourced machine translation：A case study in African languages"，*arXiv*，arXiv：2010.02353 [cs.CL]，https://arxiv.org/abs/2010.02353.

PASCAL.（2022），The PASCAL Visual Object Classes Homepage website，http://host.robots.ox.ac.uk/pascal/VOC（accessed 20 August 2022）.

UN.（2022），"Sustainable Development Goal 6"，webpage，www.un.org/sustainabledevelopment/water and-sanitation（accessed 2 June 2022）.

VideoLectures.（2022），VideoLectures website，http://videolectures.net（accessed 15 July 2022）.

Wikimedia.（2022），"Wikimedia Foundation Research Award of the Year"，webpage，https://research.wikimedia.org/awards. html（accessed 18 August 2022）.

Zenodo.（2022），"African Natural Language Processing（AfricaNLP）"，webpage，https://zenodo.org/communities/africanlp/search？page=1&size=20（accessed 18 August 2022）.

Zindi Africa.（2022a），"GIZ AI4D Africa Language Challenge-Round 2"，webpage https://zindi.africa/competitions/ai4d-african-language-dataset-challenge（accessed 22 June 2022）.

Zindi Africa.（2022b），"AI4D Predict the Global Spread of COVID-19"，webpage，https://zindi.africa/competitions/predict-the-global-spread-of-covid-19（accessed 22 June 2022）.

5.2 非洲科学领域的人工智能

格雷格·巴雷特，Cirrus AI 平台，南非

5.2.1 引言

非洲的学术及其他研究机构尽管开展了许多基础和应用科学研究，但很少使用人工智能。非洲科学领域需要采用人工智能方法。否则，非洲机构中越来越多的科学学科将变得无关紧要。在非洲的科学研究中更多地使用人工智能将带来许多益处，如深化非洲科学研究的层次，扩大全球研究议程，并激励企业研发实验室在非洲选址。最终，人工智能在科学中的应用将产生广泛的溢出效应。

Cirrus 和非洲人工智能联盟有效弥补了非洲科学领域人工智能短板。它们的

目标是拓宽研究人员获得计算、数据、工程资源和训练有素的学生的渠道。最终，这将在非洲各地的众多学术机构中实现科学人工智能，而不仅仅是精英学术机构和大型技术公司。这将有助于将研究成果商业化。由于人力资本是人工智能的核心，在线学习在向非洲的知识转移中将发挥重要作用。

5.2.2　非洲科学优先考虑人工智能

基于人工智能的科学研究尚未在非洲开展。大多数领先公司的主要研究业务都活跃在亚洲、欧洲和北美。这是非洲机构合作研究和商业化努力的一个重要障碍。

QS 世界大学排名（QS World University Rankings）的数据显示，自 2012 年以来，财富 500 强公司与排名前 50 大学的合作是与排名在 301 至 500 名之间的大学的合作的六倍，而大多数非洲大学都位于 301 至 500 位（Ahmed and Wahed，2020）[1]。这种合作的不平衡拉大了非洲学术机构与世界其他地区顶级学术机构之间的差距。

此外，财富 500 强科技公司和排名前 50 的大学每年在人工智能相关会议上发表的论文数量是排名在 200 到 500 之间的大学的五倍。卡内基梅隆大学机器人研究所等顶级学术研究机构的研究预算在 2019 年为 9000 万美元（Spice，2019），这仅占主要工业公司的一小部分。然而，它们的数量级仍然高于非洲任何学术机构。

虽然非洲的机构确实开展了一些世界一流的研究，但非洲研究人员缺乏数据、计算基础设施和工程资源来开发和应用更强大和更关键的人工智能方法。即使是世界上的精英学术机构和研究人员，在人工智能的前沿研究工作也越来越难开展（Sample，2017）。例如，OpenAI 分析了计算资源的可用性与 2012 年至 2018 年人工智能领域 15 个相对知名的突破之间的关系（Amodei and Hernandez，2019），在审查的 15 项突破中，11 项是私营公司实现的，只有 4 项来自学术机构。

在培训和人力资本开发方面，大学很幸运，因为人工智能领域有许多可行的方法，能够迅速提高研究者的技能。对于许多习惯了开发课件的学术界人士来说，这是研究范式的转变。[2]具有前瞻性思维的大学一直在稳步走向"翻转课堂"。在这种形式下，学习者在家里观看视频，完成需要深入思考的作业和在线测验，然后再进行课堂讨论。课程通常以开放式的期末项目结束，由教学团队提供支持。大学经常使用以前开发的高质量、大规模、开放的在线课程作为核心课程材料。同时，它侧重于补充特定领域的材料、项目和任务。通过这种方法，发展中国家的学生可以获得名牌大学使用的课件。学生和大学的成本都远低于线下教学。

---

① 2021 年非洲排名最高的大学是开普敦大学，排在第 220 位。有关排名的完整列表，请参见 QS 世界大学排名（2021 年）。

② Reddi（2021）提供了一个案例，说明如何构建和维护高质量的机器学习课件。

5.2.3 为科学部署人工智能需要一系列新的能力和领导力

如果非洲研究机构要利用新的人工智能方法，就需要新的能力和领导力，需要工程技术人员准备数据，配置硬件及软件和部署机器学习算法，而非洲大部分地区都缺乏这类人才。此外，非洲教育工作者和研究人员目前所依赖的校园计算机和商业云的临时组合是不够的[①]。

仅仅为服务匮乏的学术和研究机构提供数据、硬件、软件和工程资源是不够的。为了真正减少增强人工智能研究的障碍，服务匮乏的机构需要获得能够实施最佳实践专家的帮助。关键领域包括解决问题的方法、学习方法、任务工具的选择和工作流程的优化。

一个例子是开发可用于人工智能的数据集。在某些科学领域，数据是丰富的。然而，在许多科学领域，足够大的数据集要么不存在，要么无法以允许使用人工智能方法的形式访问。创建新的数据集需要大量工作，包括定位和清理数据，调整不同数据的模式，确保机器可读性，并提供与数据来源、质量和完整性等问题有关的相关元数据。每次分析都必须重复这个昂贵且容易出错的过程。这成为使用数据的障碍，也导致研究可复制性问题。此外，隐私和安全问题需要从一开始就解决，而不是事后解决。这一进程必须具备综合担保和审计能力，以推进符合公共利益的研究。

数据工程通常需要开发特定的软件工具来构建人工智能的数据集。大多数工具的开发都没有考虑可能的公共协作或实验间的合作。当达成合作时，研究人员可能会发现他们的工作其实是完全一样的。

Cirrus 公司的优先项是提供一个数据管理平台，以实现高效的人工智能开发和共享。这样的平台使用户能够存储、管理、共享和查找用于开发人工智能系统的数据。这包括跟踪数据、支持各种数据格式的版本控制以及完整的元数据，以允许重新训练和理解从数据构建的模型。平台将通过使研究人员能够在新的背景下试验现有的和新的方法来推动人工智能的进步。它将有利于需要创建数据集的学科。

对于非洲的学术和研究机构来说，要在人工智能领域取得进展，还需要大幅提高为人工智能系统提供支持的科学处理能力。区域内各国政府、学术和研究机构需要生成更多和更高质量的数据，并使数据易于获取。使用可查找、可访问、可兼容和可重复使用的数据原则，以及参与科学领域基准数据集的一套集中标准，都是必要的。这些将有助于规范数据存储格式、访问和元数据，以减少工程开销，

[①] 有关开发 AlphaFold 2 的工程技术的评论，请参阅 Rubiera（2021）。

降低培训和比较模型性能的障碍[①]，当务之急是确定并利用现有的和潜在的科学数据生成计划，以建立可用于人工智能的数据存储库。以保护隐私的方式释放数据必须贯穿于整个科学领域，如从地球观测到医疗保健。这样做将为科学提供支持，并有助于利用人工智能解决各种紧迫的社会问题。

5.2.4　Cirrus 和非洲人工智能联盟

按照非洲的标准，Cirrus 和非洲人工智能联盟十分有野心。因为需要在金山大学的科学合作中使用人工智能，Cirrus 于 2017 年成立。大学领导层随后决定，Cirrus 应该使非洲的所有学术和研究机构受益。

目前法律基础已经建立，以实现 Cirrus 和非洲人工智能联盟的运作。目前一些活动已经展开，包括嵌入式设备的机器学习部署。在战略创始伙伴确认参与后，将开始全面实施。

1. Cirrus

Cirrus 旨在通过非洲人工智能联盟向学术和研究机构免费提供数据、专用计算基础设施和工程资源。

提供专用的计算基础设施非常重要。仅从硬件成本来看，在需要连续不断地进行计算和处理的情况下，拥有基础设施更能产生成本效益。据估计，商业云服务每个计算周期的成本要高于专用高性能计算集群（Villa and Troiano，2020）。补贴后云计算的初始成本可能低于建设公共基础设施。然而，研究表明，从长远来看，依赖商业云服务可能会更加昂贵（Wang and Casado，2021）。

通过各种金融和其他机制，Cirrus 旨在帮助吸引人工智能领域的企业研究（以及相关的风险投资活动），目标是尚未在非洲该领域开展活动的跨国公司。最终，Cirrus 将通过股权形式，由 15～25 家跨国公司共同拥有。每家战略创始合作伙伴承诺将投资 700 万至 2000 万美元。

所有权的多样性应带动研究兴趣的多样性。这将有助于避免人工智能研究集中于狭隘的想法和方法，以及偏向于任何特定私营部门参与者的利益。Cirrus 的研究使命与政治影响、政治机构的变化和政治任命的管理人员无关。Cirrus 将通过同行评议、抽签和公平分配等方式向非洲人工智能联盟分配资源。作为一个私营部门实体，Cirrus 也不受知识产权限制的阻碍，[②]但相关限制会使公立大学的研究商业化工作陷入困境。

① 关于从公共资助中获取研究数据的建议，详见 OECD（2021）。
② 关于管理南非公共资助研究的知识产权的法规，详见 South African Government（2010）。

Cirrus 有三个组成部分。首先，它包含合作计划、最先进的计算机和数据基础设施、工程人员和公开学习计划。其次，Cirrus FOUNDRY 作为一种企业孵化器，配备了一切所需设备，将科学研究的见解转化为初创企业，并最终转化为更大的商业应用。最后，Cirrus FOUNDRY 基金是一个内部基金，用于支持 Cirrus FOUNDRY 的初创企业。Cirrus FOUNDRY 基金的目标资本为 3500 万美元，将进行 pre-seed（种子前）和 seed（种子）阶段的投资。

Cirrus 的物理基础设施和运营将设在南非约翰内斯堡的金山大学。金山大学被选为主办机构有以下三个原因。

（1）南非是非洲大陆科学最先进的国家（Mouton et al.，2019），同时金山大学是非洲领先的学术研究机构之一。①

（2）金山大学在地理上位于非洲经济、学术和研究活动最为集中的地方。

（3）金山大学拥有可用于承载必要基础设施的土地，承载能源生产和储存的设施。

2. 非洲人工智能联盟

非洲人工智能联盟与非洲研发生态系统的各方建立了合作协议。这些协议的重点是帮助确定研究重点，拓展人工智能研究资源和吸引非洲研究人才。②之后它将把这些功能与通过 Cirrus 提供的功能配对。

非洲人工智能联盟将：

● 帮助并鼓励研究人员超越学科或机构界限，开展互动与合作。

● 减少重复劳动和成本，因为新的研究项目不必每次都从头开始开发或收集新数据。

● 通过共享数据集、元数据、模型、软件、硬件和其他资源，加速科学发现的进程并提高可复制性。

● 减少涉及整合能力或将其工作与他人工作进行比较的个别研究方案的费用。

● 培养共同设计的文化，使科学用户、工程师和仪器供应商团队能够帮助开发新的和广泛适用的工具。

● 支持了解人工智能解决方案完整背景的研究生态系统。

图 5-1 列出了非洲人工智能联盟的组织结构。在撰写本报告时，下一步是任命牵头投资银行，以征求补充性融资方案。在补充性融资方案出台之后，将推出合作伙伴计划、附属机构计划和共同开发计划。

---

① 参见《泰晤士高等教育》新兴经济体大学排名（2022 年）。

② 关于联盟为什么可以促进开放科学的概述，请参见 Cutcher-Gershenfeld 等（2017）。

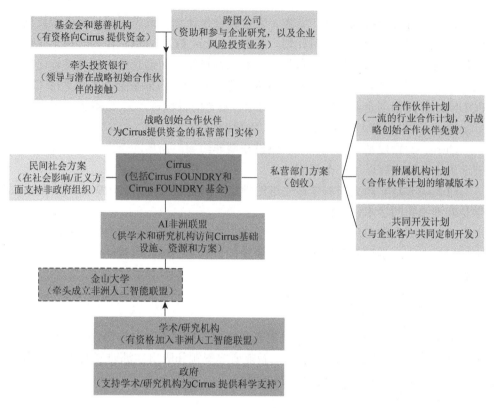

图 5-1　Cirrus 和非洲人工智能联盟的组织布局

资料来源：https://aiafrica.ac.za

非洲人工智能联盟正在开展的工作包括以下三方面。

TinyML4D：面向发展中国家推出的嵌入式设备机器学习推广计划。它包括提供免费的硬件工具包、研讨会、课件以及研究和合作机会网络[①]。TinyML4D 始于 2021 年，目前正在扩大规模。

MLCommons：促进非洲参与制定科学基准，特别是与非洲研究人员有关的基准[②]。

远程卓越奖学金：一个远程实习系统，帮助有才华的研究生与欧洲领先的研究人员联系。第一批实习生计划于 2022 年 9 月启动。

5.2.5　结论

非洲学术和研究机构的基础研究和应用研发面临被边缘化的风险。人工智能

---

① 有关 TinyML4D 的信息，请参阅 http://tinyml.seas.harvard.edu/4D/。

② 有关 MLCommons 科学工作组的信息，请参阅 https://mlcommons.org/en/groups/research Science/。

所必需的资源，如计算、硬件、软件、可访问数据和机器学习工程等，都遥不可及。这种现状导致非洲与世界其他地区在人工智能资源和创新方面的不平衡日益加剧，需要采取前所未有的应对措施。Cirrus 和非洲人工智能联盟的成立是非洲的回应之一。它旨在帮助更广泛地传播机会；支持非洲各地大学和研究机构的学生和研究人员；通过人工智能基础设施和其他资源提升研究人才的积极性；通过创业为商业化创造肥沃的土壤。

对于非洲的科学，Cirrus 和非洲人工智能联盟为开发和利用 AI 技术和方法提供了重要机会，不仅提高了科学领域研究的效率，还能助力科学基础设施的运营和优化（因为系统规模和复杂性需要人工智能辅助设计、运营和优化）。

通过人工智能方法加强非洲的科学领域研究将扩大全球研究议程影响力并提升非洲的研究水平。为了实现这一目标，非洲还必须采取集体行动，通力合作，抓住人工智能带来的机遇，增加相关科学产出。

本文描述的目标具有挑战性，提出的解决方案需要大量投资。然而，这项投资的潜在回报是巨大的：推动新型数据分析发展；提升科学仪器的操作性能，实现自动化；催生科学领域中的创新性商业产品，甚至培育出新产业；更重要的是，非洲有机会成为人工智能科学的生产者，而不仅仅是此成果的消费者。

参 考 文 献

Ahmed，N. and M. Wahed.（2020），"The de-democratization of AI: Deep learning and the compute divide in artificial intelligence research"，*arXiv*，https://arxiv.org/pdf/2010.15581.pdf.

Amodei，D and D. Hernandez.（16 May 2019），"AI and compute"，OpenAI Blog，https://openai.com/blog/ai-and-compute.

Cutcher-Gershenfeld，J. et al.（2017），"Five ways consortia can catalyse open science"，*Nature*，Vol. 543，pp. 615-617，https://doi.org/10.1038/543615a.

Mouton，J.，et al.（2019），*The State of the South African Research Enterprise*，DST-NRF Centre of Excellence in Scientometrics and Science，Technology and Innovation Policy，Stellenbosch University，Matieland，South Africa，www0.sun.ac.za/crest/wp-content/uploads/2019/08/state-of-the South-African-research-enterprise.pdf.

OECD.（2021），*Recommendation of the Council concerning Access to Research Data from Public Funding*，OECD，Paris，https://legalinstruments.oecd.org/en/instruments/OECD-LEGAL-0347 QS World University Rankings（2021），"QS World University Rankings" webpage，www.topuniversities.com/university-rankings/world-university-rankings/2021（accessed 6 January 2023）.

Reddi，J.V. et al.（2021），"Widening access to applied machine learning with TinyML"，*arXiv*，arXiv: 2106.04008v2，9 July，https://arxiv.org/pdf/2106.04008.pdf.

Rubiera，C.（19 July 2021），"AlphaFold 2 is here: What's behind the structure prediction miracle"，Oxford Protein Informatics Group blog，www.blopig.com/blog/2021/07/alphafold-2-is-here-whats-behind-thestructure-prediction-miracle.

Sample，I.（2017），"'We can't compete': Why universities are losing their best AI scientists"，1 November，*The Guardian*，www.theguardian.com/science/2017/nov/01/cant-compete-universities-losing-best-ai scientists.

South African Government.（2010），*Intellectual Property Rights from Publicly Financed Research and Development Act:*

Regulations，www.gov.za/documents/intellectual-property-rights-publicly-financedresearch-and-development-act-regulations-1.

Spice，B.（2019），"Hebert named dean of Carnegie Mellon's top-ranked School of Computer Science"，8 August，Carnegie Mellon Computer Science Department，https://csd.cmu.edu/news/hebert-nameddean-carnegie-mellons-top-ranked-school-computer-science.

The *Times* Higher Education.（2022），*Emerging Economies University Rankings 2022*（database），www.timeshighereducation.com/world-university-rankings/2022/emerging-economies-universityrankings （accessed 6 January 2023）.

Villa，J. and D. Troiano.（30 July 2020），"Choosing your deep learning infrastructure: The cloud vs. onprem debate"，Determined AI blog，https://determined.ai/blog/cloud-v-onprem.

Wang，S and M. Casado.（2021），"The cost of cloud, a trillion dollar paradox"，Andreessen Horowitz，27 May，https://a16z.com/2021/05/27/cost-of-cloud-paradox-market-cap-cloud-lifecycle-scale-growth repatriation-optimization.

5.3　人工智能、发展中国家科学研究与双边合作

彼得·马蒂·阿多，法国发展署，法国

5.3.1　引言

COVID-19 使得人工智能在寻找解决方案上得到一系列应用，并强调了数据对于政策制定的重要性。本文指出了富国和穷国之间人工智能能力的差异，其次考虑了双边和多边发展合作如何提供帮助，特别是在科学人工智能方面。

5.3.2　发展中国家对于人工智能的准备有限

对于发展中国家的大多数研究人员来说，使用人工智能进行研发仍然遥不可及。欧洲、北美、东亚和中亚是全球人工智能会议论文发表的主要来源。2020 年，东亚和太平洋地区发表的相关论文占所有会议论文的 27%，北美占 22%，欧洲和中亚占 19%。相比之下，撒哈拉以南非洲地区仅占 0.03%（Zhang et al.，2021）。此外，来自发展中国家的研究人员在人工智能的重要国际对话中话语权不高，尤其是在与美国、加拿大和欧洲举行的对话中。

在科学领域以及更广泛的层面上，大多数发展中国家尚未做好充分的准备来充分利用人工智能技术带来的机遇。发达国家和发展中国家之间的总体能力差距在 2021 年政府人工智能准备指数的调查结果中显而易见，该指数衡量了一个国家实施人工智能解决方案所需的能力和有利因素（Oxford Insights，2022）。数十亿人仍然无法接入互联网；基本技术和数据基础设施往往不足；研发支出有限。与

此同时，发达国家生成的数据集有时不适合于训练满足当地需求的人工智能系统。这种不足可能会加剧高收入国家和低收入国家之间在科学生产力、经济表现和公共服务质量方面的不平等。

5.3.3 加强发展中国家科学领域人工智能的双边和多边战略合作

COVID-19 凸显了建立全球集体伙伴关系（collective global partnerships）的必要性：合作可以为发展提供帮助。本节重点介绍围绕人工智能的双边和多边合作的例子。

1. 发现协同效应：非洲区域数据立方体

除其他措施外，发展合作可以提供用于探讨共同面临的挑战和相关技术创新的对话平台，并有助于在区域和国际范围确定行动之间的协同作用。一个例子是非洲区域数据立方体，这是一项由许多参与者合作发起的倡议，其中包括地球观测卫星委员会、肯尼亚斯特拉斯莫尔大学和可持续发展数据全球伙伴关系。非洲区域数据立方体直接支持加纳、肯尼亚、塞内加尔、塞拉利昂和坦桑尼亚的活动，帮助这些国家利用最新的地球观测及卫星技术和数据来解决与粮食安全、城市化、森林砍伐等相关的问题（Global Partnership for Sustainable Development Data，2018）。

2. 加强人工智能准备工作：COVID-19 非洲数据挑战赛

发展合作还可以帮助各国推进数据保护立法、改善数据基础设施并加强整体人工智能准备。一个很好的例子是 GovLab（位于纽约大学 Tandon 工程学院的一个行动研究中心）和法国发展署之间的合作。他们一起推出了 COVID-19 非洲数据挑战赛。支持非洲组织使用创新数据源来应对 COVID-19 大流行（Verhulst et al.，2022）。尊重数据道德（data ethics）和数据责任（data responsibility）是 COVID-19 非洲数据挑战赛的关键部分。因此，提出的每项举措均符合欧盟的《通用数据保护条例》。

3. 交流知识

双边和多边合作还可以通过放宽签证限制等改革推动人员流动交流计划，为知识共享和吸引人才提供机会。

4. 促进合作：IA-Biodiv 挑战赛

在有利于多学科和多利益攸关方合作的环境中，双边合作还有助于规划、资助和协助实施研究与技术开发倡议。例如，2021 年，法国国家科研署与法国发展署合作发起了 IA-Biodiv 挑战赛，旨在支持人工智能驱动的生物多样性研究（AFD，n.d.）。这项研究举措为法国和非洲从事人工智能和生物多样性工作的科学家提供了相互学习、分享和参与的空间。

　　5. 支持开放科学、卓越中心和网络：ARCAI 和 AI4D

　　发展合作不仅可以共享数据，还可以用来支持开放科学倡议。例如，大多数关于非洲语言的数据集尚未公开，当地人工智能开发人员通常需要使用来自发达国家的不具代表性的数据。[①]

　　此外，赠款可以支持对发展中国家人工智能研发的投资，这可能包括创建和支持卓越研究中心，如位于刚果民主共和国的非洲人工智能研究中心（ARCAI）。ARCAI 是非洲经济委员会和刚果民主共和国政府合作的成果。ARCAI 将协助人工智能研究，与非洲的大学合作，参与研究人员网络的创建，并为培训做出贡献，以帮助公民积极参与数字化转型。

　　加拿大国际发展研究中心与瑞典国际开发合作署合作发起了人工智能促进非洲发展（Artificial Intelligence for Development in Africa，AI4D）倡议。这一伙伴关系在四年内投资了 2000 万加元，旨在支持非洲主导的关于利用人工智能满足当地需求的研究。AI4D 与南非人类科学研究委员会合作，还支持建立非洲负责任人工智能观察站（African Observatory on Responsible AI，AORAI），该观察站旨在让非洲大陆参与负责任人工智能的全球辩论和政策制定。此外，AI4D 与非洲联盟发展署合作制定非洲人工智能政策模型。

　　6. 支持公私合作：100 个问题倡议

　　发展中国家的利益相关者还可以考虑与当地优先事项相关并易于使用人工智能进行分析的研究问题。由 GovLab 发起的"100 个问题"倡议可以提供一定启发（The 100 Questions，n.d.）。该倡议旨在总结世界上最紧迫、影响最大的 100 个问题，如果相关数据集可用，这些问题就可以得到解决。这些问题的选择可以通过民间、私营和公共部门以及学术和研究机构之间的对话来确定，了解优先问题可以促进与私营部门进行新形式的数据合作，以帮助推进必要的科学研究。例如，为了让孟加拉国的利益相关者分析和应对极端气候，一家领先的电信提供商 Grameenphone 与三个合作伙伴共享了其匿名移动呼叫数据记录。Grameenphone、联合国大学环境与人类安全研究所、国际气候变化与发展中心以及挪威电信集团

---

　　① 目前，在 Huggingface 领导的 BigScience 项目下，全球有 500 多名研究人员正在共同努力，以了解更多关于大型多语言语言模型的能力和局限性（Hao，2021）。

对 2013 年 5 月马哈森飓风袭击孟加拉国前后的人口流动情况进行了调查,这一极端气候事件影响了约 130 万人。公私合作还可以刺激对数据基础设施和开放数据共享的投资,这对于在科学中使用人工智能至关重要。

5.3.4　结论

本文强调了总体而言发展中国家为使用人工智能所做的准备水平较低,并考虑了双边合作如何有助于提高发展中国家的科学生产力,特别是通过更多地利用人工智能。无论是双边合作还是多边发展合作都可以助力发展中国家的科学进步,拓宽全球研究议程,将人工智能支持的科学用于解决贫困国家特别关心的问题,并最终协助全球努力实现可持续发展目标。

参 考 文 献

AFD. (n.d.), "IA-Biodiv Challenge: Research in Artificial Intelligence in the Field of Diversity", webpage, www.afd.fr/en/actualites/agenda/ia-biodiv-challenge-research-artificial-intelligence-field-biodiversityinformation-ses sions (accessed 6 January 2023).

Addo, P.M. et al. (2021), "Emerging uses of technology for development: A new intelligence paradigm", AFD Policy Papers, No. 6, March, Agence Française de Développement, Paris, www.afd.fr/en/ressources/emerging-uses-technology-development-new-intelligence-paradigm.

Global Partnership for Sustainable Development Data. (2018), Africa Regional Data Cube Initiative website www.data4sdgs.org/initiatives/africa-regional-data-cube (accessed 6 January 2023).

Hao, K. (2021), "The race to understand the exhilarating, dangerous world of language AI", 20 May, MIT Technology Review, www.technologyreview.com/2021/05/20/1025135/ai-large-language-modelsbigscience-project.

Oxford Insights. (2022), Government AI Readiness Index 2021, Oxford Insights, Malvern, www.oxfordinsights.com/government-ai-readiness-index2021.

The 100 Questions. (n.d.), The 100 Questions website, https://the100questions.org (accessed 6 January 2023).

Verhulst, S. et al. (2022), "Building data infrastructure in development contexts: Lessons from the #Data4COVID19 Africa Challenge", A Question of Development, No. 56, March, Agence Françaisede Développement, Paris, www.afd.fr/en/ressources/building-data-infrastructure-developmentcontexts-lessons-data4covid19-africa-challenge.

Zhang, D. et al. (2021), The AI Index 2021 Annual Report, AI Index Steering Committee, Human-Centred AI Institute, Stanford University, Stanford, https://aiindex.stanford.edu/report.